plurall

Esta obra está no **Plurall**.
Baixe o app no seu celular
ou acesse **http://plurall.net**
e descubra uma nova
forma de estudar!

AASG9PN7M

Atenção! Somente serão liberados conteúdos
e serviços relacionados a esta obra.

Ajuda: @plurallnet

SOMOS
EDUCAÇÃO

7225/49236_02 - 204

Elian Alabi Lucci

Bacharel e licenciado em Geografia pela Pontifícia Universidade Católica de São Paulo (PUC-SP)
Professor em escolas particulares do estado de São Paulo
Diretor da Associação dos Geógrafos Brasileiros (AGB) – seção local Bauru-SP

Anselmo Lazaro Branco

Licenciado em Geografia pelas Faculdades Associadas Ipiranga (FAI)
Professor em escolas particulares do estado de São Paulo
Ex-professor da rede estadual de ensino de São Paulo

7

Geografia homem & espaço

Editora Saraiva

Dados Internacionais de Catalogação na Publicação (CIP)
(Câmara Brasileira do Livro, SP, Brasil)

Lucci, Elian Alabi
Geografia : homem & espaço, 7º ano / Elian Alabi Lucci, Anselmo Lazaro Branco. – 23. ed. – São Paulo : Saraiva, 2014.

Bibliografia.
ISBN 978-85-02-22263-2 (aluno)
ISBN 978-85-02-22265-6 (professor)

1. Geografia (Ensino fundamental) I. Branco, Anselmo Lazaro. II. Título.

14-04690 CDD-372.891

Índices para catálogo sistemático :
1. Organização do espaço : Geografia : Ensino fundamental 372.891

Gerente editorial	M. Esther Nejm
Editor responsável	Wagner Nicaretta
Editores	Ana Carolina F. Muniz, Juliana Ribeiro Oliveira, Raquel Maygton Vicentini
Coordenador de revisão	Camila Christi Gazzani
Revisores	Cesar G. Sacramento, Gustavo de Moura, Sirlene Prignolato
Coordenador de iconografia	Cristina Akisino
Pesquisa iconográfica	Thiago Fontana
Licenciamento de textos	Érica F. Brambila
Gerente de artes	Ricardo Borges
Coordenador de artes	Aderson Oliveira
Design e Capa	Megalo Design com foto de: Keystone; Getty Images; Getty Images
Diagramação	Select editoração
Assistentes	Jacqueline Ortolan e Paula Regina Costa de Olveira
Ilustrações	Alex Argozino, ConceitoGraf, SIC Comunicação, Sidnei Moura, Mauro Takeshi Kawasaki
Cartografia e gráficos	Benoît Martins, Carlos Tadeu de Carvalho Gamba, Mario Yoshida, Portal de Mapa, Selma Caparroz, Sonia Vaz
Tratamento de imagens	Emerson de Lima
Produtor gráfico	Robson Cacau Alves
Impressão e acabamento	Bercrom Gráfica e Editora

568.883.023.006

Editora Saraiva

SAC | 0800-0117875
De 2ª a 6ª, das 8h30 às 19h30
www.editorasaraiva.com.br/contato

Rua Henrique Schaumann, 270 – Cerqueira César – São Paulo/SP – 05413-909

Apresentação

Caro aluno

Vivemos em um mundo complexo e que se transforma em ritmo acelerado. Modificações nos modos de se comunicar, de produzir, de se divertir, de obter informações vão se processando rapidamente. Abrem-se novas possibilidades de se conhecer, compreender e analisar paisagens e espaço geográfico, particularmente com o desenvolvimento da era digital. Neste mundo em mudanças, são múltiplas as possibilidades de comunicação e o volume de informações veiculadas é enorme.

Ao observarmos as paisagens no lugar em que vivemos, bem como aquelas que conhecemos pelos diferentes meios de comunicação, ao tomarmos contato com as informações sobre acontecimentos, fenômenos e processos verificados no espaço geográfico, muitos questionamentos podem surgir: por quê? como? para quê? Essas indagações ou reflexões, junto com o seu conhecimento, serão o ponto de partida para o estudo de Geografia neste livro. Assim, ao utilizá-lo, em um trabalho conjunto com seu professor e seus colegas, você será capaz de elaborar muitas noções e encontrar respostas para várias perguntas. No decorrer do curso, porém, surgirão outros questionamentos, pois a busca pelo conhecimento, pela compreensão do mundo que nos cerca, em toda a sua complexidade, é tarefa que nunca termina.

Justamente por isso, em boa parte, a humanidade conquistou tantos avanços tecnológicos, modificou paisagens e desenvolveu amplas possibilidades de sobrevivência em diversos lugares da Terra. E é também por meio do conhecimento que podemos encontrar caminhos para estender os benefícios conquistados a um número cada vez maior de pessoas, reduzindo as desigualdades sociais materializadas nas paisagens do espaço geográfico.

Nesse contexto, a Geografia, ciência que estuda o espaço organizado pela sociedade e, portanto, a própria sociedade, pode colaborar para a formação de cidadãos capazes de compreender o mundo em que vivem e nele atuar de modo consciente, contribuindo para a conservação do meio ambiente e para que as desigualdades, a exclusão, a discriminação e o preconceito não sejam marcas de nossa sociedade.

Bom trabalho!
Os autores

VEJA COMO SUA COLEÇÃO está estruturada

Cada livro da coleção está dividido em 6 unidades que, por sua vez, subdividem-se em capítulos.

ABERTURA DA UNIDADE

Na seção que inicia as unidades, há imagens relacionadas à temática que será desenvolvida nos capítulos. Além disso, por meio das questões de exploração das imagens você descobre o que já sabe sobre aqueles temas.

Brasil: espaço geográfico, paisagens e regiões

UNIDADE I

Terminais de transporte de passageiros afetados pela seca no rio Negro e, ao fundo, cidade de Manaus, AM (2010).

Chapada dos Guimarães, MT (2010).

Estrada em Urubici, SC (2010).

Cristo Redentor, Rio de Janeiro, RJ (2010).

Farol da Barra, Salvador, BA (2011).

Compreender as paisagens que formam o território brasileiro é um grande desafio. A sua diversidade é enorme e os processos que as transformam são contínuos.

- Quais tipos de paisagens podem ser observadas nas fotografias ao lado?
- Cite exemplos de transformações contínuas e constantes que ocorrem nas paisagens de seu município ou de seu estado.

Nesta primeira unidade, vamos analisar algumas características do espaço geográfico brasileiro, suas paisagens e regiões.

Vamos observar também o que podemos fazer para promover uma melhor relação com a natureza, tendo em vista a questão da sustentabilidade e a preservação ambiental, para que as próximas gerações possam ter boas condições de vida e desenvolvimento.

4

A paisagem natural brasileira e suas transformações

PARA CONTEXTUALIZAR

Observe os mapas abaixo.

Fonte: THÉRY, Hervé; MELLO, Neli Aparecida de. Atlas do Brasil: disparidades e dinâmicas do território. São Paulo: Edusp, 2009. p. 68 e 87.

ATIVIDADES

Converse com seus colegas e com seu professor.

1. O que você observa no primeiro mapa? E no segundo?
2. Quais ecossistemas estão mais conservados?
3. Quais ecossistemas foram mais alterados?
4. Qual é o conjunto de ecossistemas predominante no estado em que você vive? Como ele se encontra atualmente?
5. Observe os dois mapas e verifique o desmatamento sofrido pelos conjuntos de ecossistemas. Em sua opinião, quais fatores levaram os seres humanos a desmatá-los?

40 Unidade I Brasil: espaço geográfico, paisagens e regiões

Este ícone indica que você encontrará Objeto Educacional Digital (OED), no DVD.

ABERTURA DO CAPÍTULO

Na abertura de cada capítulo, você encontra a seção **Para contextualizar**, com atividades que serão o ponto de partida para o estudo dos conteúdos abordados. Propomos questões para você ler, interpretar e analisar imagens (fotografias, charges, cartuns, mapas, infográficos, gráficos e outros) e textos variados. Converse sobre as questões com seus colegas e com seu professor, utilize os conhecimentos que possui, apresente suas opiniões. As discussões aqui desenvolvidas serão resgatadas em alguns momentos, no decorrer do capítulo.

TEXTO PRINCIPAL

Para que você possa ler e compreender com facilidade os aspectos fundamentais do conteúdo, escrevemos um texto com linguagem objetiva e fluente. Durante sua leitura, você encontrará fotografias, ilustrações, mapas, tabelas, gráficos, que irão ajudá-lo a analisar e compreender melhor o que foi explicado.

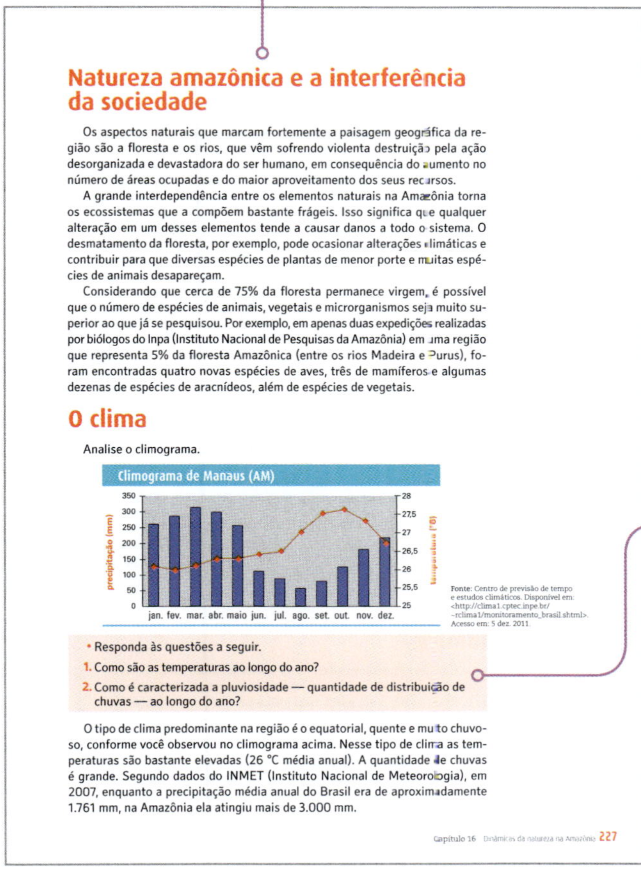

Natureza amazônica e a interferência da sociedade

Os aspectos naturais que marcam fortemente a paisagem geográfica da região são a floresta e os rios, que vêm sofrendo violenta destruição pela ação desorganizada e devastadora do ser humano, em consequência do aumento no número de áreas ocupadas e do maior aproveitamento dos seus recursos.

A grande interdependência entre os elementos naturais na Amazônia torna os ecossistemas que a compõem bastante frágeis. Isso significa que qualquer alteração em um desses elementos tende a causar danos a todo o sistema. O desmatamento da floresta, por exemplo, pode ocasionar alterações climáticas e contribuir para que diversas espécies de plantas de menor porte e muitas espécies de animais desapareçam.

Considerando que cerca de 75% da floresta permanece virgem, é possível que o número de espécies de animais, vegetais e microrganismos seja muito superior ao que já se pesquisou. Por exemplo, em apenas duas expedições realizadas por biólogos do Inpa (Instituto Nacional de Pesquisas da Amazônia) em uma região que representa 5% da floresta Amazônica (entre os rios Madeira e Purus), foram encontradas quatro novas espécies de aves, três de mamíferos e algumas dezenas de espécies de aracnídeos, além de espécies de vegetais.

O clima

Analise o climograma.

Climograma de Manaus (AM)

Fonte: Centro de previsão de tempo e estudos climáticos. Disponível em: <http://clima1.cptec.inpe.br/~rclima1/monitoramento_brasil.shtml>. Acesso em: 5 dez. 2011.

- Responda às questões a seguir.

1. Como são as temperaturas ao longo do ano?
2. Como é caracterizada a pluviosidade — quantidade de distribuição de chuvas — ao longo do ano?

O tipo de clima predominante na região é o equatorial, quente e muito chuvoso, conforme você observou no climograma acima. Nesse tipo de clima as temperaturas são bastante elevadas (26 °C média anual). A quantidade de chuvas é grande. Segundo dados do INMET (Instituto Nacional de Meteorologia), em 2007, enquanto a precipitação média anual do Brasil era de aproximadamente 1.761 mm, na Amazônia ela atingiu mais de 3.000 mm.

Capítulo 16 Dinâmicas da natureza na Amazônia 227

EXERCÍCIOS

Ao longo do texto principal, sugerimos alguns exercícios que poderão auxiliá-lo na leitura, interpretação e análise de mapas, gráficos, fotografias, tabelas, charges ou de algum aspecto importante abordado no texto.

GLOSSÁRIO

Palavras ou termos que talvez você não conheça são explicados junto ao texto principal do capítulo, na seção **Glossário**, que lhe possibilitará uma ampliação de seu vocabulário, beneficiando também sua capacidade de compreensão leitora.

Criação de caprinos em Sertânia, PE (2010).

Sertão

No Sertão, que é a mais extensa das sub-regiões do Nordeste, uma das principais atividades econômicas é a criação de gado, sobretudo o bovino e o caprino.

Os caprinos são os que melhor se adaptam ao clima semiárido. Na região Nordeste, concentra-se 90% do rebanho caprino brasileiro. O maior rebanho bovino é encontrado na Bahia.

A criação praticada no Sertão é feita em caráter extensivo, em fazendas de grandes dimensões.

Nos períodos de seca, para suprir a falta de espécies vegetais (plantas forrageiras), são aproveitados alguns tipos de cactos, como o xiquexique, o mandacaru e o facheiro, que servem de alimento ao gado. Quando, porém, as secas são mais fortes e duradouras, o gado é conduzido às regiões serranas.

O gado sertanejo é de pequeno porte e tem pouco peso, o que o desvaloriza bastante do ponto de vista comercial.

Poucos produtos agrícolas conseguem se desenvolver sob as condições climáticas do Sertão nordestino, sem o uso intensivo da irrigação. Dois deles são: o algodão arbóreo e o sisal.

Algodão arbóreo
Também conhecido como algodão mocó ou seridó, é cultivado exclusivamente na região Nordeste, tendo como principal característica ser uma cultura perene, diferente, portanto, do algodão herbáceo, que tem ciclo anual. A espécie não necessita ser replantada anualmente e se adapta muito bem ao clima quente e semiárido, ao contrário do herbáceo, que requer maior quantidade de água.

O algodão arbóreo apresenta fibras longas e é de grande valor para a atividade industrial têxtil. Seu mais importante produtor é o Ceará, que vem se recuperando de uma crise que atingiu a produção entre 1985 e 1995, por causa da praga do bicudo — um tipo de inseto. Os estados da Paraíba e do Rio Grande do Norte também se destacam nessa produção.

O sisal, conforme vimos anteriormente, é utilizado para confeccionar cordas, encher estofamentos e produzir pasta para a indústria de celulose. Cerca de cem municípios do interior baiano estão ligados à cultura do sisal, que emprega aproximadamente 1 milhão de pessoas.

As condições de trabalho, entretanto, são precárias. É grande o número de casos em que o trabalhador perde os dedos ou mesmo as mãos no processo de beneficiamento do produto, pois as máquinas utilizadas são extremamente arcaicas e não oferecem segurança. Além disso, é comum o emprego de crianças nessa atividade.

A agricultura sertaneja é praticada ao longo do curso de alguns rios, nos seus leitos, no fundo de lagos e lagoas, aproveitando o pouco da umidade que resta durante a seca. A essas culturas agrícolas dá-se o nome de cultura de vazante.

Ao longo do curso do rio São Francisco — único que atravessa o Sertão sem secar —, em alguns trechos pratica-se a agricultura com o auxílio da irrigação (cebola, arroz, cana-de-açúcar, tomate etc.).

Com o avanço das técnicas de irrigação, vem se desenvolvendo com sucesso o cultivo de **frutas** como o melão, a manga e a uva para exportação. A produtividade nesse local é a maior do país e sua produção se concentra em Petrolina (PE) e Juazeiro (BA), municípios limítrofes. As culturas irrigadas do vale do rio São Francisco respondem por cerca de 90% de toda a manga e a uva exportadas pelo Brasil para a Europa e os Estados Unidos.

154 Unidade IV O Nordeste

PARA COMPREENDER

Nesta seção apresentamos questões que desenvolvem habilidades de compreensão, comparação, diferenciação, identificação, análise, entre outras, de variados recursos, como poema, música, texto, mapa, charge, gráfico, fotografia, notícia, tabela ou infográfico. Na seção são apresentados textos de livros, de jornais, revistas, inclusive de meios eletrônicos.

MAIS INFORMAÇÃO

Seção composta de textos e, em alguns casos, imagens, que propiciam o contato com informações complementares ou que reforçam os conteúdos do texto principal, favorecendo a aquisição de novos conhecimentos. Os textos apresentados têm origens diversas – de livros, jornais, revistas, meios eletrônicos.

O desenvolvimento e a questão ambiental

3 Brasil: o desenvolvimento e a questão ambiental
Para o assunto *Poluição dos rios*, acesse e explore este OED.

Obras para a extração de ouro na mina de Nova Serra Pelada, Curionópolis, PA (2010).

Rios poluídos, crateras enormes no solo que resultaram da exploração de minérios e processos erosivos, áreas de vegetação natural devastadas, poluição atmosférica nas grandes cidades causada pelas indústrias e pelos automóveis são as marcas na paisagem do desenvolvimento econômico sem planejamento, conforme já foi visto na unidade anterior.

PARA COMPREENDER Texto

Leia o texto.

O crescimento econômico e a destruição da natureza

"Os resultados do crescimento econômico não podem ser avaliados por uma fria porcentagem que indica se a economia cresceu 2% ou 9% ao ano. O sistema de contabilidade da economia capitalista não incorpora indicadores de qualidade de vida, de saúde ambiental, de desenvolvimento cultural, de ampliação dos tempos livres e não leva em conta a depreciação ecológica — o quanto 'se gasta' do patrimônio ambiental a cada ano.

A contabilidade capitalista quantifica o que se produz para a venda no mercado. Fora isso, é como se as atividades não existissem para as contas nacionais. As atividades artísticas em casa, a ajuda na educação do filho, a ginástica, a alimentação equilibrada e o trabalho na associação de moradores para o reflorestamento de encostas representam um redondo zero para a contabilidade nacional. [...]

A contabilidade capitalista computa o desgaste das máquinas, dos prédios e dos equipamentos, subtraindo do total anual da produção um valor, designado amortização e calculado em função de tempo de vida útil. Por exemplo, se um equipamento tem vida útil de 20 anos, a cada ano subtrai-se 1/20 do seu valor para sua reposição ao fim do período.

A destruição da natureza, o empobrecimento dos solos, a exterminação dos cardumes, o custo da descontaminação radioativa não aparecem nessas contas. É como se a natureza constituísse uma coleção de bens infinitos e gratuitos."

MINC, Carlos. *Ecologia e cidadania*. São Paulo: Moderna, 1998. p. 92-3.

■ Responda às questões a seguir.

1. Quais aspectos a contabilidade capitalista desconsidera ao avaliar o crescimento econômico?
2. Segundo o texto, a visão da contabilidade capitalista apresenta a natureza como uma coleção de bens infinitos e gratuitos. O que significa essa afirmação? Você concorda com essa visão? Explique a sua resposta.

86 Unidade II Brasil: economia e sociedade

MAIS INFORMAÇÃO O perfil de consumidores conscientes

"Consumidores conscientes, que têm cuidados com o desperdício, a origem dos produtos que compram, o planejamento de compras de alimentos, entre outros, têm um papel importante no caminho para um desenvolvimento sustentável. Afinal, cada vez mais as empresas estão atentas aos seus comportamentos. Isso faz com que as organizações busquem compromissos socioambientais para atender à pressão, o que, por sua vez, contribui para uma economia mais inclusiva, verde e responsável. Para que as empresas saibam o que essas pessoas esperam de seus negócios é preciso conhecer, em primeiro lugar, o que é um consumidor consciente.

A pesquisa **Responsabilidade Social das Empresas, Percepção do Consumidor Brasileiro** [...] considera que um consumidor consciente é aquele que adere a pelo menos 11 de uma lista de 13 comportamentos sustentáveis. Alguns exemplos são:

- desligar aparelhos eletrônicos ou fechar a torneira quando não há consumo;
- planejar compra de roupas e alimentos;
- ler os rótulos dos produtos;
- separar o lixo reciclável e
- passar as informações sobre empresas e produtos.

De acordo com a pesquisa, comportamentos relacionados à economia de recursos e planejamento de consumo são os que têm maior influência na vida das pessoas.

O estudo, que entrevistou 800 pessoas a partir dos 16 anos de todas as classes sociais e as regiões do país, também mostra que, entre 2006 e 2010, o percentual de consumidores conscientes no Brasil continua de 5%, mesmo com o crescimento da população. Isso quer dizer que em números absolutos essa parcela cresceu. [...]"

FRANCO, Marina. Akatu mostra perfil atual de consumidores conscientes. Publicado em: 17 dez. 2010. Disponível em: <http://planetasustentavel.abril.com.br/noticia/atitude/akatu-mostra-perfil-atual-consumidores-conscientes-613419.shtml>. Acesso em: 29 abr. 2014.

Os benefícios do crescimento econômico

Apesar de o modelo de desenvolvimento econômico no Brasil ser concentrador e excludente, não se pode negar que tem trazido algumas melhorias para a população e alguns avanços em relação aos indicadores sociais. A redução da taxa de mortalidade infantil e do índice de analfabetismo e o aumento do índice de esperança de vida ao nascer e do número de crianças na escola são exemplos dessas melhorias.

Considerar esses indicadores não significa, no entanto, afirmar que a maioria da população está vivendo bem, com boas condições de educação, alimentação, saúde, moradia, transporte etc. Ao contrário, alguns indicadores sociais do Brasil demonstram que há ainda muito a fazer em relação à distribuição dos benefícios do crescimento econômico, à diminuição da desigualdade social, à distribuição de renda e, consequentemente, à melhoria nas condições gerais de vida da maior parte da população brasileira.

Capítulo 6 Brasil: o desenvolvimento econômico e social 87

DIVERSIFICANDO

Seção presente no final de cada unidade, com indicações e comentários de livros, filmes e *sites*, que tratam de temas discutidos ao longo dos capítulos.

DIVERSIFICANDO

LIVROS

Seca no Nordeste: desafios e soluções
Edith Oliveira de Menezes e José Micaelson Lacerda Morais.
São Paulo: Atual, 2002.

O livro mostra as transformações ocorridas nas últimas décadas na região Nordeste. Fala sobre o tradicional perfil agrário que está dando lugar a uma nova realidade industrial e urbana, marcada, contudo, por graves problemas decorrentes dessas mudanças, cujas soluções constituem um grande desafio.

Faces do Sertão
Luís Fernando Pereira
São Paulo: Escala Educacional, 2007.

O livro narra a história de dois amigos, Ivan e Jorge. Eles decidem desbravar a Caatinga em busca das raízes da família de Jorge. A paisagem desse bioma deixa marcas nos dois amigos.

O pavão misterioso
Ronaldo Corrêa de Brito e Assis Lima.
São Paulo: Cosac Naify, 2004.

O livro é uma adaptação de um texto famoso da literatura de cordel. Nele, uma princesa enclausurada por seu pai é salva por um príncipe com a ajuda do misterioso pavão.

FILME

O auto da compadecida
Direção: Guel Arraes.
Brasil, 2000.

O filme narra as aventuras de João Grilo, um sertanejo pobre e mentiroso, e Chicó, o mais covarde dos homens. Ambos lutam pelo pão de cada dia e passam por diversas situações enganando a todos da pequena cidade em que vivem no Nordeste. O filme é baseado em uma peça de mesmo nome, escrita por Ariano Suassuna, em 1955.

SITES

Porto Digital
<http://www.portodigital.org.br/>.
No *site* do Porto Digital há informações sobre o ponto de partida para a modernização e a inovação da região Nordeste.

Cerâmica no Rio
<http://www.ceramicanorio.com/artepopular/caruaru/caruaru.htm>.
Site que trata do artesão Mestre Vitalino e traz a biografia do artista e suas obras reconhecidas no Brasil e no mundo.

Atlas Interativo do Nordeste
<http://www.nctn.crn2.inpe.br/terraviewweb>.
No Atlas Interativo do Nordeste, há informações sobre vários aspectos referentes a essa região.

Fundação Joaquim Nabuco
<http://www.fundaj.gov.br>
No *site* da Fundação Joaquim Nabuco, há um *link* para o Museu do Homem do Nordeste. Nele também se encontra um *link* para pesquisa escolar.

165

ATIVIDADES

Para encerrar cada capítulo, sugerimos uma seção de atividades variadas. Elas estão agrupadas em duas subseções – **Retome seus conhecimentos** e **Exercite seus conhecimentos**. As atividades propostas têm o objetivo de rever, melhor compreender e desenvolver diferentes habilidades a partir dos conhecimentos obtidos no decorrer do capítulo, além de propor, em alguns casos, pesquisas, entrevistas, observações de paisagens.

PROJETO ESPECIAL

Ao final das unidades ímpares, você encontra projetos, apresentando textos, imagens e atividades que estimulam a aquisição de conhecimentos, de métodos de estudo, de estratégias de aprendizado, além de promoverem o trabalho cooperativo. A principal intenção na produção dos projetos especiais é o desenvolvimento de experiências de aprendizagem diferentes daquelas que são produzidas diariamente na sala de aula.

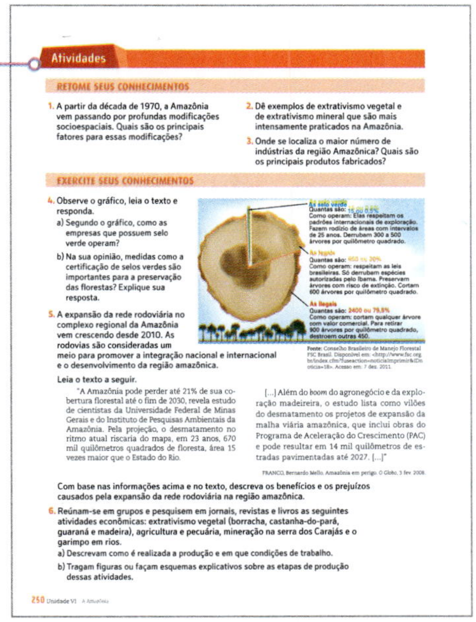

GEOGRAFIA & ARTE

Ao final das unidades pares, propomos uma seção que associa arte à ciência geográfica. O objetivo é desenvolver habilidades de observação, interpretação e análise de obras de arte, poemas, fotografias etc. relacionadas com temas trabalhados em Geografia.

Sumário

Brasil: espaço geográfico, paisagens e regiões

Terminais de transporte de passageiros afetados pela seca no rio Negro e, ao fundo, cidade de Manaus, AM (2010).

Cristo Redentor, Rio de Janeiro, RJ (2010).

UNIDADE I

Chapada dos Guimarães, MT (2010).

Estrada em Urubici, SC (2010).

Farol da Barra, Salvador, BA (2011).

Compreender as paisagens que formam o território brasileiro é um grande desafio. A sua diversidade é enorme e os processos que as transformam são contínuos.

- Quais tipos de paisagens podem ser observadas nas fotografias ao lado?
- Cite exemplos de transformações contínuas e constantes que ocorrem nas paisagens de seu município ou de seu estado.

Nesta primeira unidade, vamos analisar algumas características do espaço geográfico brasileiro, suas paisagens e regiões.

Vamos observar também o que podemos fazer para promover uma melhor relação com a natureza, tendo em vista a questão da sustentabilidade e a preservação ambiental, para que as próximas gerações possam ter boas condições de vida e desenvolvimento.

1

O espaço geográfico brasileiro

PARA CONTEXTUALIZAR

São muitas e variadas as relações econômicas, sociais e políticas que envolvem o espaço geográfico do Brasil. O que acontece nessas relações afeta a vida das pessoas que fazem parte da sociedade brasileira e o seu resultado está presente nas paisagens.

Observe as imagens a seguir.

Porto de Suape, em Ipojuca, PE (2009).

Contrastes sociais no bairro da Tijuca, no Rio de Janeiro, RJ (2010).

Casa das Onze Janelas, em Belém, PA (2008).

Morro do Gritador, na Serra dos Matões, em Pedro II, PI (2006).

ATIVIDADES

Converse com seus colegas e com seu professor.

1. Na sua opinião, qual das imagens é mais significativa para perceber aspectos das condições de vida das pessoas? Por quê?
2. Qual fotografia representa a beleza arquitetônica do Brasil?
3. Que outras fotografias você acrescentaria para mostrar características do espaço geográfico brasileiro? Descreva-as.

Diversidade de paisagens e culturas

Paisagens

O espaço geográfico do Brasil apresenta uma grande diversidade de paisagens, com diferentes tipos de coberturas vegetais, climas e relevo e diferentes paisagens humanizadas, com muitas e variadas construções, aglomerações urbanas e tipos de cultivos.

Nosso país é um dos mais ricos em biodiversidade do mundo. Essa riqueza natural encontra-se distribuída em vários biomas – Amazônia, Cerrado, Caatinga, Mata Atlântica, Pantanal e Pampa. Observe o mapa.

Biodiversidade
Ou diversidade biológica é a variedade de organismos vivos de todas as origens, compreendendo, entre outros, os ecossistemas terrestres, marinhos e outros ecossistemas aquáticos e os complexos ecológicos dos quais fazem parte. Compreende ainda a diversidade dentro das espécies, entre espécies e de ecossistemas. A biodiversidade inclui a totalidade dos recursos vivos ou biológicos e dos recursos genéticos e seus componentes.

Biomas
Associações relativamente homogêneas de animais e vegetais em equilíbrio entre si e com o ambiente físico. São constituídas por influência de fatores climáticos (temperatura e umidade) relacionados a latitude, tipos de solo e de determinadas altitudes, entre outros.

Brasil – Biomas

Fonte: IBGE. Disponível em: <www.ibge.gov.br/>. Acesso em: 28 abr. 2014.

- Em jornais, revistas ou na internet, busque imagens de cada um dos biomas brasileiros e cole-as em seu caderno.
- Identifique o bioma em que se encontra o seu município.

O país apresenta também importantes bacias hidrográficas, além de significativas reservas de água subterrânea, como o aquífero Alter do Chão e parte do aquífero Guarani. O Brasil ainda possui um relevo dominado por planaltos, depressões e planícies, com variadas e magníficas formas, como as chapadas.

Vista aérea do rio Mucajaí e da floresta Amazônica, RR (2010).

MAIS INFORMAÇÃO — Desmatamento na Caatinga

"A Caatinga, único bioma exclusivamente brasileiro, possui atualmente metade de sua cobertura vegetal original. [...] Dados do monitoramento do desmatamento no bioma realizado entre 2002 e 2008 revelam que, neste período, o território devastado foi de 16 576 km², o equivalente a 2% de toda a Caatinga. A taxa anual média de desmatamento na mesma época ficou em torno de 0,33% (2.763 km²).

Em entrevista coletiva realizada nesta terça-feira (2 mar. 2010) para divulgar os números deste levantamento, o [então] ministro do Meio Ambiente, Carlos Minc, disse que o índice é alto, considerando-se que a região é a mais vulnerável do País aos efeitos das mudanças climáticas, com forte tendência à desertificação.

De acordo com os dados do monitoramento, a principal causa da destruição da Caatinga deve-se à extração da mata nativa, que é convertida em lenha e carvão vegetal destinados principalmente aos polos gesseiro e cerâmico do Nordeste e ao setor siderúrgico de Minas Gerais e do Espírito Santo. Outros fatores apontados foram as áreas criadas para biocombustíveis e pecuária bovina. O uso do carvão em indústrias de pequeno e médio porte e em residências também foi indicado.

'Para reverter a situação é importantíssimo pensarmos em uma matriz energética diferente para a região, como energia eólica, gás natural e pequenas centrais hidrelétricas', completou o ministro. [...]"

CORRÊA, Carine. Desmatamento na Caatinga já destruiu metade da vegetação original. Texto publicado em 2 mar. 2010. Disponível em: <www.mma.gov.br/port/gab/forum/links.cfm?id=5593>. Acesso em: 28 abr. 2014.

Cultura

Acervo
Conjunto de bens que compõem o patrimônio de um indivíduo, de uma instituição, de um município, estado ou nação.

A presença dos primeiros habitantes, os indígenas, o ingresso de africanos, trazidos à força, a colonização portuguesa e a vinda de vários imigrantes para o nosso país fizeram de nós um povo que reúne diferentes culturas. Isso podemos notar nas manifestações folclóricas e artísticas, na variedade de estilos de construções, na culinária e em outras manifestações que marcam a cultura brasileira.

Na seção **Para contextualizar**, você conversou sobre a importância da arquitetura do Brasil. A riqueza arquitetônica brasileira é outra marca de nosso espaço geográfico. Olhar para as paisagens de diversas cidades brasileiras é olhar para diferentes épocas de nossa história. São muitas as cidades que apresentam construções de enorme valor histórico-cultural. Preservar esse patrimônio é preservar a nossa memória, a nossa história. Mas esse é um grande desafio, pois para preservar o nosso amplo acervo arquitetônico são necessários estudos, pesquisas, especialistas e recursos financeiros, enfim, investimentos do governo e de empresas.

Encontro dos Bonecos Gigantes na rua São Bento, no Carnaval de Olinda, PE (2010).

As festas também são grandes manifestações culturais que acontecem no espaço geográfico brasileiro, e as práticas culturais estão sempre ligadas ao tipo de espaço geográfico; por exemplo, em cidades fundadas por italianos é muito comum festas típicas, como as de culinária, em que a massa é o prato principal.

Não há município que não tenha um conjunto de festas, distribuídas ao longo do ano, em torno das quais há grande envolvimento da população — trabalho, criação e comemoração se interligam para proporcionar diversão e momentos de descontração.

MAIS INFORMAÇÃO

Cultura material e imaterial

Em 1988, a Constituição Federal brasileira estabeleceu em seu artigo 216: "Constituem patrimônio cultural brasileiro os bens de natureza material e imaterial, tomados individualmente ou em conjunto, portadores de referência à identidade, à ação e à memória dos diferentes grupos formadores da sociedade brasileira".

O principal organismo que trata da preservação histórica e cultural brasileira é o Instituto do Patrimônio Histórico e Artístico Nacional (Iphan). Em termos mundiais, essa é uma das atribuições da Organização das Nações Unidas para a Educação, a Ciência e a Cultura (Unesco).

Pode parecer estranho falar de preservação da "cultura imaterial", mas não só de aspectos físicos se constitui a cultura de um povo. Há muitos elementos contidos nas tradições, no folclore, nos saberes, nas línguas, nas festas e em diversos outros aspectos e manifestações, geralmente transmitidos de forma oral ou gestual, recriados coletivamente e modificados ao longo do tempo. A essa porção intangível da herança cultural dos povos dá-se o nome de patrimônio cultural imaterial.

Intangível
Aquilo que não se pode tocar, pegar; não perceptível pelo sentido do tato.

No ano de 2000 foi instituído pelo governo federal um novo instrumento de preservação, o Registro de Bens Culturais de Natureza Imaterial que constituem patrimônio cultural brasileiro, e criou-se o Programa Nacional do Patrimônio Imaterial. O registro se faz em um dos seguintes livros:

Livro dos Lugares: espaços onde se concentram e reproduzem práticas culturais coletivas. Exemplos: mercados, feiras, santuários, praças.

Livro dos Saberes: conhecimentos, técnicas, processos e modos de saber e fazer enraizados no cotidiano das comunidades. Exemplos: tecnologias tradicionais de produção artesanal.

Livro das Celebrações: rituais e festas que marcam a vivência coletiva do trabalho, da religiosidade, do entretenimento e de outras práticas da vida social. Exemplos: procissões, festas, concentrações.

Livro das Formas de Expressão: manifestações literárias, musicais, plásticas, cênicas e lúdicas. Exemplos: folguedos, ritmos, linguagens, literatura oral.

Os profetas do artista Aleijadinho são exemplos de patrimônio cultural de natureza material. Igreja do Bom Jesus de Matozinhos, em Congonhas, MG (2008).

Espaço geográfico – ações humanas e contrastes culturais

As sociedades diferenciam-se em muitos aspectos: algumas são industrializadas, outras dependem da produção agrícola e pecuária; umas apresentam poucas desigualdades sociais, outras são marcadas por acentuados abismos entre os mais ricos e os mais pobres; umas habitam regiões de clima temperado, outras vivem em regiões de clima tropical.

As variadas formas de organização social e espacial das sociedades em geral não são determinadas somente pelas condições naturais. O que determina a diversidade são as relações que ocorrem entre os grupos sociais ao longo da história.

Muçulmanas vestindo o chador, no Cairo, Egito (2010).

Além disso, as sociedades professam religiões diferentes, têm tradições, costumes e línguas próprios. Em algumas delas, os valores religiosos têm grande influência no comportamento das pessoas. São também as diferenças socioculturais que determinam as formas específicas de se relacionar com a natureza, de transformar o espaço natural e de organizar o espaço geográfico.

O espaço geográfico é resultado das ações dos seres humanos ao longo da história, ou seja, espaço é sociedade e sociedade é espaço. No espaço brasileiro está refletida a maneira como a sociedade vem se organizando em diferentes épocas e os diversos tipos de atividades que desenvolvemos para satisfazer nossas necessidades.

Na seção **Para contextualizar**, você conversou sobre aspectos das condições de vida dos brasileiros ao analisar as fotografias. Pela observação do espaço geográfico brasileiro podemos visualizar a distribuição das atividades produtivas entre os diferentes grupos sociais. Isso pode ser constatado se observarmos como as pessoas moram, se locomovem, se divertem, se alimentam e cuidam da saúde.

A capacidade técnica, as possibilidades de recursos que a natureza oferece, os valores culturais e religiosos, tudo está presente nos diferentes lugares do espaço geográfico.

PARA COMPREENDER — Fotografias e charge

Observe as fotografias e a charge.

Garoto vendendo alho em avenida na cidade de São Paulo, SP (2008).

Moradias em local sem saneamento básico, em Porto Alegre, RS (2011).

ANGELI. *Folha de S.Paulo*. São Paulo, 1º fev. 2004. p. A-2.

■ Responda às questões.

1. Observando as fotografias e a charge, a que conclusão pode-se chegar sobre as condições de vida de alguns brasileiros?
2. O que o chargista quis expressar?

O modo como as pessoas vivem está retratado no espaço geográfico e é um aspecto importante da **organização social**. As fotografias e a charge que você analisou são uma amostra de alguns aspectos da situação do país quanto às condições de vida dos brasileiros. Elas exibem alguns dos graves problemas sociais atualmente existentes.

A organização social

A organização social compreende os papéis exercidos pelas pessoas na sociedade e as ações decorrentes do desempenho desses papéis. Numa escola, por exemplo, o diretor orienta o trabalho de todos os funcionários, solicita melhorias para o prédio e suas instalações, participa de reuniões na diretoria de ensino para acompanhar as determinações da Secretaria de Educação; os inspetores cuidam da disciplina; os professores lecionam; os faxineiros cuidam da limpeza; os alunos participam das aulas etc.

A organização social engloba os diversos campos de atuação humana: econômico (atividades produtivas, comércio, serviços); político (governo); religioso (líderes espirituais e fiéis); militar (polícia e forças armadas).

Na organização social, são importantes as **relações de poder** que se estabelecem entre os indivíduos que a compõem.

Poder político e poder econômico

Poder, no sentido social da palavra, significa a capacidade de agir, de produzir resultados que foram predeterminados. Assim, por exemplo, temos poder para elaborar uma redação ou para resolver uma equação de Matemática, desde que disponhamos dos meios para isso: conhecimento do assunto, caneta, lápis, papel ou microcomputador. Ainda em termos sociais, poder significa a autoridade que uma pessoa ou um grupo de pessoas têm para determinar o comportamento de outra(s).

O poder manifesta-se em diversos grupos sociais e em diversas esferas da vida em sociedade. Há relações de poder na família, num clube, numa empresa, nas religiões, nos sindicatos de trabalhadores etc.

Poder político é o poder de governo de uma sociedade. Nesse sentido, governar significa estabelecer normas que regulam e orientam parte das relações entre as pessoas. Os que assumem o governo de uma sociedade conquistam o poder político. O Estado, que será visto logo adiante, é o responsável pela institucionalização do poder político.

A existência do poder político não exclui as outras formas de poder — o poder econômico, o religioso, o dos sindicatos. Entretanto, todas essas formas estão, de certo modo, submetidas ao poder político ou poder público, fazem parte da organização política da sociedade.

Um aspecto importante a se considerar é a influência do poder econômico sobre o poder político. Quanto maior for a concentração de poder econômico em um país ou em uma região, maior será a capacidade de controle político, de poder político nas mãos de poucas pessoas.

Estado, território e nação

Estado

O poder político, conforme foi visto na página anterior, está organizado dentro de um conjunto de instituições (governo, forças armadas, tribunais) que fazem parte do **Estado**.

O Estado é uma organização política que, por meio de um conjunto de instituições, governa a sociedade estabelecida em seu território. Para tanto, cria e faz cumprir as leis. As instituições que o compõem são: o governo, que é um grupo político que ocupa o poder do Estado por um determinado período; a polícia; as forças armadas (marinha, aeronáutica e exército); os tribunais; e diversos órgãos públicos. O Estado ordena as ações da sociedade em seu território, englobando empresas, escolas, clubes, sindicatos, grupos de amigos, condomínios, população do campo e das cidades.

O governo é formado por três poderes: o **Legislativo**, que elabora as leis; o **Executivo**, responsável pela execução das leis e frequentemente chamado de "governo"; e o **Judiciário**, responsável pela interpretação e aplicação das leis.

A sede do governo federal brasileiro localiza-se em Brasília (DF).

Palácio do Planalto, sede do Executivo (2010).

Superior Tribunal Federal, sede do Judiciário (2010).

O Congresso Nacional (esquerda), composto pelo Senado e pela Câmara dos Deputados (Legislativo) e a Praça dos Três Poderes (2010).

Os Estados têm uma influência determinante na estruturação dos espaços geográficos nacionais, a partir de ações do governo de um país, e em termos mundiais, por meio das ações adotadas em conjunto por um grupo de países. Assim, em termos nacionais, o Estado elabora e aplica as leis que regulam a vida da sociedade, determina o traçado das estradas e das ferrovias e as constrói; desenvolve projetos para a construção de usinas hidrelétricas; constrói túneis, viadutos, pontes, portos, aeroportos; planeja e constrói cidades; incentiva a ocupação de áreas pouco povoadas; concede empréstimos a juros baixos para agricultores que cultivam um determinado produto (soja, por exemplo) em extensas áreas etc. Em termos mundiais, há união entre Estados para a formação de blocos econômicos, como o Mercosul e a União Europeia.

Estado-nação

É comum referir-se ao país como sendo também um Estado. Diversos estudiosos entendem que o termo que melhor traduz a ideia de país é Estado-nação. Assim, país ou Estado-nação são termos que se referem à organização político-administrativa do território — o Estado — e à sociedade, que está sob o governo desse Estado. O termo "Estado nacional" também é utilizado para se referir ao Estado-nação.

Estado e administração

O termo **estado** também é aplicado à unidade de divisão política, administrativa e territorial de alguns países, como o Brasil, o México e os Estados Unidos. No território brasileiro, há três níveis ou esferas de poder: federal, estadual e municipal.

Território

Num sentido amplo, **território** é um espaço que possui limites definidos, diversas paisagens e é controlado e apropriado por pessoas, grupos econômicos ou por um grupo político, que procuram defendê-lo e mantêm sobre ele uma relação de poder.

O Estado ocupa um território e tem soberania sobre ele, ou seja, poder para comandar ou controlar sem se submeter, teoricamente, aos interesses de outros Estados.

Dizemos teoricamente, pois, na prática, a soberania do Estado vai depender do seu poderio em termos militares, tecnológicos, econômicos e, de certa forma, naturais (localização e recursos).

Vemos, assim, que as relações entre os Estados também são relações de poder.

Em razão de sua grande extensão territorial, o Brasil é considerado um país-continente. Com 8.515.767 km^2, está entre os maiores países em extensão (quinto lugar).

Nação

Uma **nação** é formada por um grupo de pessoas que têm em comum passado histórico, costumes e valores e, às vezes, língua e religião. Tudo isso faz com que a nação tenha uma identidade cultural e uma consciência nacional próprias. Mas nem sempre uma nação tem o seu Estado formado e, não raras vezes, reivindica-o pelas mais diferentes formas, nem sempre pacíficas (uso da força e ações terroristas). A sociedade de um Estado pode ser formada por uma única nação ou por várias nações.

Os curdos são um exemplo de nação que ainda não conseguiu constituir-se em Estado. Atualmente, 25 milhões de curdos vivem espalhados por seis países (Iraque, Armênia, Azerbaijão, Turquia, Síria e Irã), lutando por um território.

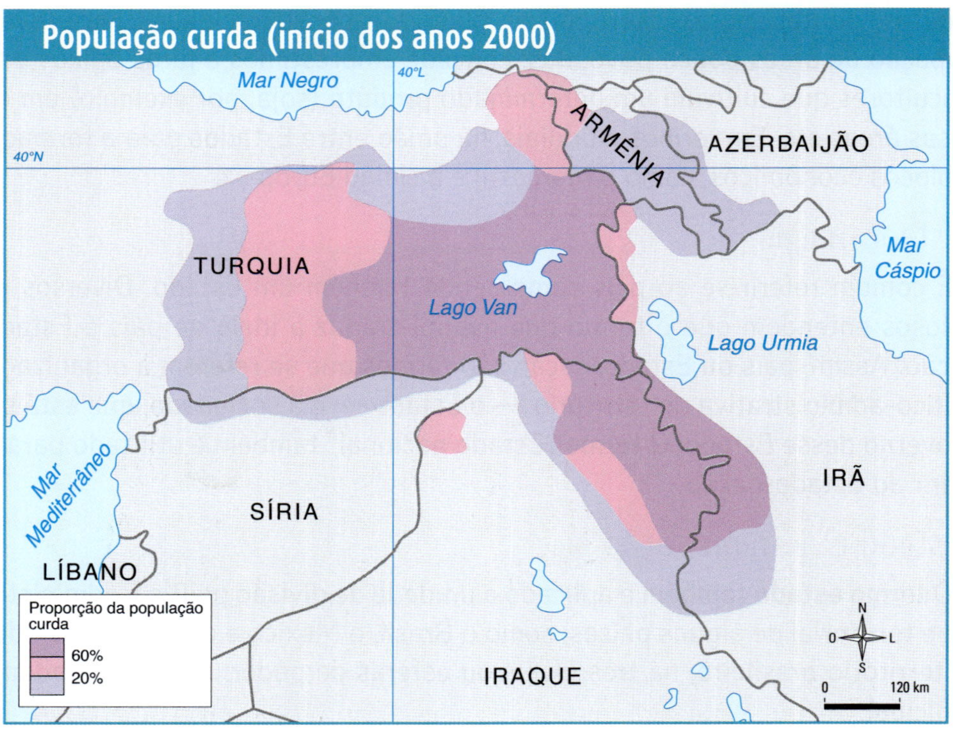

Fonte: SMITH, Dan. *Atlas dos conflitos mundiais*. São Paulo: Nacional, 2007. p. 62.

Atividades

RETOME SEUS CONHECIMENTOS

1. Observe as fotografias desses biomas brasileiros e responda às questões.

a) Explique o que são biomas e quais estão representados nas fotografias.

b) Que outros biomas podem ser encontrados no Brasil?

2. O que você entende por poder político?

3. Escreva qual é a relação entre o poder econômico e o poder político.

4. Como é organizado o poder, a política no Brasil, ou seja, quem são os responsáveis pelo Estado?

EXERCITE SEUS CONHECIMENTOS

5. Observe a fotografia a seguir e responda.

a) Qual o problema mostrado na fotografia?

b) Que ações podem ser desenvolvidas para estimular a conscientização sobre a importância da preservação do patrimônio histórico e cultural?

c) Em seu município há casos semelhantes de deterioração do patrimônio histórico e cultural? Quais?

Beco Pacotilha no centro histórico de São Luís, MA (2010).

2 Brasil: formação territorial

PARA CONTEXTUALIZAR

Observe o mapa.

Mundo – Divisão política

Fonte: *Atlas geográfico escolar*. Rio de janeiro: IBGE, 2012. p. 32.

ATIVIDADES

Converse com seus colegas e com seu professor.

1. Qual é o título do mapa? O que ele mostra?
2. Em sua opinião, por que os países estão pintados com cores diferentes?
3. O que são as linhas em cinza?
4. Em sua opinião, de que forma foram estabelecidas essas linhas?
5. Em sua opinião, a extensão territorial do Brasil sempre foi assim? Justifique a sua resposta.

Os limites, as fronteiras e a divisão política

O planisfério que você interpretou mostra a divisão política da Terra. Nele, o espaço geográfico mundial aparece fragmentado, o que fica mais evidente com a diferenciação de cores. Ao observarmos esses detalhes, temos a impressão de que essa fragmentação é algo natural, que sempre existiu. Será mesmo?

Os territórios dos Estados-nação estão delimitados por linhas chamadas **limites**. São as linhas sobre as quais você conversou na seção **Para contextualizar**. A zona ou faixa pela qual passa a linha de separação é denominada **fronteira** política. Dessa forma, apesar de serem utilizados como sinônimos, os termos limite e fronteira apresentam significados diferentes: limite se refere apenas à linha divisória entre os Estados; fronteira é o trecho (zona ou faixa) do território que define o limite. As fronteiras são "vivas", com intercâmbio cultural e comercial (às vezes ilegal) intenso entre os países vizinhos.

Brasil – Zona de fronteira e limite

Fonte: *Atlas geográfico escolar*. Rio de Janeiro: IBGE, 2009. p. 40; Grupo Retis. Disponível em: <www.retis.igeo.ufrj.br>. Acesso em: 28 abr. 2014.

Para o estabelecimento da linha de separação podem ser utilizados rios ou serras (limites naturais), linhas imaginárias criadas a partir dos paralelos e meridianos (latitude e longitude), ruas ou pontes (limites artificiais). Um mapa político do planisfério ou da América do Sul expressa a divisão política, ou seja, os territórios de cada país ou a área em que o governo de cada um tem poder para atuar.

Ponte da Amizade sobre o Rio Paraná na fronteira entre Brasil (em primeiro plano) e Paraguai (ao fundo) (2009).

- Ao observar a foto da Ponte da Amizade, podemos verificar o Brasil e o Paraguai (ao fundo). Nesse caso, qual é o limite entre os dois países?

Os limites de muitos países foram traçados por imposição de nações dominantes, ignorando a existência de nações completamente distintas em determinado território e impondo a elas sua cultura e religião. Ainda hoje, há brigas e disputas pela união dessas nações separadas, como o caso do povo curdo citado no capítulo anterior.

Os limites não foram sempre como estão nos mapas e provavelmente não permanecerão assim eternamente, como foi discutido na seção **Para contextualizar**. Muitos desses limites são motivos de conflitos e podem ser modificados em virtude de guerras ou acordos entre os povos. Novos países podem surgir também em decorrência de uniões ou desmembramentos.

As alterações no espaço geográfico são fruto de modificações nas formas de organização social dos povos, no domínio das técnicas, nos valores, na cultura. Ao mesmo tempo que o processo de ocupação vai ocorrendo, o poder do Estado (governo) procura estabelecer seus limites territoriais, sempre buscando manter seus domínios e ajudando a produzir o espaço geográfico.

Assim, a divisão política do espaço mundial, além de definir as áreas de atuação de cada Estado, representa, em muitos casos, formas diferenciadas de desenvolvimento tecnológico, de normas (leis), de valores e costumes.

PARA COMPREENDER Mapa e texto

Observe o mapa e leia o texto.

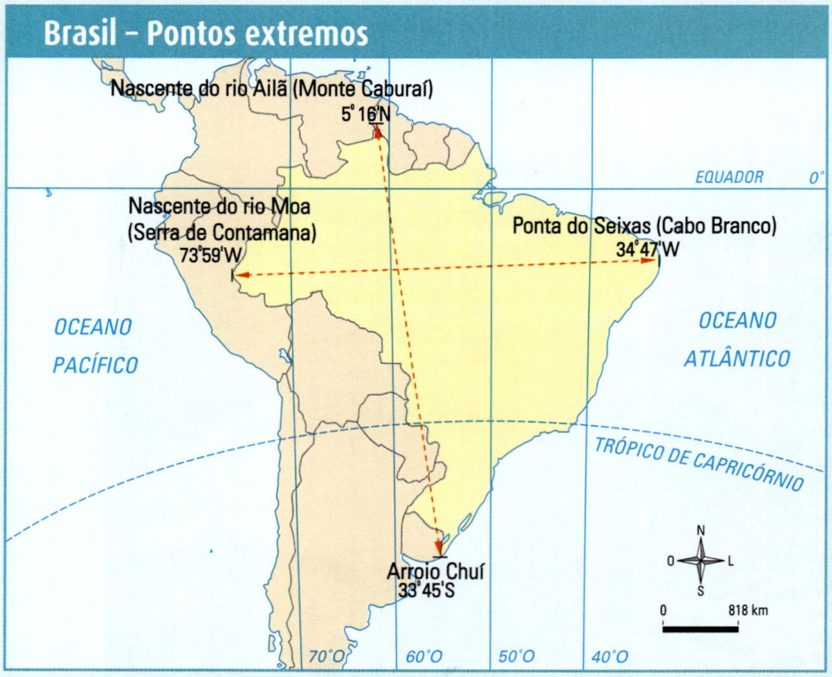

Fonte: *Atlas Nacional do Brasil*. Rio de Janeiro: IBGE, 2000. p. 47; *Atlas geográfico escolar*. Rio de Janeiro: IBGE, 2009. p. 41 e 91 (adaptado).

"[...] 'O tamanho do Brasil e a diversidade da nossa geografia são os grandes desafios para a segurança na fronteira brasileira. São quase 17 mil quilômetros de extensão. E, para cada região, precisamos ter estratégias diferentes', avaliou Dilma. [...]

'É impossível imaginar que quase 17 mil quilômetros de fronteira possam ser monitorados só com policiais e soldados. É preciso usar informações e ter equipamentos que permitam planejar as ações', ressaltou a presidente."

Agência Brasil. Tamanho do País é desafio para segurança nas fronteiras, avalia Dilma. Disponível em: <http://ultimosegundo.ig.com.br/brasil/tamanho+do+pais+e+desafio+para+seguranca+nas+fronteiras+avalia+dilma/n1597098645012.html>. Acesso em: 28 abr. 2014.

■ Responda às questões a seguir.

1. Com quais países o Brasil faz fronteira? Com quais países sul-americanos o Brasil não faz fronteira?
2. Segundo o texto e analisando o mapa, quais problemas enfrenta um país de extensão territorial tão grande como a do Brasil?
3. Na sua opinião, para o Brasil há vantagens em fazer fronteira com tantos países?

O Brasil faz fronteira com dez dos doze demais países que formam a América do Sul. Apenas Chile e Equador não têm limites com o território brasileiro. Ter fronteiras com diversos países é importante por diversos fatores. Um deles refere-se à tendência do mundo atual para a formação de blocos comerciais entre países próximos, a fim de facilitar o processo de produção, importação e exportação de mercadorias, entre seus membros e os demais países.

Por outro lado, são aproximadamente 17 mil quilômetros de fronteiras terrestres para o governo brasileiro fiscalizar e controlar, tentando impedir o tráfico de armas e de drogas, o contrabando e a imigração ilegal. O Brasil apresenta a terceira maior fronteira terrestre do mundo (superado apenas por Rússia e China).

Formação territorial e organização político-social

Ao analisarmos a maneira como se deu a formação dos territórios dos países como os conhecemos hoje, podemos compreender um pouco sua organização espacial. O processo de formação territorial de cada um deles não ocorreu na mesma época histórica, e os fatores que o determinaram foram diferentes.

Com o processo de expansão comercial dos séculos XV e XVI, os países europeus, que ocuparam diversas áreas do globo, dominaram inicialmente trechos da América e da Ásia e, posteriormente, nos séculos XVIII e XIX, ampliaram seus domínios para a Oceania e toda a África. Nesses continentes, tais países impuseram aos povos locais (frequentemente à força) seus valores, hábitos e costumes, suas normas e regras, suas formas de organização política e de relação com a natureza, de produção de bens, de relações de trabalho. Nesse processo, os europeus eram os colonizadores ou dominadores, e os povos que habitavam a América, a Ásia, a África e a Oceania, os colonizados ou dominados.

É nesse contexto de expansão do comércio europeu que o território brasileiro passa a ser formado a partir de 1500, segundo os interesses dos colonizadores. Trata-se do período do capitalismo comercial.

MAIS INFORMAÇÃO

Capitalismo

O capitalismo é um sistema socioeconômico que regula as relações sociais e a economia da sociedade. Surgiu na Europa entre os séculos XV e XVI e teve como etapa inicial o capitalismo comercial.

Nesse sistema, a maior parte dos meios de produção (máquinas, equipamentos, fábricas, bancos, comércio e terras) pertence a empresas particulares, sendo, portanto, propriedade privada. A sociedade divide-se em classes, que têm diferentes interesses.

A economia capitalista visa à produção para o mercado, e é para ele que os empresários direcionam seus investimentos. No capitalismo, o trabalho é assalariado, ou seja, quem não possui os meios de produção trabalha para os que os possuem, em troca de um salário. Os donos dos meios de produção — os empresários — visam ao lucro, ou seja, à ampliação do capital. Também investem em pesquisas para a criação de novos produtos, melhoria dos já existentes e aperfeiçoamento do sistema produtivo, para otimizar seus lucros.

Mercado
Em economia, mercado é o nome que se dá à oferta e à procura de mercadorias e serviços. No contexto, refere-se ao conjunto formado pelas pessoas que querem vender e adquirir bens e serviços.

A expansão do comércio europeu

O capitalismo comercial baseou-se no comércio em larga escala realizado entre as metrópoles europeias (Portugal, Espanha, Inglaterra, entre outras) e as colônias da América, Ásia e África, interligando os diversos continentes.

Esse comércio era regulado por um rígido pacto colonial, que sempre beneficiou as metrópoles:

- alguns países europeus forneciam produtos acabados aos demais continentes;
- as colônias da América e da Ásia forneciam matéria-prima, produtos agrícolas, ouro, prata e outros metais preciosos à Europa;
- da África vinham algumas matérias-primas e mão de obra escravizada para outras colônias.

Você conversou com os colegas e com o professor, na seção **Para contextualizar**, sobre como teria se formado o território brasileiro. Até a chegada dos colonizadores portugueses, em 1500, a área que corresponde ao atual território brasileiro era habitada por diversos povos indígenas. Esses povos apresentavam uma organização social diferente da dos colonizadores, sem a noção de propriedade ou de governo, nem de classes sociais. Além disso, eles pouco interferiam no espaço natural e não delimitavam estritamente as áreas que habitavam. Não tinham, portanto, territórios definidos. De modo geral, os portugueses consideravam os indígenas seres inferiores. À força, com uso de armas de fogo, conquistaram suas terras e desestruturaram seu modo de vida.

O espaço geográfico da América, da Ásia e da África foi sendo estruturado, ao longo dos séculos, em função dos interesses econômicos dos europeus. Os mapas a seguir mostram um aspecto dessa orientação econômica nessas regiões. Observe-os.

América do Sul e África – Distribuição das ferrovias (meados do século XX)

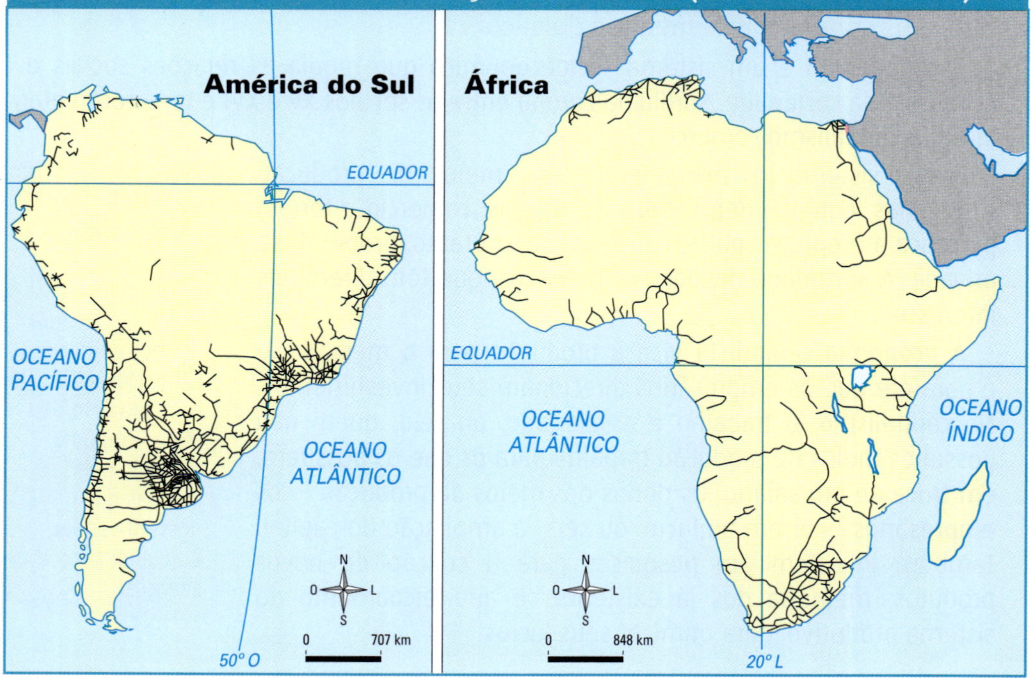

Fonte: GICOVATE, Moisés. *Geografia geral*. São Paulo: Melhoramentos, 1943. p. 159.

- Responda: Como estão estruturados os traçados das ferrovias? Ao observarmos esses traçados, é possível constatar uma integração entre as diversas regiões desses continentes?

Como se pode constatar no mapa ao lado, na Europa as ferrovias fazem a interligação das diversas partes do continente, constituindo uma verdadeira malha ferroviária, o que mostra, por sua vez, um espaço interligado e uma economia integrada.

Você observou no mapa da América do Sul e da África que as ferrovias estão orientadas para os portos, o que demonstra uma economia bastante dependente do mercado externo, uma vez que a maior parte da produção agrícola e mineral era direcionada para outros países.

O traçado das ferrovias demonstra também um certo isolamento de determinadas regiões da África e da América do Sul em relação às outras áreas. Algumas dessas regiões estavam mais interligadas ao exterior, por meio dos portos, do que às regiões vizinhas.

Europa - Distribuição das ferrovias (meados do século XX)

Fonte: GICOVATE, Moisés. *Geografia geral*. São Paulo: Melhoramentos, 1943. p. 159.

Particularmente no caso do Brasil, isso mostra a existência de economias que se desenvolveram de forma independente em diferentes regiões do país. A essa situação denominou-se **economia de arquipélago**, isto é, espaços internos não integrados. Esse tipo de economia seria alterado a partir de meados do século XX, como veremos neste e no próximo capítulo.

A formação do território brasileiro

Os primeiros limites traçados no território brasileiro começaram a ser definidos em 1494, com o Tratado de Tordesilhas, firmado entre Portugal e Espanha. O tratado definiu uma linha imaginária que dividia as terras descobertas e aquelas a descobrir: os portugueses teriam o direito de explorar as terras a leste dessa linha, e os espanhóis, as terras a oeste.

Tratado de Tordesilhas (1494)

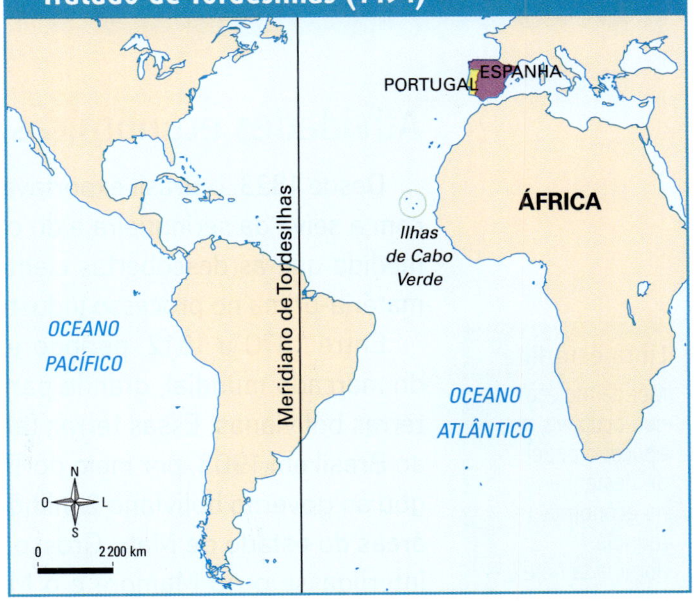

Fonte: *Atlas Nacional do Brasil*. IBGE: Rio de Janeiro, 2000. p. 20; ALBUQUERQUE, Manoel Maurício de et al. *Atlas histórico escolar*. MEC: Rio de Janeiro, 1983. p. 16 (adaptado).

Para garantir o poder, em 1532, a Coroa portuguesa organizou o território dividindo-o em **capitanias hereditárias**, que eram lotes de terras doados pelo rei de Portugal aos **donatários**, fidalgos portugueses que podiam passar para seus herdeiros o controle sobre suas terras.

Durante o século XVIII e início do XIX, diversos tratados foram assinados para o estabelecer os limites do território brasileiro.

Esses tratados sempre envolveram Portugal e Espanha, com exceção do Tratado de Utrecht (1713), assinado também com a França, para definir um trecho de limite no norte do Brasil (atual estado do Amapá), e do Tratado de Petrópolis (1903), pelo qual, num acordo com a Bolívia, o Brasil incorporou o trecho que corresponde atualmente ao estado do Acre. Em 1801, ao ser estabelecido o Tratado de Badajós, entre portugueses e espanhóis, os limites atuais de nosso país já estavam praticamente definidos.

As primeiras capitanias hereditárias

Fonte: ALBUQUERQUE, Manoel Maurício de et al. *Atlas histórico escolar*. MEC: Rio de Janeiro, 1980. p. 14.

Tratado de Badajós (1801)

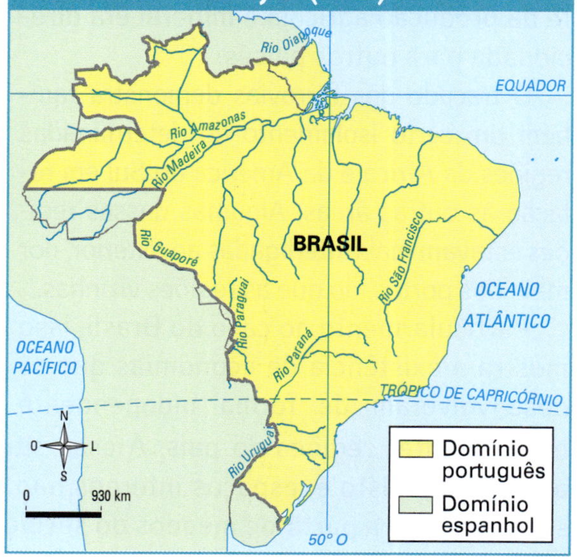

Fonte: ALBUQUERQUE, Manoel Maurício de et al. *Atlas histórico escolar*. MEC: Rio de Janeiro, 1983. p. 30.

Atividades econômicas, novos limites e ocupação

Desde 1823, o Brasil exportava o látex, goma elástica fabricada artesanalmente com a seiva da seringueira e do caucho. O interesse por esse produto aumentou à medida que as descobertas científicas foram criando novas aplicações para essa matéria-prima no processo industrial.

Entre 1870 e 1912, período em que o Brasil foi o único fornecedor de látex do mercado mundial, grande parte da borracha era produzida por brasileiros em terras bolivianas. Essas terras (atual estado do Acre) foram incorporadas de fato ao Brasil em 1903, por meio do Tratado de Petrópolis. Nesse tratado, o Brasil pagou ao governo boliviano 2 milhões de libras esterlinas, cedeu algumas pequenas áreas do estado de Mato Grosso e se comprometeu a construir uma ferrovia que interligasse o rio Mamoré e o Madeira (afluente do Amazonas), para facilitar à Bolívia o acesso ao Atlântico. Essa foi a última etapa da expansão territorial brasileira. A partir de então, o Brasil passou a ter a configuração que apresenta hoje.

Libra esterlina
Moeda inglesa que ocupava, na época, o papel de destaque na economia mundial, dominada hoje pelo dólar norte-americano.

A partir da década de 1920, a exploração do látex amazônico, assunto que voltaremos a ver na Unidade VI mais detalhadamente, começou a entrar em declínio. Isto se deu em razão da concorrência do látex extraído das plantações de seringueira em colônias britânicas da Ásia, mais especificamente na Malásia. Após a Segunda Guerra Mundial, outro fato provocou uma diminuição ainda maior do interesse pelo látex da Amazônia: a expansão da produção de borracha sintética, elaborada a partir do petróleo.

Assim, de acordo com o que você observou anteriormente, a formação do território brasileiro deu-se com a ocupação decorrente da prática de diferentes atividades econômicas, organizadas em diversas regiões: no Nordeste, o cultivo de cana-de-açúcar; no Norte, a extração de borracha e a exploração das drogas do sertão; no Sudeste, a mineração e a cafeicultura; no Sul, a pecuária, onde também se desenvolveu a agricultura familiar, com a chegada de imigrantes europeus a partir da segunda metade do século XIX.

Integração do território brasileiro no século XX

Observe e interprete os mapas desta página para compreender e analisar algumas transformações no território brasileiro no decorrer do século XX.

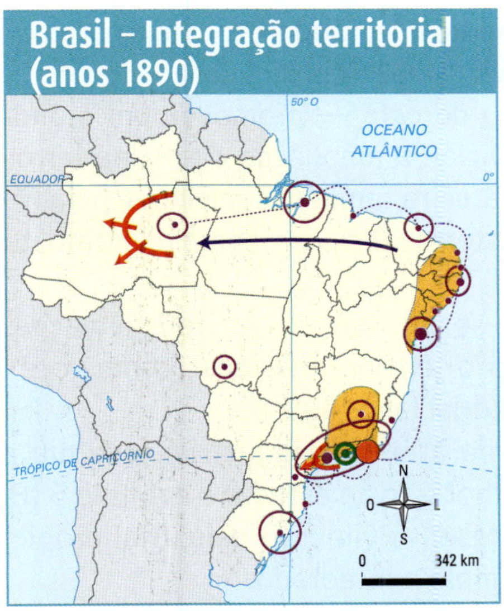

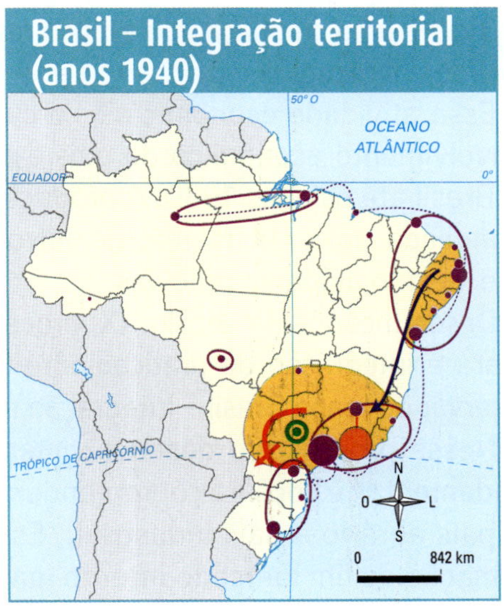

Fonte: THÉRY, Hervé; MELLO, Neli Aparecida de. *Atlas do Brasil*: disparidades e dinâmicas do território. São Paulo: Edusp, 2009. p. 43.

- Converse com seus colegas e seu professor sobre os mapas da página anterior.

1. Nos anos 1890, em quais trechos do território havia espaços realmente integrados à economia nacional?
2. Nos anos 1940, o que aconteceu com a área de abrangência dos trechos referidos no item anterior?
3. Nos anos 1990, qual a abrangência dos espaços realmente integrados à economia nacional?
4. Em sua opinião, o desenvolvimento de qual atividade econômica possibilitou essa integração maior do território?
5. Que tipo de transporte vai ser priorizado nesse processo de maior integração territorial?

Ao interpretar os mapas, você pôde perceber que, a partir do final do século XIX e início do século XX, significativas transformações na ocupação, no uso e na integração do território ocorreram no Brasil.

Até meados do século XX, existiam espaços isolados (note as zonas de influência dos principais focos econômicos) e, no Centro-Sul do Brasil, como se pôde constatar, houve uma ampliação do espaço realmente integrado à economia nacional. Isso ocorreu em razão da expansão da economia cafeeira em direção ao interior.

Essa atividade econômica — o cultivo do café — promoveu um grande desenvolvimento econômico do país e propiciou a ampliação da malha ferroviária no Brasil até os anos 1930. A produção cafeeira também contribuiu, pela riqueza acumulada, para a instalação de outros sistemas técnicos, como telégrafo, telefone e mesmo algumas rodovias.

Desde meados do século XX, processa-se um conjunto de transformações que levará à integração de praticamente todo o território nacional, como você pôde observar no mapa Brasil – Integração territorial (anos 1990).

Nesse processo, o desenvolvimento da atividade industrial teve um papel fundamental, e você irá compreender melhor isso ao estudar o capítulo 5 (Brasil: de país agrário a país industrial). Esse desenvolvimento industrial propiciou a formação de um mercado interno mais amplo e integrado.

Diversas indústrias de diferentes setores foram sendo instaladas a partir dos anos 1940/1950. Gradativamente, elas foram atendendo, em boa parte, às necessidades da sociedade e da economia brasileiras.

Ao mesmo tempo, o território conhecia uma ocupação e um uso mais efetivos em direção ao interior, ao oeste e ao norte do país, com a expansão de áreas para a prática da agropecuária, a construção de rodovias, o surgimento de novas cidades. Nesse contexto, a construção de Brasília, no final dos anos 1950, e sua inauguração como capital do Brasil, em 1960, tiveram um papel importante.

Os investimentos em energia elétrica, em telecomunicações e no transporte rodoviário foram expressivos a partir de meados do século XX. Conforme você constatou na interpretação do mapa Brasil – Integração territorial (anos 1990), diversos "grandes eixos rodoviários" foram estabelecidos após os anos 1940 em nosso país, permitindo a integração do nosso território.

Infelizmente, os investimentos em transporte ferroviário não acompanharam o volume e o ritmo direcionados ao transporte rodoviário.

Atividades

RETOME SEUS CONHECIMENTOS

1. Responda: qual a diferença entre limite e fronteira?
2. O município onde você mora faz limite com quais municípios? Quais são os estados vizinhos ao seu? Indique a posição (N, S, L, O) desses municípios em relação ao seu. Faça o mesmo para os estados.

EXERCITE SEUS CONHECIMENTOS

3. Observe os mapas e responda às questões a seguir.

Brasil – A economia e o território (séc. XVI)

Fonte: THÉRY, Hervé; MELLO, Neli Aparecida de. *Atlas do Brasil:* disparidades e dinâmicas do território. São Paulo: Edusp, 2005. p. 35 (adaptado).

Brasil – A economia e o território (séc. XVIII)

Fonte: THÉRY, Hervé; MELLO, Neli Aparecida de. *Atlas do Brasil:* disparidades e dinâmicas do território. São Paulo: Edusp, 2005. p. 39 (adaptado).

Brasil – A economia e o território (séc. XIX)

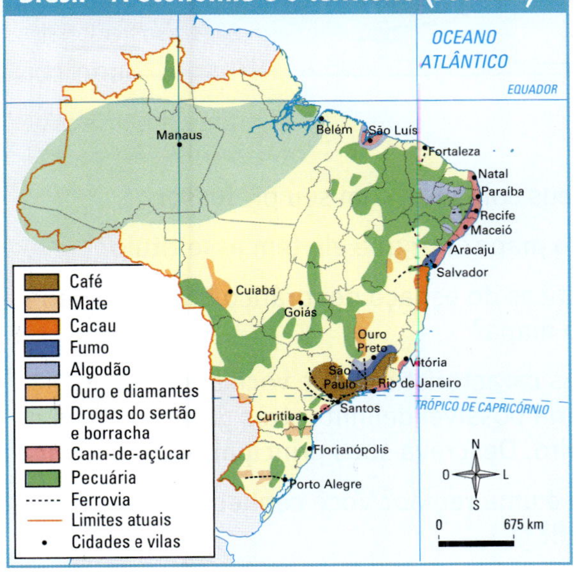

Fonte: THÉRY, Hervé; MELLO, Neli Aparecida de. *Atlas do Brasil:* disparidades e dinâmicas do território. São Paulo: Edusp, 2005. p. 41 (adaptado).

a) Quais foram as atividades econômicas praticadas no Brasil durante os séculos XVI, XVIII e XIX?

b) Quais foram as atividades dominantes em cada um desses séculos?

4. Considerando o último item deste capítulo, "Integração do território brasileiro no século XX", elabore em dupla um breve texto apontando os principais fatores que contribuíram para a integração do nosso território.

3 A regionalização e as divisões regionais no Brasil

PARA CONTEXTUALIZAR

Observe o mapa.

Brasil – Organização do espaço no início do século XXI

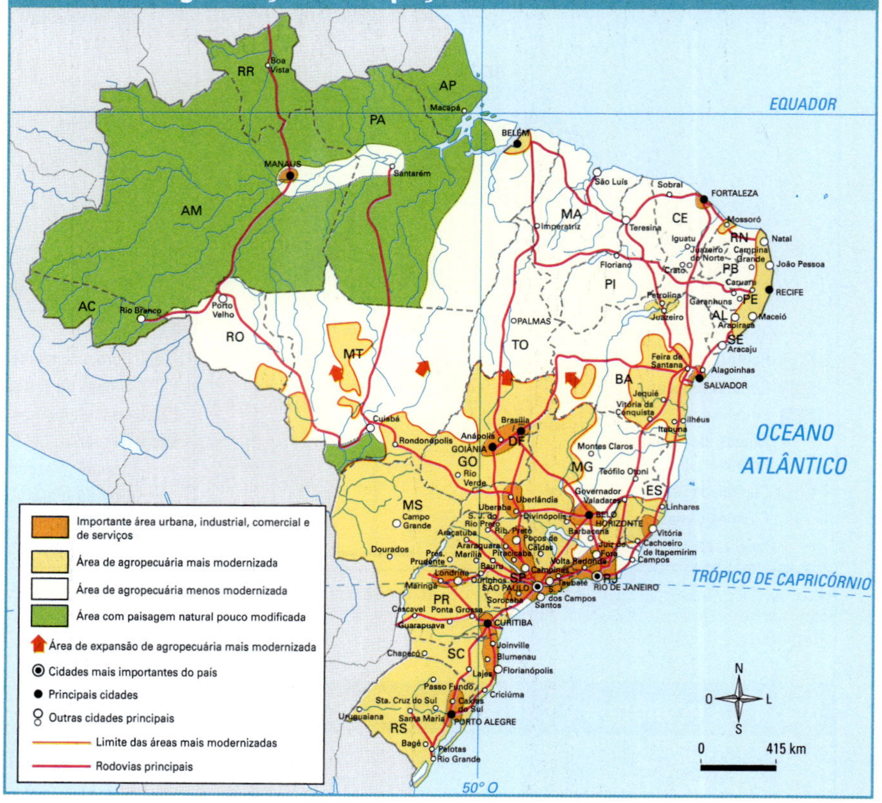

Fonte: *Atlas nacional do Brasil*. IBGE: Rio de Janeiro, 2000. p. 71, 105, 145, 157 e 162; THÉRY, Hervé; MELLO, Neli Aparecida de. *Atlas do Brasil*: disparidades e dinâmicas do território. São Paulo: Edusp, 2009. p. 122.

ATIVIDADES

Converse com seus colegas e com seu professor.

1. Qual é o título do mapa? Por que ele tem esse título?
2. Quais características do espaço geográfico brasileiro são apresentadas no mapa?
3. De acordo com as características que você apontou no item anterior, seria possível delimitar três grandes áreas no território brasileiro. Descreva suas principais características.
4. Você sabe o que é uma região? Você conhece alguma divisão regional do Brasil?

A regionalização

Para regionalizar, costuma-se dividir o espaço geográfico em partes, de acordo com um ou mais critérios. Determinadas áreas da superfície terrestre apresentam características naturais, históricas, culturais, sociais e econômicas que estão relacionadas entre si. Cada área dessas podemos denominar **região**.

A regionalização é uma forma de descentralizar a administração para melhor planejar as ações políticas e também para facilitar a pesquisa e a coleta de dados sobre o território.

Há diversas formas de regionalizar o espaço geográfico mundial. Pode-se, por exemplo, dividi-lo com base nos continentes: América, Ásia, Europa, África, Oceania e Antártida; ou a partir dos níveis de desenvolvimento econômico e social dos países: desenvolvidos e subdesenvolvidos.

Assim, a regionalização é a divisão do espaço geográfico em regiões, em partes menores, de aspectos naturais, culturais e socioeconômicos comuns. Nessa divisão não há exclusão das interações com todas as demais regiões.

A divisão regional oficial do IBGE

Na seção **Para contextualizar**, você conversou sobre divisões regionais para o Brasil. A primeira divisão regional oficial do Brasil foi estabelecida em 1942 pelo Instituto Brasileiro de Geografia e Estatística (IBGE). Desde então, diferentes classificações foram elaboradas pelo IBGE, inicialmente adotando como critério os aspectos naturais (regiões naturais) e, posteriormente, critérios geoeconômicos.

Todas as regionalizações realizadas pelo IBGE foram feitas de modo a agrupar as unidades federativas, ou seja, os 26 atuais estados brasileiros e o Distrito Federal, que, juntos, formam a República Federativa do Brasil.

O mapa ao lado mostra a atual divisão regional estabelecida pelo IBGE. Os limites de cada uma das macrorregiões acompanham as divisas entre os estados.

As regiões e os biomas

1 Para o assunto ***Macrorregiões e biomas brasileiros***, acesse e explore este OED.

Brasil – Divisão regional oficial (IBGE)

Fonte: *Anuário estatístico do Brasil*. IBGE: Rio de Janeiro, 1999. p. 1-43; *Atlas geográfico escolar*. IBGE: Rio de Janeiro, 2007. p. 94.

Os três complexos regionais

Em 1964, o geógrafo Pedro Pinchas Geiger estabeleceu outra forma de divisão regional do Brasil. Nesse modelo, que não é oficial, o espaço geográfico brasileiro está dividido em três áreas bastante extensas, denominadas complexos regionais: Amazônia, Nordeste e Centro-Sul.

Observe o mapa.

Os três complexos regionais brasileiros

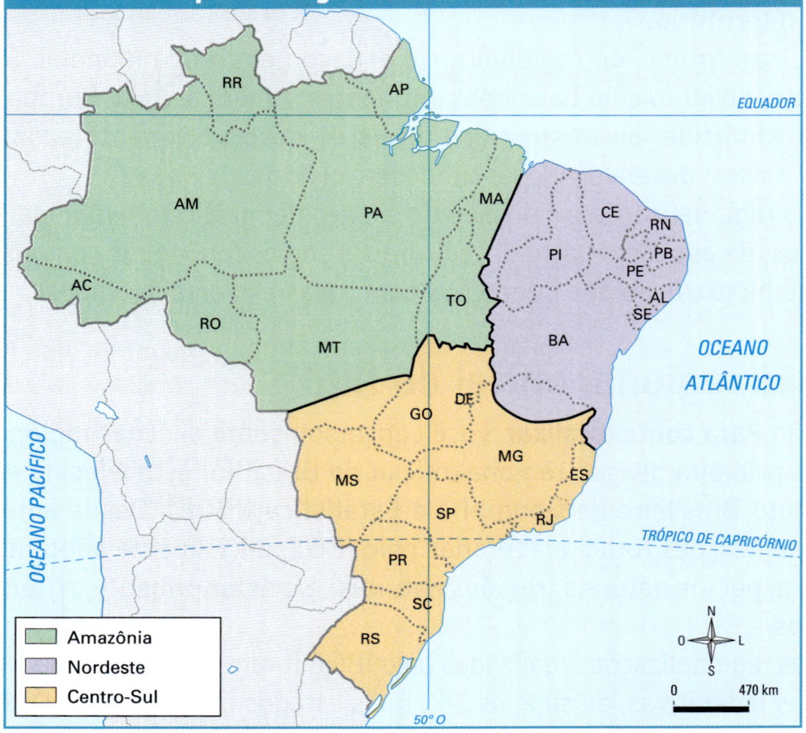

Fonte: GEIGER, Pedro P. Organização regional do Brasil. *Revista Geográfica*: Rio de Janeiro, n. 61, jul./dez. 1964. p. 51. In: MAGAGNO, Angélica. *Revista Brasileira de Geografia*. Rio de Janeiro, v. 57, n. 4, out./dez. 1995. p. 77; IBGE. *Atlas geográfico escolar*. IBGE: Rio de Janeiro, 2007. p. 152 (adaptado).

- Compare esse mapa com o da página 34, Brasil – Organização do espaço no início do século XXI, e responda às questões a seguir.

1. Há semelhanças entre os dois mapas? Explique.
2. Qual foi o principal critério adotado para a divisão do Brasil em complexos regionais?
3. É possível afirmar que as delimitações da divisão em complexos regionais é definitiva? Por quê?

A divisão em três complexos regionais é uma classificação que leva em conta a formação histórico-econômica do país. Considera também a recente modernização econômica que ocorreu no espaço urbano e no campo e estabeleceu novas formas de vínculo entre os lugares do território brasileiro, além de criar uma nova dinâmica de relações entre a sociedade e a natureza. Assim, essa classificação permite entender melhor como o espaço geográfico brasileiro está organizado.

Entendemos, porém, que essa classificação apresenta um problema. Ela não permite a utilização dos dados estatísticos do IBGE de forma integral, pois eles estão agrupados conforme as cinco macrorregiões.

MAIS INFORMAÇÃO

Os quatro Brasis

No final do século XX, os geógrafos Milton Santos e María Laura Silveira elaboraram uma nova proposta de regionalização brasileira.

Essa proposta baseia-se nas características do território brasileiro, levando em consideração uma série de itens: a quantidade de recursos tecnológicos avançados (redes de telecomunicações e de energia, equipamentos de informática); o número de atividades econômicas modernas nas áreas financeira (bancos, bolsas de valores, corretoras de títulos), comercial (*shopping centers*, empresas de comércio eletrônico), de serviços (provedores de acesso à internet, agências de publicidade, consultorias, centros de pesquisas, empresas de comunicação, universidades), industrial (empresas que utilizam robôs e sistemas automatizados) e agropecuária, altamente mecanizada e conectada com a indústria. A proposta considera também as características do processo histórico de ocupação e transformação do território pela sociedade. Com base nesse critério, Milton Santos e sua equipe de pesquisa propõem a divisão em quatro Brasis: uma região denominada Concentrada — que engloba as regiões Sudeste e Sul; o Centro-Oeste; o Nordeste e a Amazônia. Essa divisão territorial segue os limites entre os estados e considera, em parte, a divisão oficial do IBGE.

De acordo com a regionalização proposta por Milton Santos, a região Concentrada é composta de um denso sistema de relações, em função dos elevados índices de urbanização, de atividades comerciais intensas e do alto padrão de consumo das empresas e de parte da população. Atividades modernas e globalizadas, como os diversos setores financeiros e de serviços, caracterizam fortemente essa região, o centro da tomada de decisões.

Na região Centro-Oeste estão presentes algumas características da modernização, em particular a agropecuária mecanizada, que contribuiu para o estabelecimento de uma rede urbana interligada por sistemas de telecomunicações e de transportes mais bem equipados. Nessa região, é grande a produção de mercadorias agrícolas destinadas à exportação, principalmente a soja, bem como o consumo de fertilizantes, adubos, agrotóxicos e sementes selecionadas, comercializados por grandes empresas multinacionais de insumos agrícolas. Em vista disso, é possível afirmar que o Centro-Oeste também está integrado à globalização.

Brasil – Divisão regional (Milton Santos e outros – 1999)

Fonte: SANTOS, Milton; SILVEIRA, María Laura. O Brasil: território e sociedade no início do século XXI. Rio de Janeiro: Record, 2001. p. 309.

O Nordeste é a mais antiga área de povoamento do Brasil, iniciada no século XVI. Nessa região, excetuando-se o período de grande desenvolvimento da economia canavieira (séculos XVI e XVII), de modo geral a circulação de pessoas, produtos, informação e dinheiro sempre foi precária em razão da agricultura pouco intensiva e da urbanização irregular do território. A prática de atividades econômicas modernas e o uso de recursos tecnológicos avançados ocorrem em determinadas áreas da região.

Mas a Região Nordeste vem conhecendo, particularmente neste início de século XXI, um crescimento econômico acima da média nacional, consequência também da expansão de atividades agropecuárias modernas, como no oeste baiano, sul do Piauí e centro-sul do Maranhão, além do estabelecimento de diversas indústrias e de melhorias na infraestrutura de transporte e telecomunicações.

A Amazônia, por fim, é uma região de baixa densidade populacional e com poucos recursos tecnológicos. São menos presentes, comparativamente às demais regiões, as áreas reservadas à agricultura mecanizada e a outras atividades mais modernas.

Planejamento regional

As desigualdades regionais são um aspecto marcante do espaço geográfico brasileiro, ao longo de toda a sua história. Apesar disso, essas desigualdades passaram a ser estudadas apenas recentemente (a partir dos anos 1930-1940).

Esses estudos fornecem dados que servem de instrumento para que o Estado implante políticas de desenvolvimento regional.

O tema desigualdade regional começou a ser discutido principalmente a partir da década de 1950, em razão do desenvolvimento da industrialização, que se concentrou no Centro-Sul, e pelo fato de as primeiras estatísticas sobre renda e produção de bens e serviços terem sido publicadas, de forma regionalizada, em 1951.

O desenvolvimento mais acelerado do Centro-Sul ampliou o distanciamento social e econômico (que já era considerável) dessa região em relação ao Nordeste. Diante disso, o governo brasileiro empreendeu um plano de ação para promover o desenvolvimento das regiões econômica e socialmente mais estagnadas.

Em 1959, foi criada a Superintendência do Desenvolvimento do Nordeste (Sudene), com a finalidade de executar o planejamento e coordenar a ação do governo na Região Nordeste (de acordo com a divisão do IBGE). Sua área de atuação estendeu-se ao norte de Minas Gerais, que apresenta nível socioeconômico baixo. Dentro dessa política de desenvolvimento regional, foi criada também a Superintendência do Desenvolvimento da Amazônia (Sudam), em 1966, cuja área de atuação compreendia os estados da Região Norte, o oeste do Maranhão e o estado de Mato Grosso. As atuações e características da Sudene e da Sudam serão discutidas nos capítulos relativos às respectivas regiões (Nordeste e Amazônia).

Foram criadas também a Superintendência do Desenvolvimento da Região Sul (Sudesul), em 1967, e a Superintendência do Desenvolvimento da Região Centro-Oeste (Sudeco), em 1968, que deixaram de existir em 1990.

De modo geral, os objetivos da criação dessas superintendências não foram atingidos. Em 2001, o governo federal extinguiu a Sudene e a Sudam, em meio a casos de corrupção. Em seus lugares foram criadas a Agência de Desenvolvimento da Amazônia (ADA) e a Agência de Desenvolvimento do Nordeste (Adene). A partir de 2003, no entanto, passou a ser discutida pelo governo a recriação das superintendências, que teriam estruturas de atuação mais amplas no desenvolvimento das respectivas regiões do que as agências de desenvolvimento. Com efeito, em janeiro de 2007, foram recriadas a Sudam, em substituição à ADA, e a Sudene, em lugar da Adene.

Atividades

RETOME SEUS CONHECIMENTOS

1. Copie esta tabela no caderno e complete-a com as siglas das unidades da federação que compõem cada região brasileira, segundo o critério de **divisão do IBGE**.

Norte	Nordeste	Centro-Oeste	Sudeste	Sul

2. Copie esta tabela no caderno e complete-a com as siglas das unidades federativas que compõem cada região brasileira, de acordo com a divisão dos três **complexos regionais** brasileiros.

Amazônia	Nordeste	Centro-Sul

EXERCITE SEUS CONHECIMENTOS

3. Em qual região se localiza o município onde você mora, segundo as divisões regionais abaixo? Pelas características de seu município, em qual região você acha que ele se encaixaria melhor? Explique no caderno.
   a) De acordo com a divisão regional do IBGE.
   b) De acordo com os três complexos regionais brasileiros.
   c) De acordo com a proposta dos quatro Brasis de Milton Santos.

4. Leia o trecho da notícia abaixo e responda às questões a seguir.

> "A divisão do País em cinco grandes regiões – Norte, Nordeste, Sudeste, Sul e Centro-Oeste –, em vigor há 38 anos, está defasada e já não funciona como instrumento eficaz de gestão de políticas públicas. Esse é o diagnóstico de um estudo do Centro Brasileiro de Análise e Planejamento (Cebrap), concluído em maio, que propõe a reformulação da parte norte do território brasileiro, encravando ali uma terceira região, a Noroeste. [...].
>
> O estudo 'As regiões brasileiras pós-Tocantins: ensaio para um novo arranjo' defende a divisão da região Norte em duas partes. De um lado, sob a liderança do Amazonas, ficariam Acre, Rondônia e Roraima, que formariam o Noroeste. No outro extremo, surgiria uma nova região Norte, composta por Pará, Amapá, Tocantins e o vizinho Maranhão, hoje um dos nove Estados nordestinos".
>
> AMORIM, Silvia. Estudo recomenda divisão do Norte em 2. *O Estado de S. Paulo*, 26 ago. 2007, p. A14.

   a) Qual a razão alegada pelo Cebrap para propor a criação de uma nova região, a Noroeste, além das outras cinco consideradas pelo IBGE?
   b) Que mudança o estudo realizado pelo Cebrap propõe?

5. Em grupos, pesquisem em jornais, revistas e na internet as principais características culturais de uma das cinco macrorregiões brasileiras. Depois, apresentem o resultado para os outros grupos e conversem sobre as semelhanças e diferenças do que foi coletado sobre cada região.

4 A paisagem natural brasileira e suas transformações

PARA CONTEXTUALIZAR

Observe os mapas abaixo.

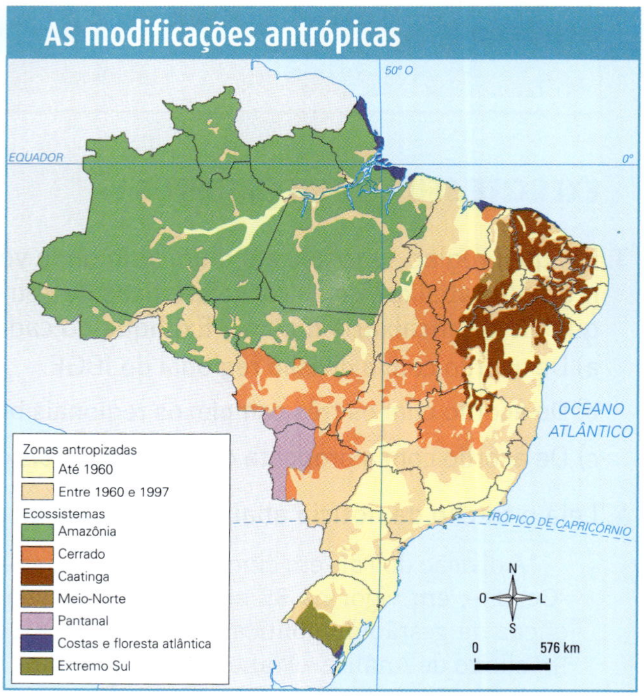

Fonte: THÉRY, Hervé; MELLO, Neli Aparecida de. *Atlas do Brasil*: disparidades e dinâmicas do território. São Paulo: Edusp, 2009. p. 68 e 87.

ATIVIDADES

Converse com seus colegas e com seu professor.

1. O que você observa no primeiro mapa? E no segundo?
2. Quais ecossistemas estão mais conservados?
3. Quais ecossistemas foram mais alterados?
4. Qual é o conjunto de ecossistemas predominante no estado em que você vive? Como ele se encontra atualmente?
5. Observe os dois mapas e verifique o desmatamento sofrido pelos conjuntos de ecossistemas. Em sua opinião, quais fatores levaram os seres humanos a desmatá-los?

As características da paisagem natural brasileira

Neste capítulo, vamos conhecer alguns elementos que constituem a paisagem natural do nosso país e como ela vem sendo transformada.

Climas

Por ter a maior porção de seu território situada na zona intertropical, a mais quente da Terra, o Brasil apresenta predominantemente climas quentes (equatorial e tropical), que se caracterizam por temperaturas elevadas, praticamente o ano inteiro. No caso do clima equatorial, é alto o índice de pluviosidade (chuvas); no caso do clima tropical, as chuvas ocorrem em maior quantidade num período do ano.

Porém, existem regiões, como o sertão nordestino, que apresentam temperaturas elevadas e chuvas escassas, decorrentes principalmente da dinâmica das massas de ar.

Na maior parte do território brasileiro não há estação fria. Por isso, o ano pode ser subdividido em apenas dois períodos: o das secas (estio), que normalmente corresponde ao inverno, e o das chuvas, que quase sempre corresponde ao verão. No entanto, no litoral do Nordeste, as chuvas aumentam nos meses de outono e inverno, sendo a primavera e o verão estações com menor quantidade de chuvas, comparativamente às demais.

Apenas numa pequena porção do território, ao sul do trópico de Capricórnio, ocorre o clima subtropical, que determina baixas temperaturas durante o inverno. Nessa região, as chuvas estão distribuídas regularmente ao longo do ano.

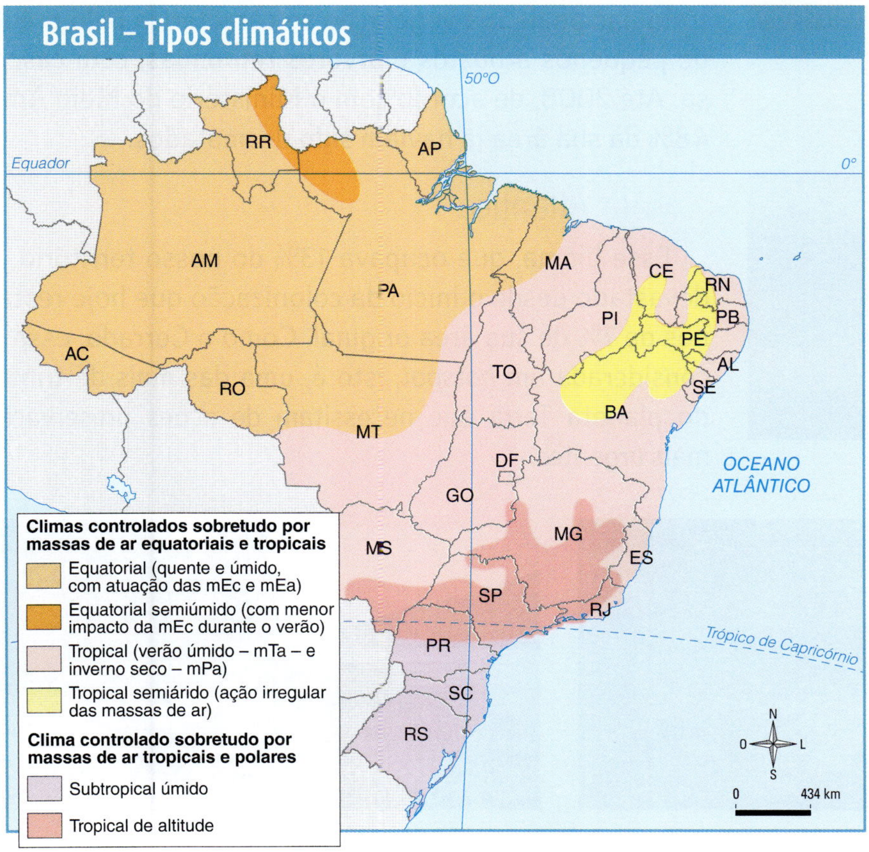

Fonte: ROSS, Jurandyr L. S. (Org.). *Geografia do Brasil*. São Paulo: Edusp, 2009. p. 107.

As coberturas vegetais

Cobertura vegetal é o nome atribuído à comunidade de espécies vegetais que ocorre em determinada área. Conforme você já viu brevemente no capítulo 1, as coberturas vegetais existentes no Brasil fazem parte dos biomas: Amazônia, Cerrado, Caatinga, Mata Atlântica, Pantanal e Pampa (ver mapa na página 13).

Amazônia (2010).

Amazônia

Esse bioma corresponde a 49% do território brasileiro. A paisagem é dominada pela floresta Amazônica, que abriga cerca de dois milhões de espécies e 200 espécies de árvores por hectare. Os dados referentes ao seu desmatamento são controversos, mas acredita-se que ele vem ocorrendo de forma mais reduzida em relação aos 17% de devastação ocorridos até 2005.

Caatinga (2010).

Caatinga

É um bioma exclusivo do Brasil. Ele abrange 10% do nosso território. Quanto à vegetação, suas plantas são xerófitas, isto é, adaptadas ao clima semiárido e à pouca quantidade de água. Segundo o Ministério do Meio Ambiente, até 2010, 45% da sua área já haviam sido desmatados.

Cerrado (2008).

Cerrado

É o segundo maior bioma brasileiro e ocupa 24% do território nacional. Sua vegetação se caracteriza pelo predomínio de pequenos arbustos e árvores retorcidas, com casca grossa. Até 2008, de acordo com o Ministério do Meio Ambiente, 48% da sua área já haviam sido desmatados.

Mata Atlântica

Esse bioma, que ocupava 13% do nosso território, foi tão devastado desde o início da colonização que hoje restam menos de 7% de sua área original. Como o Cerrado, essa mata é considerada um *hotspot*, isto é, uma das mais de trinta áreas do planeta Terra que necessitam de ações preservacionistas mais urgentes.

Mata Atlântica (2009).

Mangue (2009).

Pampa (2009).

Pantanal (2010).

No bioma Mata Atlântica há, nas faixas litorâneas, as coberturas de zona costeira, como os mangues e as restingas (veja imagem na página anterior). Cerca de 70% da população brasileira se concentram em cidades até 200 km do litoral e disputam espaço com esse bioma.

Pampa

Também conhecido como campos sulinos, esse bioma corresponde a aproximadamente 2% do nosso território. Ele se constitui por vastas extensões de campos limpos, de solo coberto por gramíneas e arbustos de pequeno porte. Quase 60% da sua área já se encontram desmatados, segundo o Ministério do Meio Ambiente.

No litoral, o Banhado do Taim e as lagoas costeiras (como a Lagoa dos Patos) formam ambientes salobros únicos no Brasil. Esses banhados de lagoas abrigam espécies endêmicas e populações expressivas de aves aquáticas.

Pantanal

Esse bioma cobre aproximadamente 1,8% do território brasileiro. Ele se constitui na maior área alagada de água doce do mundo e, segundo o Ministério do Meio Ambiente, mais de 15% da sua área se encontram desmatados.

Floresta.

Praia no litoral quente e úmido.

Caatinga.

Clima subtropical e, esporadicamente, precipitação sob a forma de neve.

Rio São Francisco.

Fonte: *Atlas geográfico escolar*. Rio de Janeiro: IBGE, 2009. p. 41 e 94.

- Observe as fotografias acima, verifique as legendas e as indicações das setas. Relate quais imagens estão indicadas para as regiões adequadas e quais não estão.

A biodiversidade brasileira

A biodiversidade ou diversidade biológica é a variedade de organismos vivos de todas as origens, compreendendo, entre outros, os ecossistemas terrestres, marinhos e outros ecossistemas aquáticos e os complexos ecológicos dos quais fazem parte. Compreende ainda a diversidade dentro das espécies, entre espécies e de ecossistemas. A biodiversidade inclui a totalidade dos recursos vivos ou biológicos e dos recursos genéticos e seus componentes, como você estudou no 6º ano. Os cientistas, ainda hoje, não têm uma ideia precisa de quantas espécies de seres vivos existem no planeta. Estima-se que existam entre 10 e 50 milhões de espécies vegetais e animais. Há hipóteses de que o território brasileiro abrigue entre 10% e 20% de todas as espécies de seres vivos existentes no planeta. É um país de megadiversidade. Juntos, os países megadiversos concentram 70% da diversidade biológica mundial. Entre eles estão: Brasil, Bolívia, Colômbia, Equador, Peru, Venezuela, Costa Rica, México, Índia, Madagáscar e África do Sul. A maior parte desses países situa-se na América, particularmente na América do Sul. Os países megadiversos sul-americanos têm trechos de seus territórios abrangidos pelo ecossistema amazônico, um dos mais ricos em biodiversidade de toda a Terra.

A Mata Atlântica, devido a sua distribuição azonal associada a variadas formas de relevo, também está entre as mais biodiversas do mundo. Estudos mostram que a maior biodiversidade já encontrada no planeta foi num fragmento no sul da Bahia.

Azonal
De latitudes variadas; distribuição no sentido norte-sul.

Planisfério – Países com megadiversidade biológica

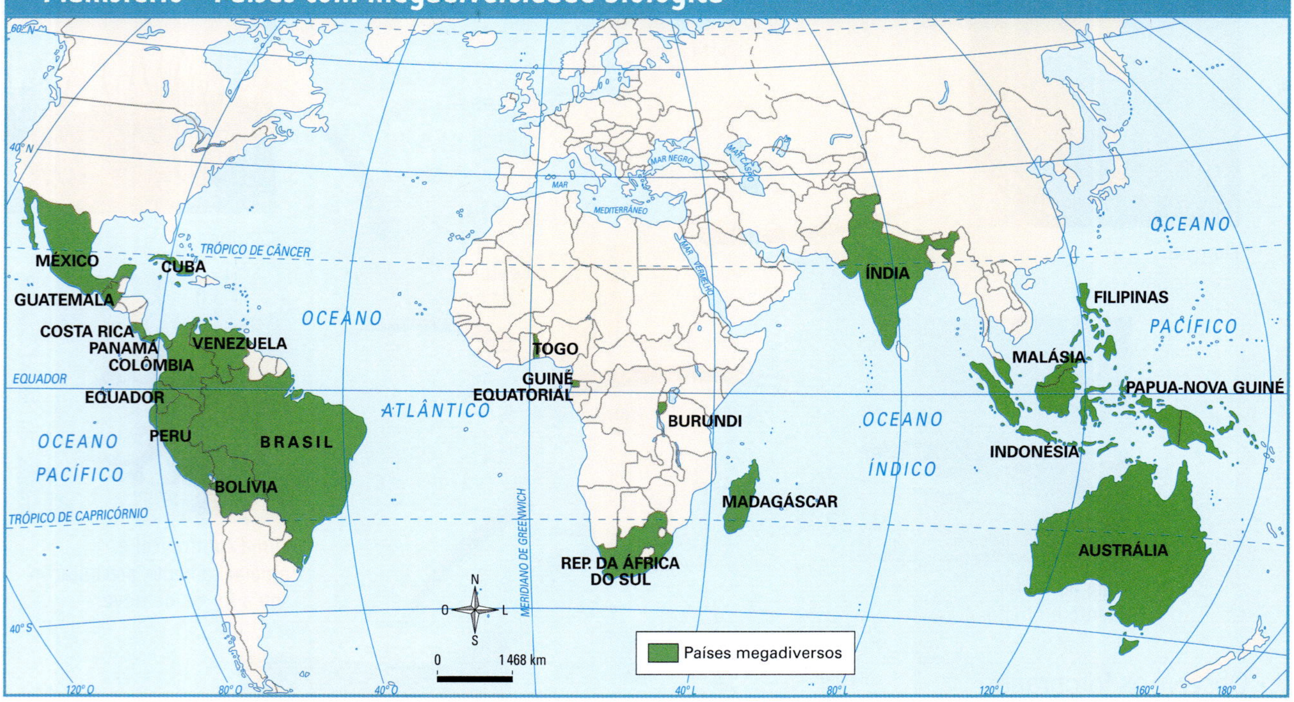

Fonte: *Atlas geográfico escolar*. IBGE: Rio de Janeiro, 2009. p. 62.

A manutenção da megadiversidade brasileira depende da proteção de áreas naturais. A criação de unidades de conservação é uma das alternativas para manter o equilíbrio dos processos climáticos e da relação entre as espécies e o ambiente físico — água, ar, solo, rochas, energia solar, entre outros.

No entanto, apesar da importância das unidades de conservação, setores da sociedade e do governo entendem que as áreas reservadas à manutenção da biodiversidade são excessivamente grandes, inclusive as destinadas aos povos indígenas.

O açaí, o buriti, o caju e o urucum são exemplos de frutos que representam a diversidade da flora brasileira.

MAIS INFORMAÇÃO

Áreas florestadas e conquista de espaços econômicos

"A supressão da floresta por grandes espaços, senão pelo espaço total, para o encontro de espaços agrários, tem sido lamentavelmente a única fórmula até hoje experimentada pelos países tropicais em vias de desenvolvimento. Não se sabe como superar esse velho dilema, ou seja, o de que para ocupar economicamente o espaço é necessário sacrificar revestimento vegetal primário. [...]. As possibilidades de uma agricultura sombreada de modelos econômicos e ecológicos autossustentados podem inverter o esquema dominante, sobretudo no que concerne aos grandes espaços florestados da Amazônia brasileira.

No passado, vastas áreas cobertas por florestas atlânticas foram devastadas para a extensão dos canaviais e dos cafezais em diferentes áreas do país. Apenas a cultura do cacau pôde ser introduzida sem que fosse necessária a eliminação total da cobertura florestal (sul da Bahia). De resto, a exploração madeireira para carvão vegetal, destinado à siderurgia e ao consumo doméstico — antes da generalização do gás engarrafado — contribuiu para o desfiguramento quase total de vastas áreas do Brasil no Sudeste. Decididamente, o brasileiro tem tido dificuldade, por uma razão ou por outra, em manter partes da cobertura vegetal e em conviver com uma paisagem onde sobreexistam florestas. [...]

O certo é que, com tudo isso, restaram somente reservas de ecossistemas naturais naqueles espaços topográfica e climaticamente mais incômodos e difíceis de ser atingidos. Ou naquelas áreas em que por algum tempo foi necessário preservar a floresta devido à importância que ela possuía para uma economia inteiramente vinculada à coleta e ao extrativismo em geral.

Enquanto o povoamento da Amazônia se fez através dos rios e sob um estilo inteiramente 'beiradeiro', o estoque global da natureza amazônica pouco ou quase nada sofreu. Mas, desde que as rotas terrestres franquearam a região, atingindo-a pelos interflúvios, a partir das terras altas do Brasil Central, tudo se modificou."

AB'SÁBER, Aziz Nacib. *Os domínios de natureza no Brasil*. São Paulo: Ateliê Editorial, 2003. p. 24.

Beiradeiro
Relativo ao roceiro, sertanejo ou habitante das margens dos rios.

Franquearam
Atravessaram.

Interflúvio
Região situada entre rios.

O relevo do território brasileiro

É importante entender o relevo a partir dos processos que criam suas formas.

Desde o início de sua formação, há milhões de anos, a superfície terrestre vem sofrendo constantes transformações em virtude da ação de **forças internas**, como o tectonismo e o vulcanismo, e de **forças externas**, como a ação dos ventos, da água e dos seres humanos, como visto no livro do 6º ano. O relevo terrestre é o resultado da combinação da atuação dessas duas forças.

Parque Nacional da Chapada Diamantina, BA (2011).

A estrutura geológica do território brasileiro formou-se há muito tempo — a maior parte há mais de 300 milhões de anos. Em razão disso, não existem no Brasil dobramentos recentes, que foram formados há aproximadamente 70 milhões de anos, como os Andes e o Himalaia. Por causa da antiguidade da sua estrutura geológica, o relevo brasileiro apresenta-se bastante desgastado pelos agentes de erosão e é caracterizado por altitudes relativamente baixas. A quase totalidade do território apresenta altitudes inferiores a mil metros; apenas 3% estão acima de 900 metros.

Classificações do relevo brasileiro

O Projeto Radambrasil, desenvolvido entre 1970 e 1985, mapeou todo o território brasileiro. Esse mapeamento foi feito com imagens de radares instalados em aviões e dados de levantamento de campo.

Graças a esse projeto e a uma série de estudos desenvolvidos em universidades brasileiras e em órgãos públicos, como o Instituto Brasileiro de Geografia e Estatística (IBGE), constatou-se que duas formas de relevo predominam no território brasileiro: planaltos e depressões.

As planícies ocupam áreas restritas e estendem-se basicamente ao longo das margens dos grandes rios, das lagoas e do litoral.

Planície do rio Araguaia, em Mato Grosso (2006).

Observe o mapa. Ele apresenta a classificação do relevo brasileiro feita pelo professor Jurandyr Ross.

Unidades de relevo do Brasil (Jurandyr Ross – 1990)

Fonte: ROSS, Jurandyr L. S. *Geografia do Brasil*. São Paulo: Edusp/FDE, 2009. p. 53.

• Responda.

1. De acordo com o mapa de Jurandyr Ross, que formas de relevo predominam no território brasileiro?
2. Quais unidades de relevo há no estado onde você mora?

Outras duas classificações do relevo brasileiro são a do professor Aroldo de Azevedo, de 1949, e a do professor Aziz N. Ab'Sáber, de 1962. A diferença entre essas duas classificações e a do professor Jurandyr Ross diz respeito à quantidade de unidades de relevo (bem maior na do professor Jurandyr) e ao fato de nas primeiras não aparecerem as depressões.

Entretanto, em seus estudos nas décadas de 1960 e 1970, o professor Ab'Sáber já fazia referência à existência de depressões em trechos do território brasileiro.

Fonte: AZEVEDO, Aroldo de. O planalto brasileiro e o problema de classificação de suas formas de relevo. In: *Boletim da AGB*. 1949. p. 43-50.

Fonte: AZEVEDO, Aroldo de. (Dir.). *Brasil*: a terra e o homem. São Paulo: Nacional, 1972. p. 155. v. I.

As extensas áreas planálticas com topografia plana (chapadas) que ocorrem em porções do Centro-Sul e do Nordeste do território brasileiro oferecem boas condições para a atividade agrícola mecanizada. Entretanto, o uso intensivo e frequentemente inadequado de colheitadeiras pesadas, semeadeiras e tratores vem causando danos ao solo, como a compactação e a erosão.

Descarga e prensagem de algodão na área rural de Costa Rica, MS (2010).

PARA COMPREENDER Texto

Leia o texto que descreve como as formas de relevo podem facilitar ou dificultar os usos e as ocupações que as sociedades fazem dos espaços.

"As formas do relevo podem ser facilitadoras ou dificultadoras dos processos de ocupação das terras, de arranjo dos espaços territoriais e da produção. Suas características são importantes para a definição dos traçados das rodovias, ferrovias, implantação de cidades, construção de aeroportos, de barragens para usinas hidrelétricas, distritos industriais, bem como para definir os tipos de atividades agropecuárias mais adequados em função dos sistemas de produção e transporte disponíveis em cada lugar e indicar as áreas de maior interesse para a preservação e conservação de bens ambientais de valor ecológico.

[...]

Até meados do século XX, terras boas eram aquelas que detinham solos naturalmente férteis; nas últimas décadas, terras boas são aquelas que apresentam terrenos planos ou pouco inclinados, com solos cujas características físicas possibilitam implementar com sucesso as práticas agrícolas em sistemas mecanizados de produção.

Observando o processo de ocupação do Brasil, percebe-se como o relevo tem contribuído para definir os novos arranjos dos espaços territoriais produzidos no país. Pode-se afirmar que, até a década de 1970, a Região Centro-Oeste do Brasil tinha como uma das atividades econômicas principais a pecuária extensiva, que se concentra sobretudo no Pantanal e, secundariamente, nos campos de cerrados. Outras atividades que se destacavam eram o garimpo de ouro e diamante, bem como a pesca artesanal, atividades pouco produtivas que utilizavam sistemas tradicionais de produção. Com o desenvolvimento de tecnologias mais sofisticadas no setor agropecuário, o eixo de desenvolvimento deslocou-se para as terras dos planaltos e depressões, avançando progressivamente para o Norte e Noroeste do País, como consequência da facilidade oferecida pela abertura das rodovias, cujos traçados foram implantados com menores dificuldades e custos por causa das características do relevo.

Atualmente, grande parte do território do Brasil encontra-se fortemente modificada pelas atividades humanas desenvolvidas nos últimos anos, com destaque para os planaltos e depressões, que apresentam relevos planos e pouco inclinados, e, preferencialmente, solos favoráveis à mecanização agrícola. Os terrenos montanhosos apresentam baixa ocupação rural em razão das dificuldades que o relevo oferece ao uso das terras."

ROSS, Jurandyr L. S. *Ecogeografia do Brasil* – subsídios para planejamento ambiental. São Paulo: Oficina de textos, 2006. p. 62-64.

Identifique, selecione e anote os trechos do texto que contêm informações sobre:

1. **As atividades que são favorecidas quando o relevo apresenta condições facilitadoras.**
2. **As terras consideradas "boas" no passado e atualmente.**
3. **Como se encontra grande parte do território brasileiro atualmente, considerando a atuação humana.**

Plantação de arroz nos pampas, próximo a Alegrete, RS (2008).

Os rios

Nosso país apresenta a terceira rede hidroviária do mundo. Dos 55 mil quilômetros de rios disponíveis para navegação comercial, apenas 2,9 mil quilômetros estão estruturados para essa finalidade. O volume de carga transportado nos rios brasileiros é muito pequeno em relação, por exemplo, ao da Holanda, que transporta 75% de suas cargas por hidrovia. Isso demonstra o subaproveitamento do potencial hidroviário brasileiro, ainda que o transporte fluvial seja mais econômico e polua menos que o rodoviário.

Os rios que apresentam muitas quedas-d'água podem ser aproveitados para a produção de energia elétrica por meio da construção de usinas hidrelétricas. As duas bacias hidrográficas de maior produção de energia no Brasil são a do Paraná e a do São Francisco. Como apresentam muitas quedas-d'água, seus rios não são boas vias de transporte. Entretanto, a fim de tornar a navegação possível, podem ser feitas eclusas nas barragens das usinas construídas.

Eclusa
Represa com comportas que permitem a navegação em trechos de rio ou canal onde há desníveis.

Observe o mapa.

Potencial hidrelétrico do Brasil – Bacias hidrográficas (2008)

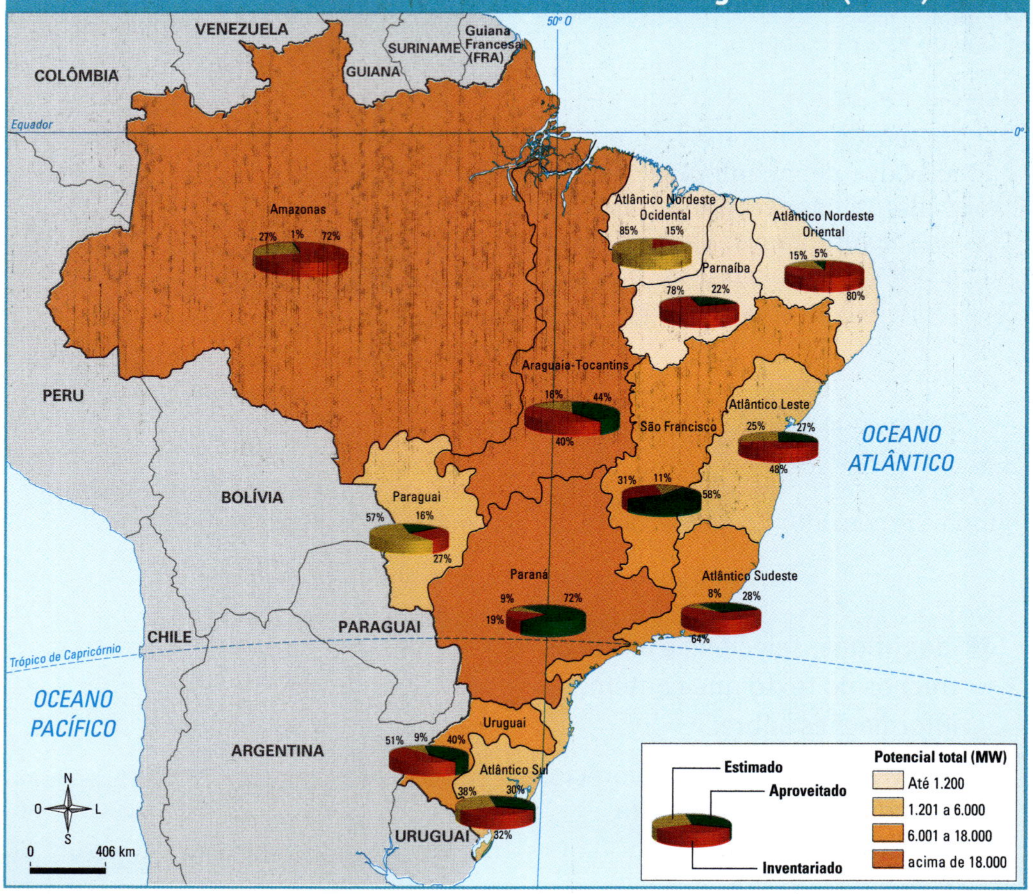

Fonte: *Atlas da energia elétrica do Brasil*. Brasília: Aneel, 2008. p. 58.

- Responda: O município onde você mora é atravessado por algum rio? Em caso afirmativo, tente identificar a que bacia hidrográfica ele pertence.

Porém, existem rios, como o Amazonas e o Paraguai, que correm em áreas de planície e são muito utilizados para a navegação.

A poluição dos rios é um grave problema ambiental brasileiro. Com o crescimento industrial-urbano e o lançamento de diversos tipos de dejetos sem nenhum tratamento, muitos trechos de rios brasileiros se transformaram em verdadeiros esgotos a céu aberto.

As atividades econômicas e a transformação da paisagem

Canavial e ciclovia às margens de rodovia em Quissamã, RJ (2011).

O desenvolvimento da atividade industrial no decorrer do século XX, a expansão das áreas agrícolas e o processo de urbanização intensificaram a exploração de recursos naturais e aceleraram o processo de transformações significativas no ambiente.

Na história brasileira, as atividades econômicas são utilizadas para identificar os movimentos de crescimento e declínio das atividades extrativas (pau-brasil), da produção agrícola (cana-de-açúcar, cacau, café) e mineradora (ouro). Em cada período, um setor foi privilegiado em detrimento de outros e provocou mudanças sociais, populacionais, políticas e culturais na sociedade brasileira. As atividades econômicas formam um centro dinâmico da economia, atraindo as forças econômicas e determinando mudanças nos principais setores da sociedade.

O desenvolvimento dessas e de muitas outras atividades econômicas sem uma organização ou um planejamento adequado provocou significativas transformações nos biomas brasileiros, com redução acentuada na cobertura vegetal, poluição dos rios e solos e erosão, entre outros problemas. Isso fez com que diversas espécies animais e vegetais fossem extintas e aumentou muito o risco de extinção de outras. Atualmente, o Brasil, ao lado de Austrália, China e México, concentra o maior número de espécies ameaçadas no mundo.

A ocupação do espaço e a exploração dos recursos naturais do Brasil pelos portugueses tiveram início com o desenvolvimento do capitalismo comercial, como visto no capítulo 2. Desde então, as relações sociais e a relação sociedade-natureza passaram a ser determinadas pelo sistema socioeconômico capitalista.

Nesse sistema, a noção de desenvolvimento é baseada na ampliação da capacidade de produção de bens com os menores custos possíveis, para gerar mais lucros aos empresários. Esse processo deu origem a fortes desigualdades sociais, principalmente nos países subdesenvolvidos, onde o Estado não interfere suficientemente para diminuir as diferenças entre as condições de vida das classes sociais.

- Observe a fotografia ao lado.

1. Você sabe se esta atividade também é realizada no município ou estado onde você mora?
2. Quais as consequências da prática dessa atividade para as paisagens naturais do Brasil?
3. Em sua opinião, é possível praticar esse tipo de atividade sem causar problemas ambientais? Explique.

Extração ilegal de madeira em Mato Grosso (2008).

Grande potencial a ser explorado

A ampliação da capacidade de produção de bens tem sido feita à custa de uma forte intervenção na natureza.

Desde a chegada dos portugueses, a natureza brasileira foi considerada um potencial a ser explorado e ocupado, justamente por ter muitos recursos a oferecer e amplos espaços ocupáveis e habitáveis.

A preocupação dos poderes político e econômico sempre esteve relacionada ao que a natureza pode oferecer para o país atingir um crescimento econômico cada vez maior, com mais bens produzidos. O problema é como viver melhor aproveitando o que a natureza nos oferece sem degradá-la, conservando-a para as gerações futuras.

Diante disso, não é difícil perceber que as paisagens naturais brasileiras sofreram e vêm sofrendo muitas alterações e agressões.

Durante 500 anos houve retirada e exploração de recursos da natureza, com a consequente degradação do meio ambiente, sem que, no entanto, a maior parte da população pudesse usufruir da riqueza e desfrutar das melhores condições socioeconômicas advindas dessa exploração.

Dentre as variadas formas de atuação dos agentes privados e públicos que contribuíram para a transformação dos espaços naturais e a degradação do ambiente, podemos destacar:

- retirada da madeira para diversos fins: tingimento de tecidos (pau-brasil), construção civil, produção de lenha e de móveis;
- expansão das atividades agrícolas e da pecuária;
- extração de diversos tipos de minério;
- construção de rodovias e ferrovias;
- construção de usinas hidrelétricas;
- alterações nos cursos dos rios para facilitar a navegação;
- lançamento de poluentes nos rios e mares, no solo e na atmosfera;
- construção de cidades.

PARA COMPREENDER Charges

Observe as charges.

■ Em sua opinião, o que a primeira charge pretende expressar? E a segunda?

Jean Galvão.

Casso.

A degradação ambiental

Integrar as necessidades de conservação da natureza e de melhoria das condições de vida das classes mais pobres com as políticas de desenvolvimento do governo e as iniciativas das empresas particulares continua sendo um grande desafio.

A preocupação com o ambiente, expressa na legislação ambiental brasileira, ainda é encarada por muitos empresários e membros do governo e da sociedade em geral como um empecilho, algo que impede o desenvolvimento econômico do país.

Determinados empreendimentos (construção de rodovias e hidrelétricas, expansão de áreas agrícolas, por exemplo), que exigem muitos recursos financeiros do governo, acabam provocando enormes estragos ambientais e não promovem melhoria social.

Não é mais possível buscar o crescimento econômico, o desenvolvimento das atividades industriais, agrícolas e comerciais a qualquer custo.

É extremamente necessário para a sobrevivência dos seres vivos no planeta Terra encontrar formas de produção de mercadorias e geração de serviços que, além de possibilitarem a conservação dos ecossistemas naturais, priorizem a redução das fortes desigualdades na distribuição das riquezas entre pessoas e países. Para tanto, é fundamental implementar práticas de desenvolvimento sustentável.

Esgoto industrial lançado no rio Sorocaba, na cidade de Sorocaba, SP (2010).

O desenvolvimento sustentável

A intervenção na natureza é imprescindível para a sobrevivência humana. No entanto, a maneira como ela é feita e suas consequências para a vida de animais e vegetais e para o meio ambiente em geral precisam ser bem avaliadas.

É preciso encontrar maneiras de intervir na natureza de forma menos agressiva, a fim de que os ambientes naturais ainda existentes possam ser preservados e a nossa sobrevivência e a das gerações futuras sejam garantidas.

Para tanto, é importante, entre outras iniciativas:

- identificar recursos naturais que não foram ainda tão explorados;
- inventar produtos cuja produção utilize quantidades menores de matérias-primas (preferencialmente do tipo renovável ou que sejam abundantes) e de energia;
- universalizar os serviços de saneamento básico (rede de esgoto e água encanada, coleta de lixo);
- priorizar o uso do transporte coletivo, especialmente os não poluentes, como metrô, trens e ônibus elétricos;
- reutilizar e reciclar materiais como vidros, papéis, plásticos;
- tratar os esgotos produzidos por residências, escritórios, lojas e indústrias;
- utilizar na agricultura adubos orgânicos (não os químicos) e fazer o controle de pragas e insetos de forma natural, sem o uso de agrotóxicos;
- intensificar o uso da madeira obtida de áreas reflorestadas.

É necessário também modificar os padrões de consumo para reduzir a quantidade de lixo. Isso exige:

- dos consumidores: evitar o consumismo desenfreado e procurar adquirir produtos feitos de materiais recicláveis e que utilizem embalagens reutilizáveis ou recicláveis;
- dos fabricantes e distribuidores: alterar os processos de produção, utilizando, por exemplo, matérias-primas e embalagens recicláveis e recicladas, consumindo menos energia e reaproveitando a água usada na produção.

Lixão em Duque de Caxias, RJ (2011).

Essas práticas, entre tantas outras, têm de ser acompanhadas por uma distribuição mais justa das riquezas, pela eliminação da pobreza, principalmente nos países subdesenvolvidos, elevando "a qualidade da vida humana dentro dos limites da capacidade de suporte dos ecossistemas".

Para se tornarem viáveis e serem aplicadas, todas essas práticas, que se enquadram no conceito de desenvolvimento sustentável ou sustentado, dependem da atuação dos governos, das empresas, dos movimentos sociais, das ONGs e dos indivíduos. Para alterar o quadro atual, de modo que a degradação ambiental seja reduzida ou evitada, exigem-se mudanças na maneira como os cidadãos dos diversos países entendem a relação sociedade-natureza.

Ciclista usa máscara para circular em avenida de São Paulo, SP, em um dia de ar seco e alta concentração de poluição (2007).

Será que as pessoas estão dispostas a alterar seus hábitos de consumo? Será que se está buscando novas formas de locomoção para garantir a sobrevivência das gerações futuras e a permanência dos ambientes naturais que ainda restam na Terra? Você mudaria seus hábitos, abriria mão de determinados confortos? Não colocamos a responsabilidade de solucionar os problemas ambientais e sociais apenas em fatores exteriores a nós — governo, outros integrantes da sociedade, empresas? Será que assumimos a nossa responsabilidade nesse quadro atual?

PARA COMPREENDER Mapa

Observe o mapa.

Brasil – Degradação ambiental (2004)

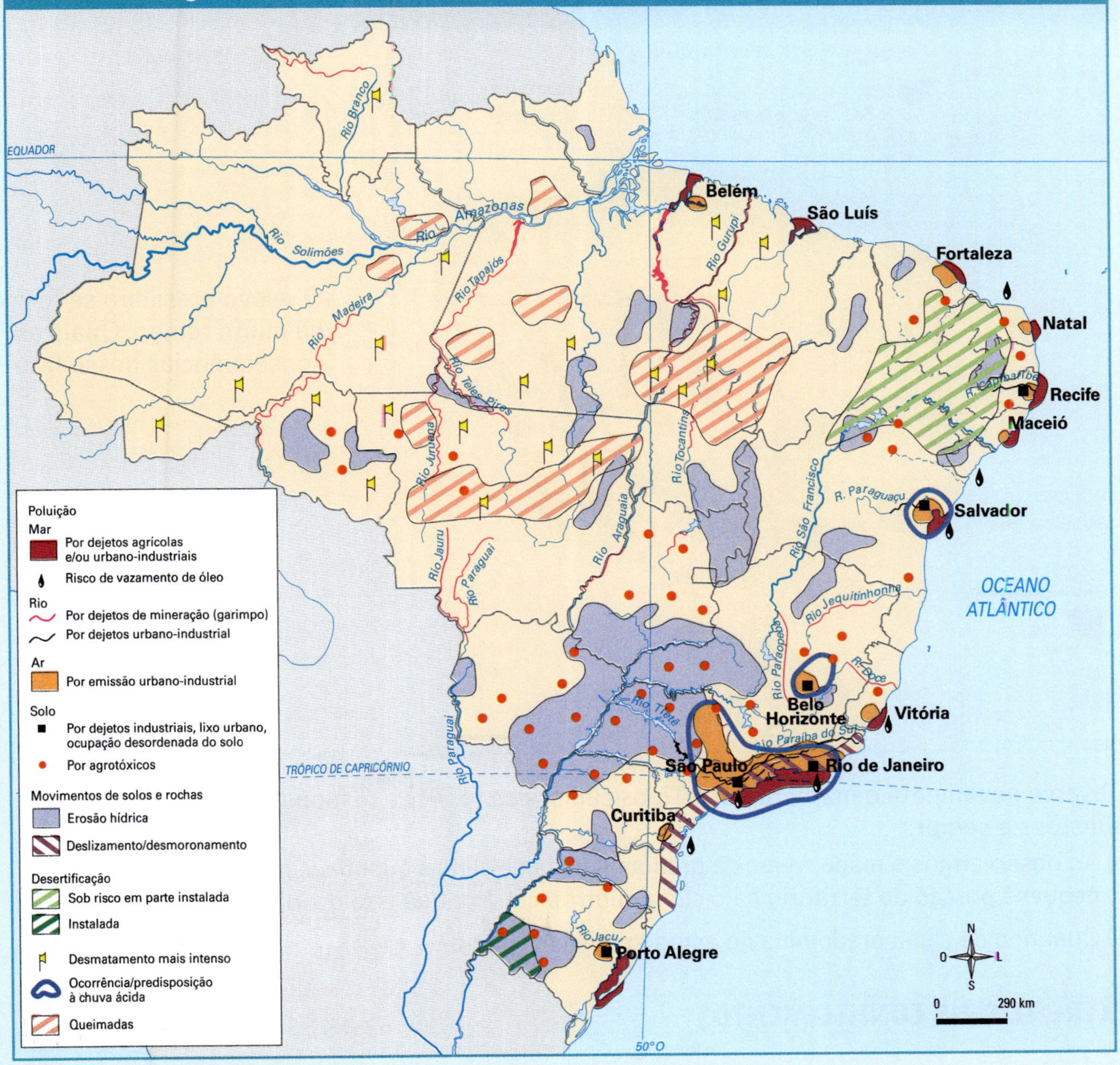

Fonte: ÍSOLA, Leda; CALDINI, Vera. *Atlas geográfico Saraiva*. São Paulo: Saraiva, 2009. p. 69.

Responda às questões a seguir.

1. Quais são os principais fatores responsáveis pela poluição ambiental do mar, dos rios, do ar e do solo brasileiros?
2. Observe as áreas que sofrem processo de desertificação. Onde se localizam?
3. Compare esse mapa com o da vegetação brasileira atual, do início do capítulo. Onde as agressões ao meio ambiente ocorrem mais intensamente?
4. Que fenômeno decorrente da poluição do ar se origina em regiões metropolitanas, como São Paulo, Rio de Janeiro, Belo Horizonte, Salvador e em outras grandes cidades?

Atividades

RETOME SEUS CONHECIMENTOS

1. Observe o mapa abaixo e responda à questão.

Brasil - Altitudes (hipsometria)

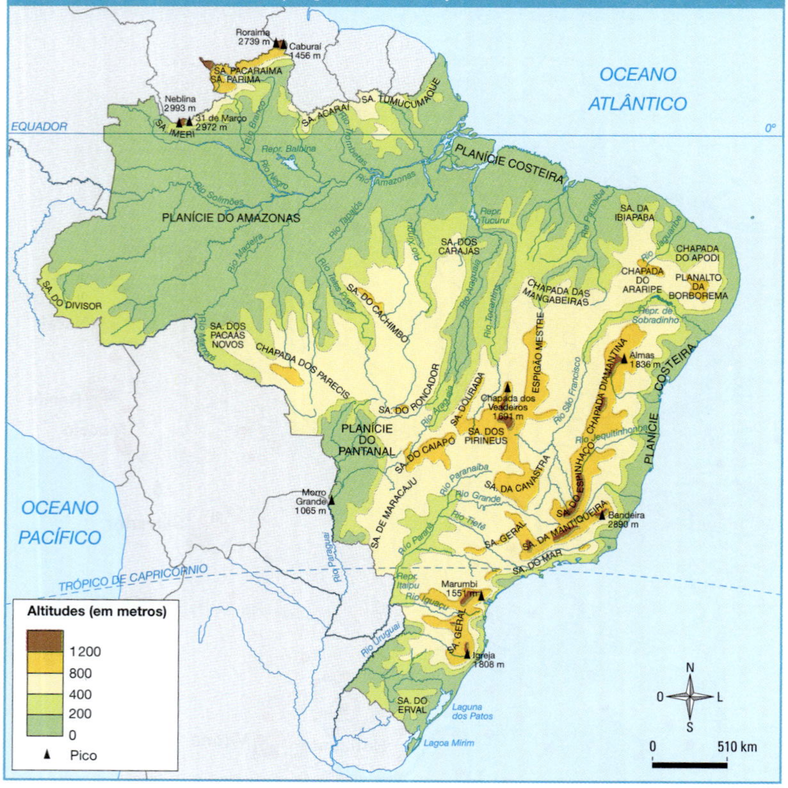

Fonte: ÍSOLA, Leda; CALDINI, Vera Lucia. *Atlas geográfico Saraiva*. São Paulo: Saraiva, 2009. p. 29.

O relevo brasileiro se formou há muito tempo. Quais as consequências desse fato?

2. Observe novamente o mapa Brasil – Tipos climáticos (p. 41) e responda às questões a seguir.

   a) Ao observarmos o mapa, vemos a predominância de climas quentes e em uma pequena porção do território há o clima subtropical. Por que isso ocorre?

   b) Qual tipo de clima predomina no estado onde você mora?

EXERCITE SEUS CONHECIMENTOS

3. Em grupos, pesquisem em livros, revistas e *sites* da internet mapas, textos e imagens sobre:

   - a vegetação original do seu município e as principais características dela;
   - as causas das modificações produzidas na vegetação original;
   - as consequências dessas modificações (citem os possíveis problemas ambientais).

   Descubram se existem projetos para a revitalização das áreas destruídas ou a manutenção das áreas conservadas (se ainda existir alguma). Se a destruição for recente, conversem com alguns moradores da cidade e anotem as informações que eles têm sobre as mudanças que ocorrem na paisagem.

   Junto com seu professor e colegas de sala, organizem uma exposição com textos, mapas, desenhos e fotografias com os resultados da pesquisa.

DIVERSIFICANDO

LIVROS

Meio ambiente: e eu com isso?

Nurit Bensusan.
São Paulo: Peirópolis, 2009.

Este livro apresenta crônicas para entender a questão ambiental.

Como cuidar do seu meio ambiente

Thiago Cruz.
São Paulo: Bei, 2010.

O livro aborda os grandes temas ambientais – biodiversidade, água, ar, energia, alimentos, lixo – e traz reflexões sobre como agir de maneira responsável frente a eles. Além de um capítulo inteiro a indicar caminhos para uma atuação responsável, os quadros “lição de casa”, que pontuam todo o livro, dão dicas práticas de como combater problemas específicos.

Coleção Biomas do Brasil

Vários autores
São Paulo: Harbra, 2010; 2007; 2008.

Os livros da coleção apresentam características dos biomas brasileiros, sua fauna, sua flora e sua importância econômica.

FILME

O guia do mochileiro das galáxias

Direção: Garth Jennings
EUA, 2005.

Arthur Dent está enfrentando um dia péssimo. Sua casa vai ser demolida, ele descobre que seu melhor amigo é um extraterrestre e, para piorar, fica sabendo que o planeta Terra vai ser destruído para dar passagem a uma autoestrada hiperespacial. Sua única chance de sobreviver é pegar carona numa nave espacial de passagem. Agora o aprendiz de viajante espacial aprende coisas extraordinárias, descobre o significado da vida e que tudo o que ele precisa saber está no livro *O guia do mochileiro das galáxias*.

SITES

Ministério da Integração Nacional

<http://www.mi.gov.br/>.

Site do Ministério da Integração Nacional, onde se encontram informações sobre as superintendências de desenvolvimento regional.

Ibama

<http://www.ibama.gov.br>.

No *site* do Ibama (Instituto Brasileiro do Meio Ambiente e dos Recursos Naturais Renováveis), há informações gerais do meio ambiente brasileiro.

Reserva Biológica da Mata Atlântica

<http://www.rbma.org.br>.

Este portal fornece informações gerais sobre a Reserva da Biosfera da Mata Atlântica.

Conselho Nacional do Meio Ambiente

<http://www.mma.gov.br/conama/>.

Site do Conselho Nacional do Meio Ambiente sobre as atribuições de critérios para conservação e monitoramento do ambiente.

Conselho Nacional de Defesa Ambiental

<http://www.cnda.org.br/site-other.asp?res=1280>.

Site do Conselho Nacional de Defesa Ambiental sobre as soluções para os problemas socioambientais.

Conservação Internacional

<http://www.conservation.org.br>.

Neste *site* você encontra informações sobre cada bioma do território brasileiro.

PROJETO ESPECIAL

Unidades de Conservação no Brasil

As Unidades de Conservação (UCs), que já foram citadas brevemente no capítulo 4 e no livro do 6º ano, são áreas do território de grande importância ambiental, social e cultural. Elas são delimitadas e protegidas por leis que visam preservar e conservar sua fauna, flora, recursos hídricos, formações geológicas, belezas naturais, enfim, todo o ambiente.

Segundo o Instituto Brasileiro do Meio Ambiente e dos Recursos Naturais Renováveis (Ibama), no início de 2007, o Brasil tinha 727 UCs, que podem ser federais, estaduais ou municipais.

As UCs também podem ser de proteção integral ou de uso sustentável. Conheça algumas classificações e observe-as no mapa da página seguinte:

De proteção integral

- **Estação Ecológica (Esec):** o objetivo é a preservação da natureza e a realização de pesquisas científicas, apenas. É de posse e de domínio públicos, sendo que as áreas particulares em seus limites devem ser desapropriadas.
- **Reserva Biológica (Rebio):** preservação integral da biota e demais atributos, sem interferência humana direta, excetuando-se as medidas de recuperação e manejo necessárias.
- **Parque Nacional (Parna):** preserva ecossistemas naturais de grande relevância ecológica e beleza cênica; permite a realização de pesquisas científicas e atividades de educação ambiental, recreação e ecoturismo.

[...]

Biota
Conjunto de todas as espécies que habitam uma região, independentemente de seu tamanho ou complexidade.

De uso sustentável

- **Área de Proteção Ambiental (APA):** em geral extensa, possui um certo grau de ocupação humana, além de atributos especialmente importantes para a qualidade de vida das populações humanas.
- **Área de Relevante Interesse Ecológico (Arie):** área de pequena extensão, com pouca ou nenhuma ocupação humana, tem como objetivo preservar os ecossistemas naturais de importância regional ou local e regular o uso.
- **Floresta Nacional (Flona):** são áreas com cobertura florestal de espécies predominantemente nativas e, além de permitir o uso sustentável de seus recursos, admite a presença de populações tradicionais que a habitavam antes de sua criação.

[...]

Almanaque Brasil Socioambiental. São Paulo: ISA, 2008. p. 268.

Parque Nacional de Itatiaia, em Resende, RJ (2007).

Fonte: Ministério do Meio Ambiente. Disponível em: <http://mapas.mma.gov.br>. Acesso em: 28 abr. 2014.

Parque Nacional de Brasília, DF (2008).

ATIVIDADES

Você e seus colegas vão produzir um cartaz sobre Unidades de Conservação brasileiras. Para isso, dividam-se em grupos.

1. No texto do cartaz, lembrem-se de responder a estas questões de maneira clara e objetiva, com suas próprias palavras.

a) O que são Unidades de Conservação?

b) Qual é a principal diferença entre as Unidades de Conservação de Proteção Integral e as de Uso Sustentável?

c) Por que elas são importantes?

2. Façam o mapa do estado em que vocês vivem e localizem nele as Unidades de Conservação, identificando de que tipo ela é. Se houver Terras Indígenas, áreas também protegidas, identifique-as. Não se esqueçam de fazer a legenda.

3. Como fonte de pesquisa para a confecção do cartaz usem livros, atlas e *sites* da internet, como o da WWF-Brasil.

4. Comparem o seu cartaz com os dos demais grupos. Vocês encontraram as mesmas informações? O que há de diferente?

O professor fará uma votação entre vocês para escolher o cartaz que será exposto no mural da sala de aula.

Brasil: economia e sociedade

Companhia Siderúrgica Nacional (CSN), Volta Redonda, RJ (2007).

UNIDADE

II

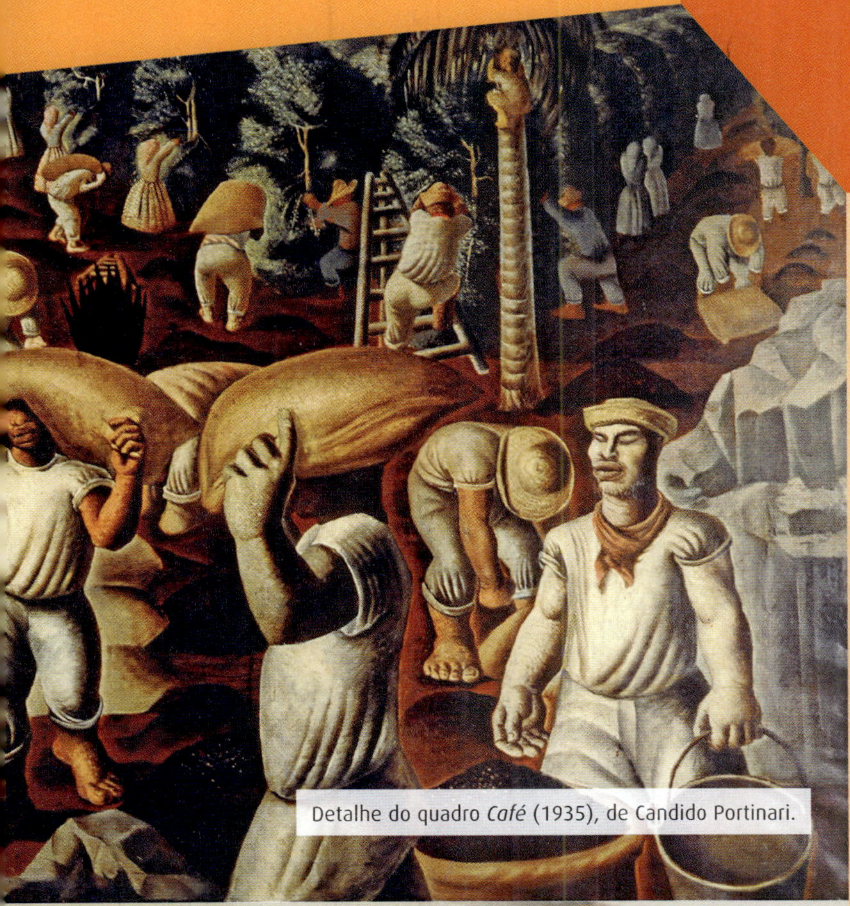

Detalhe do quadro *Café* (1935), de Candido Portinari.

Detalhe do quadro *Paisagem industrial* (1957), de Lawrence Lowry.

As paisagens, as condições de vida da população, as atividades econômicas e o modo como a sociedade está organizada no território são reflexo dos processos que ocorreram ao longo de nossa história, principalmente durante o século XX.

Nesse século, o processo de industrialização provocou significativas transformações na economia e na sociedade brasileiras.

- Cite exemplos de algumas dessas transformações.
- Nas imagens destas páginas vemos atividades econômicas relacionadas a dois setores da economia. Quais são eles?
- Em sua opinião, qual das atividades retratadas nas imagens prevalece no Brasil hoje? Por quê? E na sua cidade?

É dessas transformações e de algumas características socioeconômicas e espaciais do Brasil que trata esta unidade.

5

Brasil: de país agrário a país industrial

PARA CONTEXTUALIZAR

Observe as imagens.

Barracão de bondes em Salvador, BA (1897).

Tráfego no acesso à avenida Tancredo Neves em Salvador, BA (2011).

ATIVIDADES

Converse com seus colegas e com seu professor.

1. A que períodos as fotografias se referem?
2. Quais mudanças podem ser observadas nessas fotografias?
3. Na sua opinião, quais fatores contribuíram para que ocorressem essas mudanças?
4. Nas fotografias foi possível avaliar diversas modificações no espaço urbano. Quais devem ter ocorrido no espaço rural? Como deveria ser a produção industrial no início do século XX e como deve ser atualmente? Quais outras atividades econômicas devem ter apresentado modificações nesse período?

A população e os setores da economia

Como vimos no livro do 6º ano, a população que exerce atividade remunerada constitui a população economicamente ativa (PEA) de um país. Os desempregados, desde que estejam à procura de emprego, também fazem parte da PEA. Os estudantes que não trabalham, as crianças de modo geral, as donas de casa, os aposentados e os idosos que não trabalham constituem o grupo chamado população economicamente inativa (PEI).

A PEA de um país distribui-se em três grandes setores de atividades:

- **Setor primário**: compreende a agricultura, a pecuária e o extrativismo animal (pesca, por exemplo), vegetal e mineral, desde que a quantidade extraída seja pequena e os equipamentos utilizados para a extração sejam simples.

Criação de gado bovino em Quissamã, RJ (2011).

- **Setor secundário**: abrange a indústria, a construção civil e o extrativismo em geral, desde que nessa atividade sejam utilizados máquinas e equipamentos tecnologicamente avançados e a quantidade extraída seja grande.

Fábrica de calçados em Ivoti, RS (2008).

- **Setor terciário**: compreende as atividades que não produzem mercadorias, mas são fundamentais à organização da vida em sociedade e da economia, como o comércio e os serviços (transportes, bancos, meios de comunicação, administração pública, saúde, educação).

Sede da prefeitura de Oliveira, MG (2011).

Numa economia tão complexa como a atual, o uso dessa classificação vem sendo questionado. Algumas atividades do setor primário, como a produção de leite, encontram-se tão mecanizadas que poderiam ser consideradas atividades semi-industriais ou industriais; já as atividades que são desenvolvidas complementarmente por empresas industriais, como o atendimento ao consumidor ou as pesquisas de mercado e de novas tecnologias, enquadrariam-se melhor no setor terciário.

PARA COMPREENDER **Tabela**

Observe os dados.

Trabalhadores ocupados, segundo a atividade, por grandes regiões (2012) (%)

REGIÕES/ ATIVIDADE	BRASIL	NORTE	NORDESTE	SUDESTE	SUL	CENTRO--OESTE
Agrícola	14,2	22,2	24,8	7,1	14,1	11,7
Indústria	14,0	10,3	9,1	16,1	19,4	11,2
Indústria de transformação	13,2	9,2	8,6	15,2	18,8	10,4
Construção	8,7	9,3	8,6	8,9	8,5	8,4
Comércio e reparação	17,8	17,8	17,8	17,6	17,4	19,4
Alojamento e alimentação	4,8	4,7	4,7	5,1	3,9	4,6
Transporte, armazenagem e comunicação	5,6	4,9	4,5	6,4	5,5	5,7
Administração pública	5,5	7,5	5,7	5,0	4,5	7,9
Educação, saúde e serviços sociais	9,7	9,3	9,2	10,4	8,7	9,6
Serviços domésticos	6,8	5,8	6,4	7,4	5,9	7,2
Outros serviços coletivos, sociais e pessoais	4,0	3,3	3,6	4,5	3,6	4,1
Outras atividades	8,8	4,9	5,5	11,5	8,4	10,1
Atividades mal definidas	0,1	0,2	0,1	0,1	0,0	0,1

Fonte: IBGE. *Pesquisa Nacional por Amostra de Domicílios 2012*. Rio de Janeiro: IBGE, 2013. p. 137.

■ Responda às questões a seguir.

1. Em 2012, qual era a porcentagem de trabalhadores em cada setor da atividade (primário, secundário e terciário) no Brasil?
2. Em que região brasileira havia maior proporção de trabalhadores no setor primário? E no setor terciário?
3. Qual região possuía mais trabalhadores na administração pública? E nas atividades relacionadas a educação, saúde e serviços sociais?

Pelo que você pôde perceber, predominam no Brasil as atividades do setor terciário. Mas nem sempre foi assim. Na década de 1960, a maior parte dos trabalhadores brasileiros exercia atividades no setor primário. A mudança de um setor para o outro decorreu do processo de industrialização e modernização da economia e da sociedade brasileira, das quais vamos conhecer algumas características e sobre as quais você conversou com seus colegas e com o professor na seção **Para contextualizar**.

A industrialização brasileira

A indústria faz parte do setor secundário. Ela é responsável por transformar matérias-primas em produtos. O setor teve grande crescimento no Brasil durante o primeiro governo de Getúlio Vargas (1930-1945), que investiu na infraestrutura nacional.

Antes de o Brasil se industrializar, a base da nossa economia era o café, cultivado principalmente na região do Vale do Paraíba. O café enriqueceu fazendeiros (barões do café), empresários e banqueiros, o que favoreceu o acúmulo de capital para o desenvolvimento da industrialização.

A falta de produtos importados durante a Segunda Guerra Mundial (1939-1945), as quedas do preço do café no mercado internacional nos anos 1930 e a forte dependência da economia brasileira em relação a este produto também contribuíram para que o governo estimulasse intensamente o processo de industrialização.

Durante o governo de Juscelino Kubitschek (1956-1960), com a abertura da economia brasileira para o capital internacional, as grandes empresas transnacionais ou multinacionais chegaram ao Brasil. Nesta época, montadoras de veículos instalaram fábricas no país e a indústria não parou de crescer.

Esses dois períodos foram a base para a industrialização do país e para a trajetória ascendente do setor.

No Brasil estabeleceram-se indústrias têxteis, alimentícias, químicas, farmacêuticas, de eletrodomésticos, cigarros, bebidas e máquinas, com destaque à indústria automobilística.

Capital
Dinheiro; riqueza capaz de produzir renda.

Empresas transnacionais
Correspondem a grandes grupos empresariais (indústrias, empresas de comércio, bancos) que possuem sede em um país e filiais em muitos outros países.

O Estado brasileiro, assim como os Estados de todos os países subdesenvolvidos que se industrializaram, teve participação significativa nesse processo, pois estimulou a vinda das transnacionais por meio de uma série de incentivos, como diminuição ou isenção de impostos e doação de terrenos.

Linha de montagem de uma fábrica de automóveis, em São Paulo, SP, no final dos anos 1950.

Além disso, o Estado garantiu:

- fornecimento de energia, por meio da construção de usinas hidrelétricas;
- fornecimento de matérias-primas para a indústria, como o aço, por meio da construção de indústrias siderúrgicas;
- criação de infraestrutura de transporte, com a modernização de portos e aeroportos e, principalmente, construção de rodovias;
- produção de combustíveis e matérias-primas para as indústrias químicas, com a formação da Petrobras — empresa estatal de extração e distribuição de petróleo e derivados — e com a construção de diversas refinarias;
- proteção em relação à concorrência externa, por meio de impostos altos de importação e fixação de cotas, ou seja, limitação à entrada de produtos importados.

Dessa forma, o Brasil — que era um país de economia agrária, dependente basicamente das exportações de um único produto (o café) — foi conhecendo uma mudança na estrutura de sua economia a partir da década de 1930.

Observe o gráfico.

População Economicamente Ativa (PEA) do Brasil (1940 - 2009)

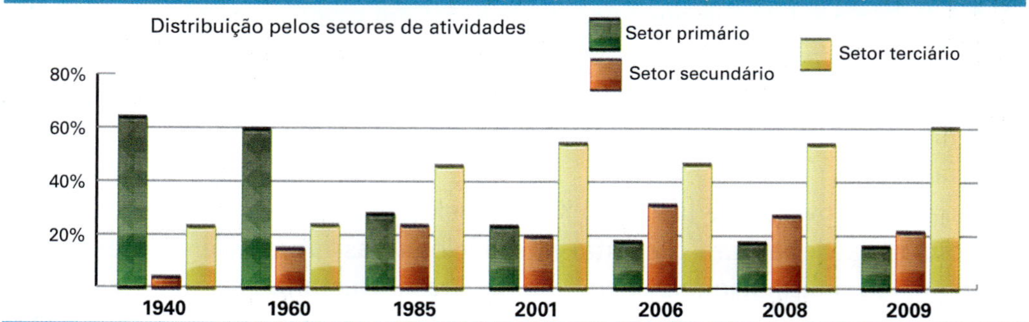

Fonte: IBGE. *Pesquisa Nacional por Amostra de Domicílios*, 2005, 2006 e 2009.

- Com base no gráfico, responda.

1. Em 1940, qual era a ordem de importância dos três setores?
2. Qual setor teve diminuição na participação da PEA no período de 1940 a 2009?
3. Que setor aumentou significativamente sua importância a partir de 1940?
4. Por que o processo de industrialização contribuiu também para o crescimento do setor terciário? Converse com os colegas e com o professor.

A partir do gráfico é possível perceber que o Brasil passou por um processo de transformações no qual houve uma redução da PEA que se dedica às atividades do setor primário. Hoje, vemos um percentual maior de trabalhadores no setor secundário e principalmente no setor terciário. Mas isso não significa que a economia gerada do setor primário também tenha diminuído. Ao contrário, a mecanização do campo elevou a produtividade agrícola com menor emprego de mão de obra e fez a economia crescer. O setor primário é responsável por 27% do PIB (Produto Interno Bruto), ou seja, 27% de tudo que é produzido nos três setores da nossa economia; além disso, o país é o principal fornecedor de 25% do mercado mundial de alimentos, segundo dados oferecidos pelo governo federal em 2010.

A concentração industrial e econômica no Centro-Sul

Brasil – Distribuição das empresas dos setores industrial e de serviços no território brasileiro (início do século XXI)

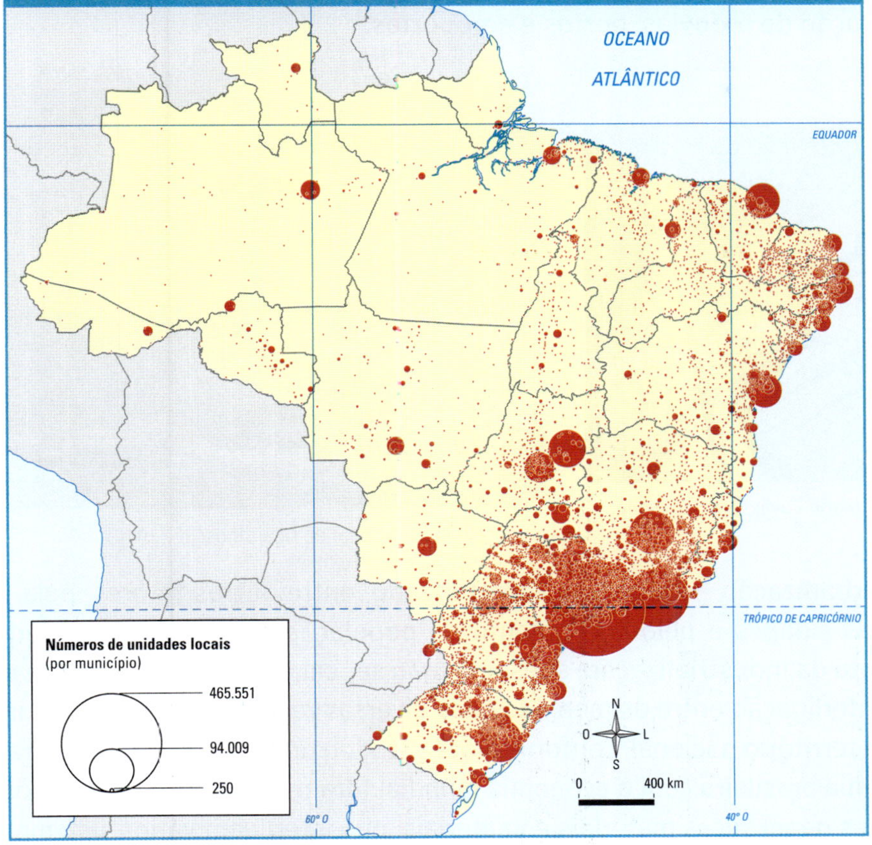

Fonte: THÉRY, Hervé; MELLO, Neli Aparecida. *Atlas do Brasil*: disparidades e dinâmicas do território. São Paulo: Edusp, 2009. p. 147 (adaptado).

- Onde há maior concentração de empresas?

A concentração das atividades industriais e de serviços no Centro-Sul foi uma característica marcante do nosso processo de industrialização. Isso contribuiu para a concentração, nessa região, das atividades econômicas em geral.

O Centro-Sul, principalmente os estados de São Paulo e Rio de Janeiro, era a área do país que reunia melhores condições de infraestrutura (portos, ferrovias, estradas, usinas hidrelétricas), mão de obra qualificada e mercado de consumo amplo. A existência desses fatores nessa região se deve, em boa parte, ao sucesso da atividade cafeeira.

A industrialização brasileira foi acompanhada, portanto, por profundas desigualdades regionais. O Centro-Sul consolidou-se como polo econômico do país, especialmente a partir dos anos 1950. Nesse período passou a existir um mercado interno integrado no país: mercadorias industrializadas produzidas no Centro-Sul são distribuídas em outras regiões do país, e matérias-primas dessas regiões são encaminhadas para o Centro-Sul.

Até meados da década de 1960, praticamente todas as multinacionais, empresas siderúrgicas, refinarias de petróleo e boa parte das usinas hidrelétricas que se instalaram no país concentraram-se nos estados de São Paulo, Rio de Janeiro e Minas Gerais.

Integração da economia brasileira

O espaço geográfico do Centro-Sul conheceu, desde os anos 1950, profundas modificações, entre elas o aumento da concentração populacional nas cidades, a ampliação do número de municípios, o estabelecimento de áreas industriais, a construção de rodovias, portos e aeroportos.

Rodovia dos Bandeirantes e Rodoanel Mário Covas, em São Paulo, SP (2008).

Aeroporto Internacional de Guarulhos, SP (2010).

A urbanização — processo caracterizado, entre outros fatores, pela expansão das cidades e pelo crescimento da população urbana — é consequência imediata da industrialização, apesar de não ser causada exclusivamente por ela.

A interligação entre os mercados das diversas regiões do país, com a integração do território nacional, conforme você estudou no capítulo 2, e a integração da economia brasileira com a economia mundial foram possíveis graças à existência de redes geográficas materiais e imateriais, que interligam vários sistemas (telefônicos, de internet, de fibras ópticas, rodovias, portos, ferrovias, aeroportos etc.) e facilitam as trocas de bens materiais (mercadorias) e imateriais (cultura).

O desenvolvimento dos setores de energia, transporte e telecomunicações imprimiu mudanças profundas na paisagem brasileira, observadas sobretudo a partir dos anos 1950:

- na construção de hidrelétricas e de redes de distribuição de energia;
- na ampliação das rodovias;
- no aparelhamento de portos e aeroportos;
- no uso de grandes veículos (carretas), contêineres, caminhões frigorífico.

Mais recentemente, o advento da microeletrônica e da informática trouxe outras mudanças, algumas mais visíveis sobretudo nas grandes cidades:

- a instalação de cabos de fibra óptica e satélites artificiais;
- a ampliação e a digitalização das redes de TV e rádio;
- o aumento da circulação de informações (jornais, revistas, rádios, TVs, internet);
- a disseminação de equipamentos de segurança (câmeras e detectores no comércio e nas residências);
- a expansão dos terminais de autosserviço, como caixas bancários eletrônicos, leitores ópticos (verificadores de preços, de estoque) e balanças digitais em supermercados; entre outros.

PARA COMPREENDER Texto

Leia o texto.

"A partir da década de 1930, encontra-se no Sul uma indústria importante. São Paulo tornou-se uma grande metrópole industrial, onde estavam presentes todos os tipos de fabricação. Chamado a acompanhar esse despertar industrial, o país inteiro conheceu uma quantidade de solicitações e sobretudo foi impregnado pela necessidade de concretizar a integração nacional. [...]

O estado de São Paulo começa a atrair migrantes de todo o país, mas sobretudo do Nordeste. Entre 1935 e 1939, 37,5% dos migrantes provinham do estado da Bahia. [...]

A partir de 1945 e 1950, a indústria brasileira ganha novo ímpeto e São Paulo se afirma como a grande metrópole fabril do país. [...]

Mas a indústria do Sul e, sobretudo, a indústria paulista, tiveram de solicitar certos produtos agrícolas, como o algodão, a mamona e o sisal, aos longínquos estados do Nordeste. [...]

A modernização do país, já iniciada sob o regime de Getúlio Vargas [1930-1945], facilitara a concentração econômica e espacial. A rápida expansão da indústria no 'centro' passava a exigir mais mercados, não apenas fora mas também dentro do país. [...]

É num Brasil integrado pelos transportes e pelas necessidades advindas da industrialização que vão nascer importantes cidades no interior. [...]

Novas formas de relação entre metrópole econômica e centros regionais se estabelecem por intermédio do caminhão. [...]

A industrialização e a produção agrícola mais moderna – concentradas no Sudeste – e o consumo – mais difuso que a produção, mas também concentrado – constituem o conteúdo mais visível do novo processo territorial. [...]

Uma nova divisão territorial do trabalho esboça-se no Brasil a partir da necessidade de transformar os minérios, de produzir derivados do petróleo e, a um só tempo, de substituir esse recurso em alguns setores da circulação. É o momento de implantação de complexos e polos industriais em diversas regiões do país. [...]

Ampliam-se as redes de transporte, que se tornaram mais densas e mais modernas; e, graças à modernização das comunicações, criam-se as condições de fluidez do território, uma fluidez potencial, representada pela presença das infraestruturas, e uma fluidez efetiva, significada pelo seu uso. [...] Constitui-se uma rede de aeroportos no território nacional, entre os anos de 1949 e 1970, como resposta à necessidade de intercâmbios velozes."

SANTOS, Milton; SILVEIRA, María Laura. *O Brasil*: território e sociedade no início do século XXI. Rio de Janeiro: Record, 2001. p. 42-44, 46, 48 e 49.

Responda às questões a seguir.

1. A qual período o texto se refere? Que tipo de atividade desenvolvida no período o texto destaca?

2. Em qual área do território brasileiro a atividade industrial se concentrou?

3. Com a industrialização, intensificaram-se as relações de outras áreas do país com o Sudeste. De acordo com o texto, como isso ocorreu?

4. Em razão do que foi considerado no item anterior, passou a ocorrer uma integração do território brasileiro. O que tornou possível essa integração?

Desconcentração industrial e a guerra fiscal

São Paulo – Expansão da indústria

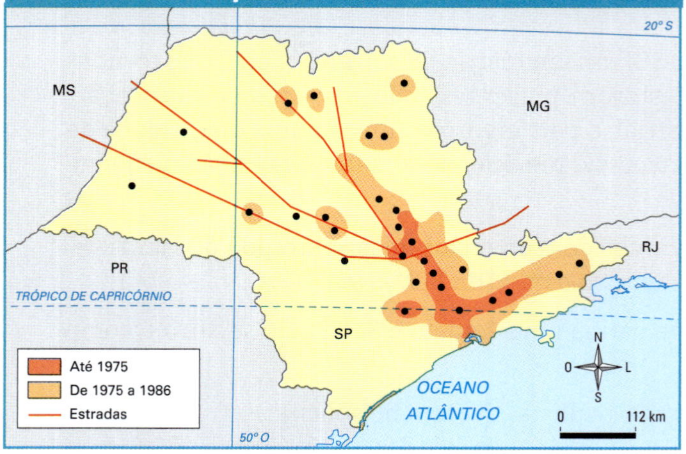

THÉRY, Hervé; MELLO, Neli Aparecida. *Atlas do Brasil*: disparidades e dinâmicas do território. São Paulo: Edusp, 2009. p. 157 (adaptado).

A economia brasileira na década de 1990 foi marcada pela guerra fiscal: competição entre estados e entre municípios brasileiros para a instalação de indústrias e empresas, oferecendo vantagens fiscais (isenção de impostos), terreno, infraestrutura e mão de obra acessível. A "batalha" levou empresas situadas em determinados locais a se transferirem para outros, provocando uma maior intensificação no processo de desconcentração industrial, que se iniciou de modo tímido na década de 1970, no estado de São Paulo. Muitas indústrias deixaram a capital paulista e o grande ABC partindo rumo ao interior, seguindo os eixos rodoviários representados pelas rodovias Bandeirantes, Anhanguera, Washington Luís e Via Dutra, conforme demonstra o mapa anterior.

Nas décadas seguintes, a desconcentração partiu rumo aos demais estados brasileiros, destacando-se a indústria automobilística. Novas unidades industriais foram instaladas fora do estado de São Paulo, o local mais procurado pelo setor até então. A Renault e a Volkswagen-Audi preferiram o Paraná; a Ford instalou uma nova linha de montagem na Bahia; a GM estabeleceu uma unidade produtiva em Gravataí (RS); a Nissan e a Hyundai optaram pelo estado de Goiás; a Fiat, já na década de 1970, escolheu Minas Gerais; a Volkswagen optou por Resende (RJ) para instalar uma fábrica de caminhões; a Peugeot e a Citroën instalaram-se em Porto Real (RJ); e a Mercedes-Benz escolheu Juiz de Fora (MG).

Sudeste – Indústrias

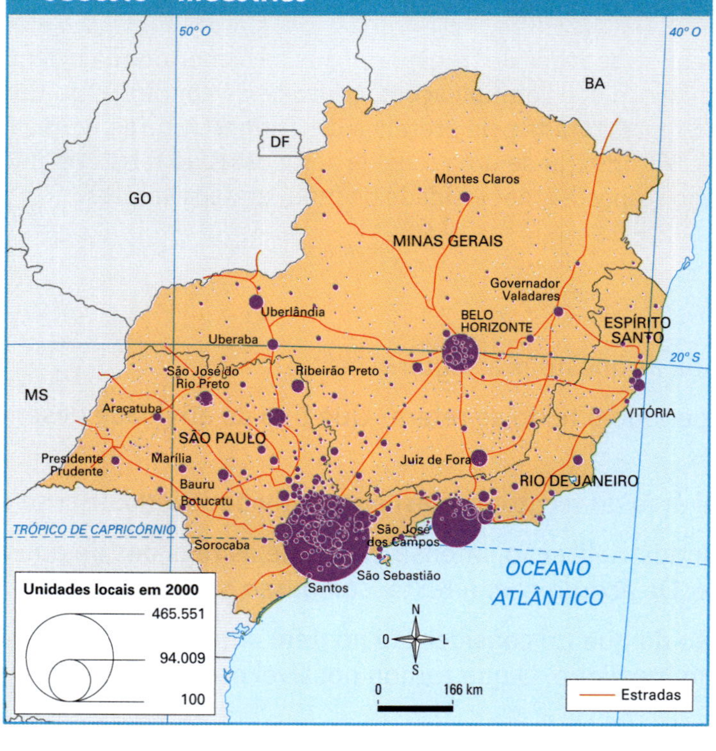

THÉRY, Hervé; MELLO, Neli Aparecida. *Atlas do Brasil*: disparidades e dinâmicas do território. São Paulo: Edusp, 2009. p. 157 (adaptado).

Crescimento e modernização da economia

Entre 1950 e 1980, enquanto o Produto Interno Bruto — ou seja, a economia brasileira — cresceu em média 7,5% ao ano, o setor secundário (indústria) — o PIB industrial — apresentou crescimento um pouco maior, atingindo 8,3%. Conforme dados do IBGE, em 1920 o número de estabelecimentos industriais era de 13.336; em 2010, passou a 310 mil unidades.

Apesar do crescimento bastante expressivo, tanto em relação à economia em geral como à atividade industrial, a desigualdade social persistiu. A distribuição desigual de riquezas foi — e ainda é — uma marca da sociedade brasileira. Além disso, a industrialização aumentou as desigualdades também entre as regiões do país.

Assim, a economia brasileira cresceu e o país se modernizou, mas num processo dependente do capital e da tecnologia estrangeiros, que não trouxe melhorias significativas para a população mais carente, tanto da cidade quanto do campo. A miséria está presente tanto nas localidades mais pobres quanto nas mais desenvolvidas do Brasil.

Os anos de 1980 e 1990 foram caracterizados por grandes aumentos dos preços de mercadorias e serviços — inflação elevada (até 1994) — e elevação do desemprego (após 1995, principalmente). Assim, a situação das camadas mais pobres da população acabou se agravando.

Favela em São Luís, MA (2009).

As grandes e médias cidades brasileiras passaram a conviver ainda com outro problema: o grande número de pessoas em situação de rua, que vivem sob viadutos, marquises e nas calçadas. Muitas delas, migrantes da zona rural e de cidades pequenas ou desempregados, não encontram outra alternativa de sobrevivência.

Pessoa em situação de rua, em São Paulo, SP (2010).

MAIS INFORMAÇÃO

O processo de privatização

Dois processos importantes da economia brasileira passaram a ocorrer nos anos 1990: as privatizações de empresas estatais e a relativa desconcentração da atividade industrial (na verdade, esse processo já vinha ocorrendo desde os anos 1970, mas se intensificou bastante na década de 1990; trataremos desse assunto na unidade sobre o Centro-Sul).

Em 1991, iniciou-se no Brasil o Programa Nacional de Desestatização, com o objetivo de diminuir a participação do Estado na produção de bens e no fornecimento de serviços.

Na visão do governo brasileiro, a diminuição da participação estatal na economia seria importante para que o Estado pudesse concentrar seus esforços no atendimento de serviços essenciais à população, como saúde e educação. As autoridades entendiam que, como algumas empresas geravam prejuízo, seria melhor o Estado vendê-las e investir o dinheiro arrecadado na área social.

Foram vendidas empresas estatais produtoras de aço (siderúrgicas), fornecedoras de energia elétrica, de serviços telefônicos, de transporte ferroviário, de produção de fertilizantes e matérias-primas derivadas do petróleo, de extração de minérios, de produção de aviões etc.

Os grupos que se opunham à privatização, formados em parte por sindicatos de trabalhadores, argumentavam que o Estado estava vendendo a um preço baixo empresas nas quais fez grandes investimentos e que deram lucro. Entendiam também que, principalmente no caso dos serviços, as empresas estatais, como as de telefonia e de fornecimento de energia, ofereciam um serviço de boa qualidade.

Como a decisão estava completamente a cargo do poder político, as opiniões contrárias foram em vão. Vale ressaltar que grande parte do dinheiro arrecadado foi utilizada para pagar dívidas do governo brasileiro e não para a área social. Além disso, houve fortalecimento do poder econômico, pois grandes grupos empresariais do Brasil adquiriram empresas de grande porte. Houve também participação significativa de empresas estrangeiras na compra das estatais, o que contribuiu para um aumento da saída de dinheiro do país, uma vez que essas empresas têm liberdade para enviar parte de seus lucros a outros lugares.

A partir de 2003, a privatização pautada na venda de estatais perdeu fôlego. Para realizar investimentos na construção de grandes obras de infraestrutura, o governo passou a utilizar o sistema das Parcerias Público-Privadas (PPPs), nas quais o Estado conta com a participação do capital privado. A parceria é utilizada também com concessionárias que exploram bens públicos, como rodovias, terminais portuários e aeroportos.

A modernização da agropecuária

A industrialização modernizou a agricultura, com a introdução de produtos químicos (pesticidas, fertilizantes e outros produtos que corrigem as deficiências do solo), máquinas, irrigação e implementos — lembre-se das discussões que realizou sobre isso na seção **Para contextualizar**.

Grandes grupos empresariais nacionais e estrangeiros passaram a controlar a produção, a comercialização e a industrialização de gêneros agrícolas. As multinacionais estão presentes também nos setores de produção e distribuição de agrotóxicos, fertilizantes e adubos, sementes e sêmen manipulados geneticamente, entre outros.

2 **A industrialização brasileira**
Para o assunto ***Histórico da indústria no Brasil***, acesse e explore este OED.

MAIS INFORMAÇÃO

Agropecuária moderna e biodiversidade

"Os impactos provocados pela agropecuária moderna reduzem drasticamente a diversidade de espécies no meio rural. Mas o principal fator de degradação da biodiversidade é a especialização dos sistemas produtivos [...]. Historicamente, a humanidade ampliou a diversidade genética das plantas cultivadas por meio de cruzamentos e da seleção de variedades mais adaptadas às condições locais. Entretanto, desde o início do século passado, essa prática vem sendo progressivamente abandonada, muitas variedades foram extintas e outras são raramente encontradas.

[...] A dieta das sociedades modernas limita-se a aproximadamente 100 espécies, com forte predominância de quatro: trigo, arroz, milho e batata. Mas, estima-se que, no curso da história, a humanidade tenha utilizado cerca de 7 mil espécies de plantas comestíveis. Não obstante, são conhecidas aproximadamente 75 mil espécies que poderiam ser incluídas nos nossos cardápios, muitas delas com vantagens sobre as que hoje predominam."

Almanaque Brasil Socioambiental. São Paulo: Instituto Socioambiental, 2008. p. 419.

A modernização da agricultura, assim como ocorreu com a indústria, deu-se em algumas áreas do país, principalmente nos estados do Centro-Sul. Não foi, no entanto, uma modernização uniforme, havendo áreas de agricultura mais mecanizadas, fortemente integradas às indústrias alimentícias, e outras tecnologicamente mais atrasadas. A agropecuária moderna integrou-se ao complexo agroindustrial e ao mercado de consumo interno, contribuindo para ampliar as exportações e gerar divisas ao Brasil. No entanto, emprega poucos trabalhadores, uma vez que o nível de mecanização nessa atividade vem crescendo cada vez mais, inclusive em setores que tradicionalmente empregavam bastante, apesar de pagarem salários baixíssimos, como o de cana-de-açúcar.

Os médios e os pequenos agricultores encontram bastante dificuldade para modernizarem-se, uma vez que a maior parte dos financiamentos para o setor agropecuário é destinada aos grandes produtores.

É no grupo dos pequenos produtores que se encaixa a agricultura familiar — responsável pela maior parte da produção de alimentos consumidos pelos brasileiros.

Observe as informações do governo (2006) sobre a agricultura familiar.

1

Brasil – Agricultura familiar

Total de estabelecimentos e área total

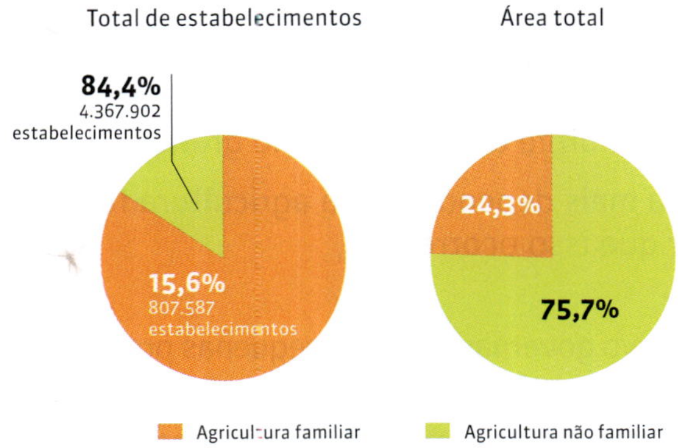

2 **Brasil – Agricultura familiar por região**

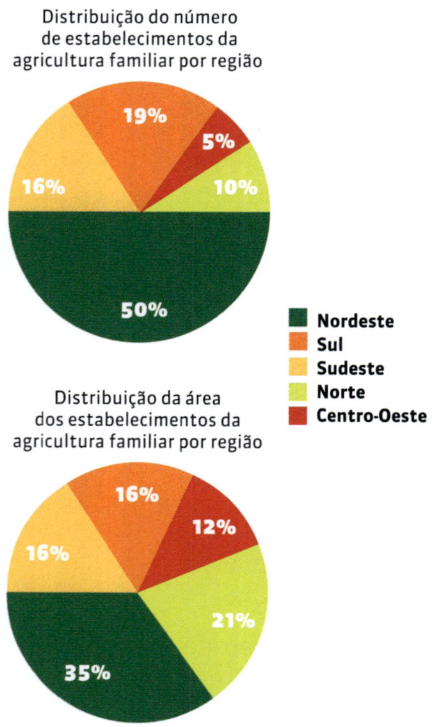

4 **Brasil – Participação da agricultura familiar no pessoal ocupado**

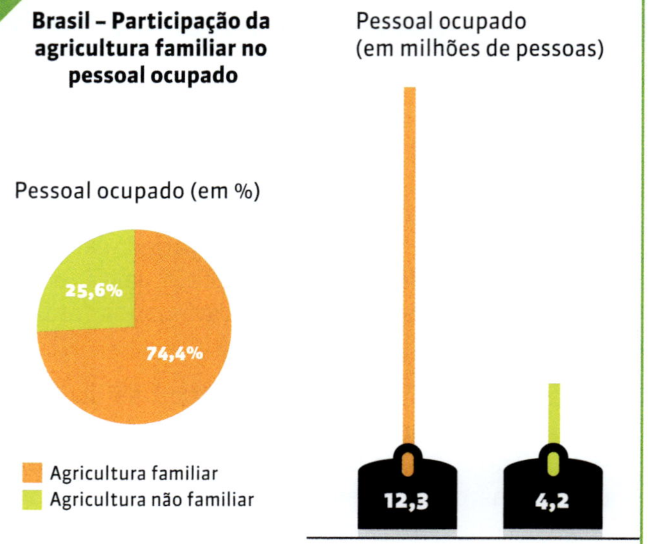

3 **Brasil – Participação da agricultura familiar e valor bruto da produção**

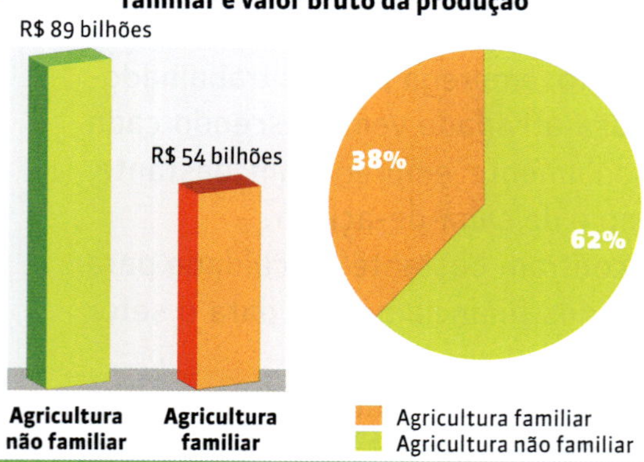

5 **Brasil – Agricultura familiar – Pessoas ocupadas por área total (pessoas por 100 ha)**

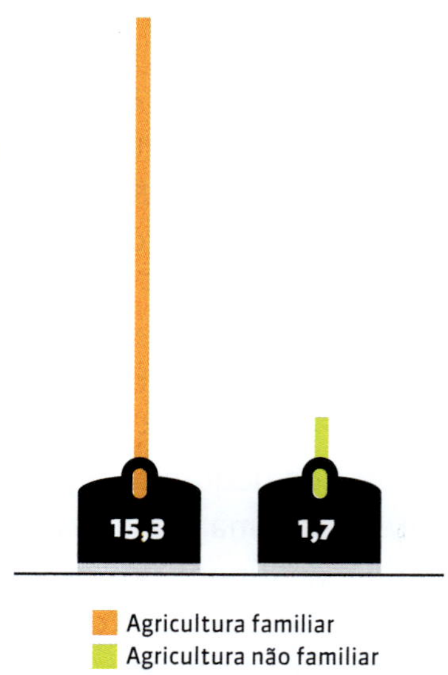

Fonte: Ministério do Desenvolvimento Agrário. *Agricultura familiar no Brasil e o Censo Agropecuário 2006*. Brasília: Ministério do Desenvolvimento Agrário, 2009. p. 4. Disponível em: <www.mda.gov.br>. Acesso em: 28 abr. 2014.

- Observe os gráficos acima e responda às questões.

1. A que conclusão podemos chegar ao observar o gráfico 1 com relação à quantidade de propriedades e ao total de área ocupada?
2. Por que o percentual de pessoal ocupado é menor nas grandes propriedades conforme demonstrado no gráfico 4?
3. Qual região é a mais dependente da agricultura familiar, conforme mostra o gráfico 2? Por que isso ocorre?

A falta de incentivo governamental às pequenas propriedades fez com que muitos agricultores precisassem vender suas terras às grandes empresas agropecuárias. Com isso, a concentração da propriedade rural nas mãos de poucos aumentou.

A concentração das propriedades e a reforma agrária

Um dos problemas da agricultura brasileira é a concentração das propriedades rurais. A maior parte das terras e os melhores solos compreendem grandes propriedades rurais, os latifúndios, e pertencem a um pequeno número de proprietários, os latifundiários.

Muitas dessas propriedades mantêm extensas áreas improdutivas, à espera de maior valorização, enquanto um grande número de proprietários possui áreas de pequena extensão, denominadas minifúndios. Esses minifúndios são, muitas vezes, insuficientes para garantir aos proprietários e a suas famílias um melhor nível de vida.

Infelizmente, esse processo de concentração de terras nas mãos de poucos proprietários vem aumentando cada vez mais. Conforme a tabela abaixo, percebemos que há grande concentração fundiária em imóveis rurais com área superior a 100 ha.

Brasil – Área dos estabelecimentos rurais, segundo o estrato de área (1985-2006)

Estrato de área	Área dos estabelecimentos rurais (ha)		
	1985	1995	2006
Total	374.924.421	353.611.246	329.941.393
Menos de 10 ha	9.986.637	7.882.194	7.798.607
De 10 ha a menos de 100 ha	69.565.161	62.693.585	62.893.091
De 100 ha a menos de 1.000 ha	131.432.667	123.541.517	112.696.478
1.000 ha e mais	163.940.667	159.493.949	146.553.218

Fonte: IBGE. Censos agropecuários 1985-2006.

Desde os anos 1950, vem se discutindo a necessidade de uma reforma agrária, representada por uma redistribuição das terras rurais improdutivas.

Apesar da criação do Instituto de Colonização e Reforma Agrária (Incra), em 1970, e de muita discussão sobre a reforma agrária, o problema da concentração de terras rurais nas mãos de poucos ainda não foi resolvido de uma forma mais abrangente, o que acaba gerando muitos problemas sociais no campo.

Observe a fotografia ao lado. Ela mostra um acampamento de trabalhadores promovido pelo Movimento dos Trabalhadores Rurais Sem-Terra (MST), criado em 1984. O MST é um dos movimentos que promovem ocupações de terras com o objetivo de pressionar o governo a acelerar o processo de reforma agrária. Além disso, ampara o pequeno agricultor e luta pelo fim do latifúndio.

Acampamento de trabalhadores rurais sem-terra ligados ao MST, em Eldorado dos Carajás, PA (2011).

• Converse com seus colegas e com seu professor.

1. Qual poderia ser a causa do crescimento do MST nos últimos vinte anos?
2. O MST costuma usar o termo "ocupação" para se referir ao assentamento de seus acampamentos em áreas rurais; os meios de comunicação (jornais, TV) geralmente usam o termo "invasão". Em sua opinião, por que há essa diferença?

Ecoturismo e turismo rural

O ecoturismo ou turismo ambiental, se for bem estruturado, pode promover diversificação da economia regional, geração local de empregos e fixação da população, melhoria da infraestrutura de transportes, comunicação, saneamento e a diminuição do impacto sobre o meio ambiente.

Desde os anos 1990, vêm crescendo, ano a ano, o ecoturismo e o turismo rural.

Em 2011 a Empresa Brasileira de Turismo (Embratur) realizou um estudo através do qual foram definidos 96 polos de turismo ecológico ou ambiental.

O turismo rural, representado pela experiência de vida no campo, vem crescendo proporcionalmente ao crescimento urbano do Brasil.

Em 1994, existiam aproximadamente 400 empreendimentos que trabalhavam com esse ramo do turismo. Em 2011, de acordo com a Associação Brasileira de Turismo Rural (Abraturr), esses empreendimentos já alcançavam um total de 10 mil propriedades — das quais 5 mil certificadas oficialmente — que exploram essa atividade, que não deve ser confundida com ecoturismo ou turismo ambiental.

• Observe a fotografia.

1. Que tipo de atividade está sendo praticada?
2. Que benefícios ela pode trazer à região se for bem estruturada?
3. De que forma ela pode ser prejudicial?
4. A atividade existe em seu município?

Grupo fazendo trilha no Parque Nacional da Chapada dos Veadeiros, em Goiás (2010). Nessas atividades, é importante a presença de um guia que conheça bem a região.

PARA COMPREENDER **Texto**

Industrialização e turismo

"Grandes transformações políticas, econômicas, sociais e culturais marcam o Brasil, durante e após o governo JK. A industrialização do país é acompanhada por grandes mudanças que vão constituir as condições básicas para o incremento da atividade turística, nos anos 1970:

- a formação de uma classe média, constituída por profissionais liberais, pequenos e médios comerciantes e industriais, quadros de técnicos especializados do setor industrial, funcionários públicos, professores, bancários, só para citar alguns;
- a inserção da mulher no mercado de trabalho, aumentando a renda familiar;
- a motorização familiar, consequência da implantação das indústrias automobilísticas no país;
- a melhoria da rede e dos meios de transporte e comunicações, resultante de uma das metas do período chamado 'milagre brasileiro';
- a melhor articulação das regiões brasileiras, como consequência da propalada integração da economia nacional;
- a difusão dos meios de comunicação, onde a mídia eletrônica e impressa desempenham importante papel na publicidade e no *marketing* turísticos;
- a urbanização do país, concentrando nas cidades grande parte da população, cujo ambiente é alardeado como altamente desgastante e causador de estresse."

RODRIGUES, Adyr A. B. (Org.) *Turismo e Geografia*. São Paulo: Hucitec, 1996. p. 147-8.

Parque Nacional do Iguaçu, em Foz do Iguaçu, PR (2008). A divulgação de pontos turísticos brasileiros feita pela mídia atrai grande número de turistas de toda parte do país e também do mundo.

Responda às questões a seguir.

1. Com base no texto, procure justificar de que forma cada um dos itens apontados contribuiu para o desenvolvimento da atividade turística no Brasil.
2. Converse com seus colegas e com seu professor sobre o papel do turismo na criação de empregos. Faça uma relação de pelo menos três tipos de serviços criados pelas atividades que envolvem o turismo.

Atividades

RETOME SEUS CONHECIMENTOS

1. Responda.
   a) Qual setor de atividade, primário, secundário ou terciário, ocupa a maior parte da mão de obra no Brasil? Por quê?
   b) Quais as principais modificações ocorridas no espaço geográfico brasileiro a partir dos anos 1930? Em qual região essas modificações foram mais expressivas?

2. Com base nos textos estudados neste capítulo, responda: quais os fatores que contribuíram para a industrialização brasileira?

EXERCITE SEUS CONHECIMENTOS

3. Leia o texto a seguir e, depois, responda às questões.

A modernização do Brasil

"Num período relativamente curto de cinquenta anos, de 1930 até o início dos anos 1980, e, mais aceleradamente, nos trinta anos que vão de 1950 ao final da década de 1970, tínhamos sido capazes de construir uma economia moderna, incorporando os padrões de produção e de consumo próprios aos países desenvolvidos. Fabricávamos quase tudo. O aço, até aços especiais, na Companhia Siderúrgica Nacional, na Usiminas, na Acesita, em Tubarão etc. Saíam, de suas subsidiárias da indústria petroquímica, o petróleo e seus derivados, a gasolina, o óleo diesel, o óleo combustível, o asfalto, o plástico, o detergente, vários outros materiais de limpeza, os produtos que permitem a fibra sintética etc. A engenharia brasileira erguera hidroelétricas gigantescas, equipadas com geradores e turbinas nacionais de Furnas, Três Marias e Urubupungá até Itaipu. [...]

Dispúnhamos, também, de todas as maravilhas eletrodomésticas: o ferro elétrico, que substitui o ferro a carvão; o fogão a gás de botijão; [...] o chuveiro elétrico; o liquidificador e a batedeira de bolo; a geladeira; o secador de cabelo; a máquina de barbear, concorrendo com a gilete; o aspirador de pó, substituindo as vassouras e o espanador; [...] a máquina de lavar roupa; [...] a TV preto e branco, depois a TV em cores, com controle remoto. [...] Fomos capazes de construir centrais telefônicas, amparando a relativa difusão desse meio de comunicação."

CARDOSO, João M.; NOVAIS, Fernando A. Capitalismo tardio e sociabilidade moderna. In: *História da vida privada no Brasil*. São Paulo: Companhia das Letras, 2000. p. 562-564.

   a) Quais mudanças no modo de vida e no espaço geográfico estão descritas no texto?
   b) Todas as atividades descritas no texto pertencem a que setor da economia? Atualmente, esse setor ainda lidera a estrutura econômica do Brasil?

4. Faça uma pesquisa sobre a família brasileira e o trabalho.

Primeiro entreviste seus familiares para verificar em qual setor da economia eles iniciaram a vida profissional e em qual eles trabalham atualmente. Anote as respostas.

Em sala, o professor fará um levantamento para verificar os setores com mais trabalhadores no passado e atualmente.

6 Brasil: o desenvolvimento econômico e social

PARA CONTEXTUALIZAR

Observe as fotografias.

Moradias em Manaus, AM (2010).

Moradias em Florianópolis, SC (2011).

Comércio em São Paulo, SP (2010).

Indústria automobilística em Camaçari, BA (2011).

A análise das fotografias possibilita a elaboração de algumas hipóteses sobre a diversidade de paisagens existente em nosso país. Ao mesmo tempo, permite nos questionarmos sobre as condições de vida e algumas atividades econômicas de nossa sociedade.

ATIVIDADES

Converse com seus colegas e com seu professor.

1. De onde são as fotografias?
2. O que podemos perceber em cada uma delas? O que elas retratam?
3. Quais fotografias mostram contrastes sociais? Por quê?
4. Existem situações de contrastes sociais no município onde você mora? Exemplifique.

Crescimento econômico e distribuição de riquezas

No capítulo anterior, você pôde perceber a importância do desenvolvimento da atividade industrial nas transformações da economia, da sociedade e, consequentemente, do espaço geográfico brasileiro.

No decorrer do século XX, o Brasil apresentou crescimento econômico expressivo, mas foi um modelo de crescimento apoiado na exploração de uma mão de obra numerosa e que gerou concentração de riquezas nas mãos de uma pequena parcela da população.

Neste início de século XXI, apesar de terem ocorrido alguns avanços em relação à melhora da participação dos mais pobres na renda nacional, esta continua com níveis altos de concentração e isso é visível nas paisagens brasileiras, como você pôde constatar e discutir na seção **Para contextualizar**.

O Brasil, que desde os anos 1970 já vinha se posicionando como uma das maiores economias do mundo, atualmente está entre os dez maiores países em termos de produção de riquezas e geração de serviços.

Para que um país tenha bom nível de desenvolvimento, é necessário que os diversos setores produtivos tenham crescimento e produzam riquezas. É fundamental também que os resultados ou benefícios desse crescimento sejam distribuídos de forma equilibrada entre toda a sociedade. Só isso garantirá a todos boas condições de moradia, alimentação, saúde, educação etc.

Além disso, é fundamental que os recursos naturais presentes no espaço geográfico sejam explorados de modo sustentável. O que ainda existe dos ecossistemas naturais precisa ser preservado, e aquilo que foi degradado precisa ser recuperado. Assim, é necessário que os rios sejam despoluídos, as áreas desertificadas sejam recompostas, os trechos de mata devastados sejam reflorestados com espécies nativas etc.

A Floresta da Tijuca localiza-se no município do Rio de Janeiro, RJ. É a maior floresta artificial urbana do mundo. É uma vegetação secundária, pois é fruto do reflorestamento feito no Segundo Reinado (1840-1889). Já naquela época percebeu-se que o desmatamento, provocado pelo plantio de café, estava prejudicando o abastecimento de água potável da então capital do Império. Fotografia de 2006.

Tudo isso exige mudanças no modo de vida, na maneira como se produz e nos padrões de consumo. Muitos dos nossos hábitos precisam ser alterados. As questões socioeconômicas têm de ser pensadas juntamente com as questões ambientais. Não é possível separar economia, sociedade e ambiente. Desse modo, quando governantes e empresários forem estabelecer um projeto que tem como objetivo propiciar aumento da produção, é preciso pensar se o projeto irá beneficiar toda a sociedade — e não apenas um pequeno grupo de pessoas — e se não irá agredir o ambiente. Se a degradação ambiental ocorrer, toda a sociedade sofrerá as consequências.

PARA COMPREENDER Imagem e charge

Observe a imagem e a charge a seguir.

Praia de Copacabana e favela Pavão-Pavãozinho, ao fundo, no Rio de Janeiro, RJ (2010).

■ Com base na fotografia, responda.

1. Quais características da paisagem são mostradas?
2. Essa fotografia revela desigualdade social? Explique.
3. Se considerarmos a relação sociedade-natureza, que tipo de problema é evidenciado na fotografia?

A DISTÂNCIA ENTRE POBRES E RICOS

- Não tema, querida! Quando nos alcançarem, estarão todos derretidos pelo aquecimento global!

ANGELI. *Folha de S.Paulo*. 13 abr. 2007. p. A-2.

■ Responda.

4. A qual problema socioeconômico do Brasil o chargista se refere?
5. De que forma ele quis expressar isso?

A classificação dos países e o conceito de desenvolvimento

Os países podem ser classificados de acordo com o nível de desenvolvimento social e econômico que apresentam.

Quando nos referimos ao desenvolvimento social, estamos considerando as condições de vida da população quanto a moradia, alimentação, saúde, educação, transporte, lazer. Essas condições dependem, em parte, do nível de desenvolvimento econômico, que corresponde à produção de riquezas (bens e serviços) geradas pelas atividades econômicas. Assim, quanto maior a produção de riquezas, maior o nível de desenvolvimento econômico do país.

Os países desenvolvidos correspondem aos grandes polos financeiros e tecnológicos mundiais e dominam as grandes decisões políticas e econômicas internacionais. Neles predominam as atividades econômicas industriais, de serviços e comerciais. A agricultura é praticada com o auxílio de técnicas modernas e com elevado índice de mecanização. Pequena parcela da população dedica-se ao setor primário.

Quando afirmamos que a economia de um país está crescendo é porque pode estar havendo o aumento:

- da produção agrícola e/ou industrial;
- do volume de mercadorias transportadas;
- das vendas no comércio;
- dos lucros dos bancos;
- da quantidade de energia gerada nas usinas;
- da arrecadação de impostos pelo Estado.

Como se vê, nos indicadores de crescimento não são consideradas as consequências que o crescimento econômico traz para a natureza nem quanto isso afeta o conjunto da sociedade. Isso nos leva a perceber que é necessário rever o conceito de desenvolvimento.

A partir de 1950, a Organização das Nações Unidas (ONU) divulgou uma série de dados sobre a situação econômica e a qualidade de vida de vários países do mundo. Foi a partir de então que as noções de desenvolvimento e subdesenvolvimento passaram a ser divulgadas.

Vimos anteriormente que o nível de desenvolvimento de um país pode ser medido com base na análise da economia e das condições de vida de sua população. Vimos ainda que a qualidade de vida das pessoas também depende das condições do ambiente — ecossistemas, rios, ar etc. —, mas que esses fatores não são considerados em muitos estudos e estatísticas oficiais na avaliação do nível de desenvolvimento.

Os países desenvolvidos apresentam grau elevado de desenvolvimento tecnológico e industrial e de produtividade agrícola, dispõem de sistemas modernos de transporte e comunicação e altos índices de geração de energia. A maior parte da população desses países desfruta de boa qualidade de vida. As condições sanitárias, habitacionais e alimentares em geral são adequadas, e a maioria das pessoas conta com uma boa formação educacional e profissional.

Colheita de arroz na Califórnia, Estados Unidos (2011). Os países desenvolvidos apresentam alto grau de produtividade agrícola e mecanização dessa atividade.

No entanto, o modelo de desenvolvimento desses países não deve ser encarado como uma referência ou exemplo para os demais países, uma vez que os problemas ambientais são decorrentes desse modelo de desenvolvimento.

Mas são poucos os países com essas características. A maioria apresenta um número reduzido de indústrias, pouco diversificadas e com baixo desenvolvimento tecnológico, produtividade agrícola deficiente e meios de transporte e de comunicação ineficientes. As condições de vida da população são precárias. Os sistemas médico-hospitalar, educacional e habitacional não conseguem atender à população mais carente.

Os países menos desenvolvidos são dependentes da tecnologia e do capital dos países de economia mais forte e, além das deficiências apontadas, têm sérias dificuldades para pagar os juros de sua dívida externa.

Em quase todos os países subdesenvolvidos há fortes contrastes sociais decorrentes, em boa parte, da má distribuição da renda nacional. O valor do salário mínimo é um indicador dessas diferenças. Estabelecido pelo governo, esse salário, como o próprio nome diz, deveria garantir as condições mínimas de sobrevivência.

Mulher sem teto e suas filhas pedem esmola na frente de um restaurante na Cidade do México, no México (2008).

O nível de pobreza ou miséria de uma população é medido pela sua renda. São consideradas pobres as pessoas que não têm rendimentos suficientes para satisfazer as necessidades básicas, como alimentação, moradia, saúde, educação e transporte. Se, porém, não tiverem rendimentos suficientes para satisfazer nem sequer as necessidades alimentares, são consideradas miseráveis.

MAIS INFORMAÇÃO

Norte e Maranhão detêm maioria dos sem rendimento

"Em maio do ano passado [2010], quando anunciou a existência de 16,2 milhões de brasileiros em situação de extrema pobreza no País, o governo federal dividiu os miseráveis entre sem renda e os 11,4 milhões que tinham rendimento familiar *per capita* de R$ 1 a R$ 70 mensais. No mês seguinte, o Instituto Brasileiro de Geografia e Estatística (IBGE) detalhou informações sobre os que tinham renda. O mapeamento dos sem rendimento foi concluído em agosto.

Os números do Censo do IBGE mostram que, em Roraima, estado brasileiro que detém a maior proporção de indígenas, 9% da população total é formada por pessoas que vivem em extrema pobreza e não dispõem de renda própria. No Maranhão, estado mais pobre do Brasil, 6,7% da população — um contingente de 438 mil pessoas — vive nessas condições."

No Brasil	
População miserável total	16,2 milhões
Miseráveis com renda	11,4 milhões
Número de pessoas sem renda	4,8 milhões

O Estado de S. Paulo. 10 set. 2011. p. A12 e A13.

Entre os países subdesenvolvidos, há alguns que possuem um setor industrial de nível relativamente elevado, com um grande e diversificado número de indústrias. São os chamados **países emergentes**.

A expressão "países emergentes" é utilizada pelas organizações internacionais para se referirem aos países subdesenvolvidos industrializados ou em fase de industrialização avançada. Entre os países emergentes atualmente destaca-se um pequeno grupo chamado de BRICS (Brasil, Rússia, Índia, China e África do Sul). Esses países passaram a ter uma importância maior nas decisões econômicas mundiais e no cenário geopolítico a partir da crise econômica mundial de 2007/2008.

O IDH, o Brasil e os países subdesenvolvidos

IDH é a sigla para Índice de Desenvolvimento Humano, estabelecido pela ONU para avaliar o nível de desenvolvimento econômico e social dos países. O cálculo desse índice leva em consideração três características do processo de desenvolvimento humano, de acordo com as modificações feitas pelo Programa das Nações Unidas para o Desenvolvimento (PNUD):

Garoto e avó vendem banana para ajudar no sustento da família na Índia, país que possui IDH médio apesar de apresentar graves problemas sociais e econômicos (2008).

- a expectativa ou esperança de vida ao nascer (ou longevidade), ou seja, a quantidade de anos que as pessoas poderão viver, considerando as condições de moradia, saúde, alimentação etc.;
- o conhecimento, baseado na média de anos de escolaridade dos habitantes com 25 anos ou mais e nos anos de escolaridade esperados, que é o número de anos que uma criança em idade de ingresso na escola pode esperar receber;
- o **Rendimento Nacional Bruto (RNB)** *per capita* (por indivíduo) ajustado, que é a renda nacional bruta dividida pelo número de habitantes do país, expressa em dólares, considerando o poder de compra da população.

Os valores do IDH situam-se entre 0, o mais baixo, e 1, o mais alto.

Os países são agrupados em: IDH muito elevado ou muito alto; IDH elevado ou alto; IDH médio; e IDH baixo. Para organizar esses quatro grupos, o *ranking* dos países (187, em 2013) é dividido por quatro, mas, como há 187 países, o PNUD (Programa das Nações Unidas para o Desenvolvimento) deixou três grupos com 47 países cada e o grupo de IDH baixo com 46.

Entretanto, é preciso ressalvar que o **Rendimento Nacional Bruto (RNB)** *per capita* (por indivíduo) ajustado é a renda nacional bruta dividida pelo número de habitantes do país. Tal indicador acaba ocultando a desigualdade e a concentração de renda existentes na sociedade.

- Observe a tabela.

1. Qual o IDH do Brasil?
2. Com esse índice, ele é classificado no grupo de países de baixo, médio, elevado ou muito elevado desenvolvimento humano?
3. Por que a classificação como médio ou elevado desenvolvimento humano, de acordo com o IDH da ONU, não espelha verdadeiramente as condições sociais de um país?
4. Que ressalva precisa ser feita em relação ao IDH para analisar o nível de desenvolvimento social de um país?

Posição	Países	IDH
Muito elevado		
1	Noruega	0,955
2	Austrália	0,938
3	Estados Unidos	0,937
4	Países Baixos	0,921
5	Alemanha	0,920
6	Nova Zelândia	0,919
7	Irlanda	0,916
8	Suécia	0,916
9	Suíça	0,913
10	Japão	0,912
Elevado		
48	Barein	0,796
55	Federação Russa	0,788
61	México	0,775
77	Peru	0,741
85	Brasil	0,730
94	Tunísia	0,712
Médio		
95	Tonga	0,710
100	Jordânia	0,700
111	Paraguai	0,669
121	Indonésia	0,629
141	Suazilândia	0,536
Baixo		
142	Congo	0,534
161	Haiti	0,456
177	Serra Leoa	0,359
184	Chade	0,340
186	Níger	0,304

Fonte: Relatório do Desenvolvimento Humano 2013.

Cafés no porto velho da cidade de Stavanger, Noruega, país da Europa com IDH muito elevado (2008).

O desenvolvimento e a questão ambiental

3 Brasil: o desenvolvimento e a questão ambiental
Para o assunto ***Poluição dos rios***, acesse e explore este OED.

Rios poluídos, crateras enormes no solo que resultaram da exploração de minérios e processos erosivos, áreas de vegetação natural devastadas, poluição atmosférica nas grandes cidades causada pelas indústrias e pelos automóveis são as marcas na paisagem do desenvolvimento econômico sem planejamento, conforme já foi visto na unidade anterior.

Obras para a extração de ouro na mina de Nova Serra Pelada, Curionópolis, PA (2010).

PARA COMPREENDER Texto

Leia o texto.

O crescimento econômico e a destruição da natureza

"Os resultados do crescimento econômico não podem ser avaliados por uma fria porcentagem que indica se a economia cresceu 2% ou 9% ao ano. O sistema de contabilidade da economia capitalista não incorpora indicadores de qualidade de vida, de saúde ambiental, de desenvolvimento cultural, de ampliação dos tempos livres e não leva em conta a depreciação ecológica — o quanto 'se gasta' do patrimônio ambiental a cada ano.

A contabilidade capitalista quantifica o que se produz para a venda no mercado. Fora isso, é como se as atividades não existissem para as contas nacionais. As atividades artísticas em casa, a ajuda na educação do filho, a ginástica, a alimentação equilibrada e o trabalho na associação de moradores para o reflorestamento de encostas representam um redondo zero para a contabilidade nacional. [...]

A contabilidade capitalista computa o desgaste das máquinas, dos prédios e dos equipamentos, subtraindo do total anual da produção um valor, designado amortização e calculado em função de tempo de vida útil. Por exemplo, se um equipamento tem vida útil de 20 anos, a cada ano subtrai-se 1/20 do seu valor para sua reposição ao fim do período.

A destruição da natureza, o empobrecimento dos solos, a exterminação dos cardumes, o custo da descontaminação radioativa não aparecem nessas contas. É como se a natureza constituísse uma coleção de bens infinitos e gratuitos."

MINC, Carlos. *Ecologia e cidadania*. São Paulo: Moderna, 1998. p. 92-3.

Responda às questões a seguir.

1. Quais aspectos a contabilidade capitalista desconsidera ao avaliar o crescimento econômico?
2. Segundo o texto, a visão da contabilidade capitalista apresenta a natureza como uma coleção de bens infinitos e gratuitos. O que significa essa afirmação? Você concorda com essa visão? Explique a sua resposta.

MAIS INFORMAÇÃO

O perfil de consumidores conscientes

"Consumidores conscientes, que têm cuidados com o desperdício, a origem dos produtos que compram, o planejamento de compras de alimentos, entre outros, têm um papel importante no caminho para um desenvolvimento sustentável. Afinal, cada vez mais as empresas estão atentas aos seus comportamentos. Isso faz com que as organizações busquem compromissos socioambientais para atender à pressão, o que, por sua vez, contribui para uma economia mais inclusiva, verde e responsável. Para que as empresas saibam o que essas pessoas esperam de seus negócios é preciso conhecer, em primeiro lugar, o que é um consumidor consciente.

A pesquisa **Responsabilidade Social das Empresas, Percepção do Consumidor Brasileiro** [...] considera que um consumidor consciente é aquele que adere a pelo menos 11 de uma lista de 13 comportamentos sustentáveis. Alguns exemplos são:

- desligar aparelhos eletrônicos ou fechar a torneira quando não há consumo;
- planejar compra de roupas e alimentos;
- ler os rótulos dos produtos;
- separar o lixo reciclável e
- passar as informações sobre empresas e produtos.

De acordo com a pesquisa, comportamentos relacionados à economia de recursos e planejamento de consumo são os que têm maior influência na vida das pessoas.

O estudo, que entrevistou 800 pessoas a partir dos 16 anos de todas as classes sociais e as regiões do país, também mostra que, entre 2006 e 2010, o percentual de consumidores conscientes no Brasil continua de 5%, mesmo com o crescimento da população. Isso quer dizer que em números absolutos essa parcela cresceu. [...]"

FRANCO, Marina. Akatu mostra perfil atual de consumidores conscientes. Publicado em: 17 dez. 2010. Disponível em: <http://planetasustentavel.abril.com.br/noticia/atitude/akatu-mostra-perfil-atual-consumidores-conscientes-613419.shtml>. Acesso em: 29 abr. 2014.

Os benefícios do crescimento econômico

Apesar de o modelo de desenvolvimento econômico no Brasil ser concentrador e excludente, não se pode negar que tem trazido algumas melhorias para a população e alguns avanços em relação aos indicadores sociais. A redução da taxa de mortalidade infantil e do índice de analfabetismo e o aumento do índice de esperança de vida ao nascer e do número de crianças na escola são exemplos dessas melhorias.

Considerar esses indicadores não significa, no entanto, afirmar que a maioria da população está vivendo bem, com boas condições de educação, alimentação, saúde, moradia, transporte etc. Ao contrário, alguns indicadores sociais do Brasil demonstram que há ainda muito a fazer em relação à distribuição dos benefícios do crescimento econômico, à diminuição da desigualdade social, à distribuição de renda e, consequentemente, à melhoria nas condições gerais de vida da maior parte da população brasileira.

Observe os gráficos.

Brasil - Esperança de vida ao nascer (1930-2009)

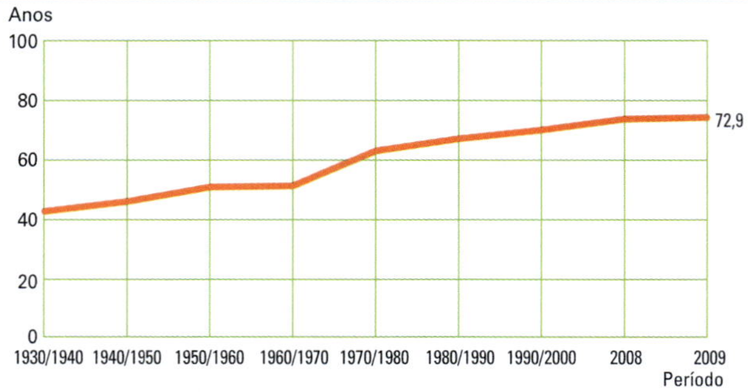

Fonte: IBGE. *Síntese dos indicadores sociais 2010.*

Brasil - Taxas de analfabetismo da população de 15 anos ou mais (1900-2009)

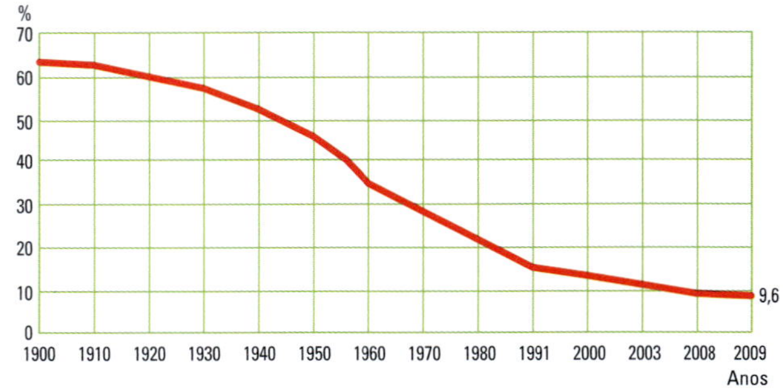

Fonte: IBGE. *Síntese dos indicadores sociais 2010.*

Embora a taxa de analfabetismo tenha caído, ainda havia cerca de 17 milhões de brasileiros que não sabiam ler nem escrever em 2008.

- Responda às questões a seguir.

1. O que se observa, entre 1930 e 2009, em relação aos índices de esperança de vida ao nascer?
2. O que ocorreu com a taxa de analfabetismo no decorrer do século XX? Ela ainda é relativamente alta? Por quê?

Desequilíbrios regionais

Observe o gráfico.

Brasil - Taxa de analfabetismo das pessoas de 15 anos ou mais, por Regiões (2004-2009)

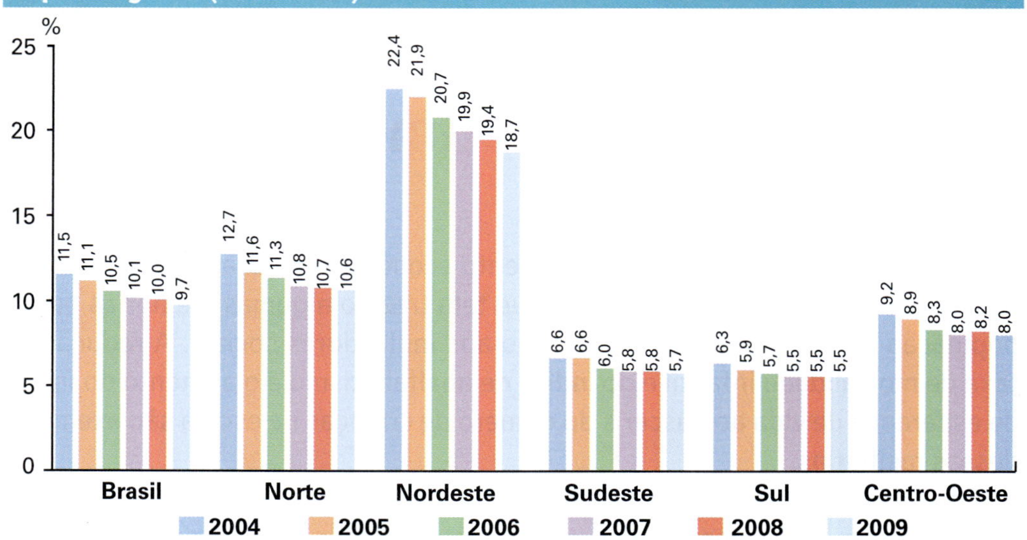

Fonte: IBGE. *Diretoria de Pesquisas, Coordenação de Trabalho e Rendimento, Pesquisa Nacional por Amostra de Domicílios*, 2004-2009.

- De acordo com o gráfico, responda.

1. Quais regiões apresentavam taxas de analfabetismo mais baixas em 2009?
2. Quais regiões apresentavam taxas de analfabetismo mais elevadas em 2009?

A análise do gráfico permite constatar um aspecto importante da realidade social e espacial do Brasil. Trata-se do fato de as relativas melhorias terem ocorrido de maneira diferenciada.

No caso analisado (analfabetismo), mas também em relação a outros aspectos, as regiões Sudeste, Sul e Centro-Oeste apresentam indicadores sociais melhores do que as regiões Norte e Nordeste, sendo que esta última apresenta os piores indicadores. Isso revela os grandes desequilíbrios regionais existentes no país.

É importante ressaltar que as diferenças em relação aos indicadores sociais também se verificam em nível local. As periferias e as áreas de favelas das grandes cidades do Sudeste (Rio de Janeiro, São Paulo, Belo Horizonte) apresentam indicadores piores do que os bairros mais centrais, onde as condições de moradia, alimentação, transporte, pavimentação, saneamento e educação são melhores.

Apesar de os indicadores sociais brasileiros terem melhorado nos últimos anos, há ainda muito o que fazer. Isso se torna evidente quando comparamos alguns indicadores brasileiros com os de outros países, que têm, por exemplo, PIB *per capita* equivalente ao brasileiro e apresentam indicadores sociais melhores.

MAIS INFORMAÇÃO

Analfabetismo funcional

"Eles frequentam ou frequentaram a escola. Mesmo os que sabem ler e escrever têm dificuldade para compreender textos curtos e localizar informações, inclusive as que estão explícitas. Quanto à Matemática, lidam com os números que são familiares, como os de telefones e os preços, ou realizam cálculos simples. A compreensão do que observam ou produzem é limitada e emperra seu desenvolvimento pessoal e profissional.

Essa triste condição é parte da vida de 15% da população brasileira com idade entre 15 e 24 anos que é considerada analfabeta funcional, segundo o Indicador de Alfabetismo Funcional (Inaf), divulgado neste mês [dezembro de 2009]. Desses jovens, 2% são analfabetos absolutos (não sabem ler e escrever, embora alguns consigam ler números familiares) e 13% são alfabetizados de nível rudimentar (leem textos curtos, como cartas, e lidam com números em operações simples, como o manuseio de dinheiro).

[...]

O que se vê em 2009 é uma redução de apenas dois pontos percentuais — exatamente a margem de erro da pesquisa, que é de dois pontos para mais ou para menos — em relação ao último levantamento, realizado em 2007, em que 3% dos entrevistados estavam em condição de analfabetismo e 14% em nível rudimentar de alfabetismo, totalizando 17% de analfabetos funcionais.

A parcela de jovens brasileiros que está no patamar ideal, o de alfabetizados de nível pleno (aqueles que leem e interpretam textos longos e resolvem cálculos com maior quantidade de elementos e etapas), está longe de ser satisfatória: eles são apenas um terço da população. [...]

O avanço mais expressivo — apesar de ainda ser tímido — ocorreu em relação ao total de alfabetizados de nível básico (aqueles que leem e compreendem textos de média extensão e resolvem problemas que envolvem sequências simples de operações): saltou de 46%, em 2007, para 52%, em 2009."

SILVA, Michele. Uma lenta caminhada para vencer o analfabetismo funcional. Revista *Nova Escola*. São Paulo: Abril, edição 228, dez. 2009.

Atividades

RETOME SEUS CONHECIMENTOS

1. Responda às questões a seguir.
   a) Um país que apresenta crescimento econômico é necessariamente desenvolvido? Por quê?
   b) O que não tem sido considerado nos níveis de desenvolvimento de um país em relação ao meio ambiente?
   c) Quais são as principais marcas deixadas nas paisagens do território brasileiro pelo desenvolvimento econômico sem planejamento?
2. Cite características dos países desenvolvidos e dos países subdesenvolvidos.
3. Entre os países subdesenvolvidos há uma pequena parcela de países que são considerados emergentes. Por quê?

EXERCITE SEUS CONHECIMENTOS

4. Observe a charge.

- Senhores, a ideia é criarmos um conselho que coloque em prática medidas efetivas contra o desmatamento!

ANGELI. *Folha de S. Paulo*, maio 2005, p. A-2.

   a) Qual é o principal problema ambiental apresentado na charge?
   b) Converse com seus colegas e com seu professor sobre o que o chargista quis expressar.

5. Faça uma entrevista com três pessoas de diferentes faixas etárias (um amigo da sua idade ou um colega de classe, pai, mãe ou professor e avô, avó ou pessoa mais velha) sobre a questão: "Na sua opinião, o Brasil vai conseguir ter uma desigualdade social menor? Daqui a quanto tempo?".
   a) Anote as respostas no caderno, resumindo o que falaram.
   b) Organize e comente as respostas dos seus entrevistados.
   c) Em sala de aula, converse sobre o assunto com seus colegas e com o professor e compare as respostas. O que elas revelam?
   d) Dê a sua opinião sobre o tema, justificando-a com base naquilo que você aprendeu na sala de aula.

LIVROS

Justino, o retirante

Odette de Barros Mott.
São Paulo: Atual, 2009.

O livro conta a história de Justino, um garoto de 12 anos que, fugindo da seca e das relações de opressão presentes na zona rural nordestina, torna-se um retirante logo após a morte dos pais.

Em sua viagem conhece Chico Cego, um verdadeiro amigo, com quem vai para um pequeno vilarejo. Nesse local, encontra dona Severina, uma boa senhora que o acolhe e o ajuda a tornar-se médico, para ajudar seus "irmãos sofridos".

Quando meu pai perdeu o emprego

Wagner Costa.
São Paulo: Moderna, 2003.

Quando o pai de Pepê perde o emprego, tudo muda drasticamente na vida dele e dos irmãos: agora eles têm de dividir um minúsculo apartamento e tirar seu sustento vendendo pastel em uma barraca.

SITES

Ministério do Turismo

<http://www.turismo.gov.br>.

No *site* do Ministério do Turismo há informações sobre o turismo no Brasil, juntamente com indicações turísticas, dados e informações relevantes sobre o tema.

IBGE

<http://www.ibge.gov.br>.

O *site* do Instituto Brasileiro de Geografia e Estatística (IBGE) reúne dados sociais, econômicos, educacionais, entre outros, ligados à evolução histórica, geográfica, social e política do Brasil.

Ministério da Agricultura

<http://www.agricultura.gov.br>.

No *site* do Ministério da Agricultura há informações sobre políticas públicas de estimulo à agropecuária, fomento do agronegócio e regulação e normatização de serviços vinculados ao setor.

Ministério do Desenvolvimento e Combate à Fome

<http://www.mds.gov.br>.

O *site* do Ministério do Desenvolvimento e Combate à Fome reúne informações sobre as ações voltadas à melhoria das condições sociais e econômicas da população brasileira.

FILME

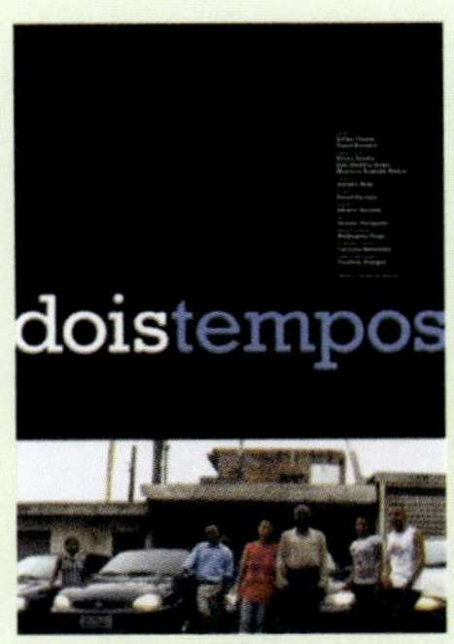

Família Braz – Dois Tempos

Direção: Arthur Fontes, Dorrit Harazim.
Brasil, 2011.

Seis pessoas, uma mesma família, dez anos depois. Os mesmos diretores voltam à mesma casa onde iniciaram a narrativa da vida dos Braz, em 2000, no documentário *A Família Braz*. Em 2010, eles atualizam o retrato dos seis personagens, passada uma década, mostrando o que foi feito de suas expectativas do passado, como vivem no presente e o que esperam do futuro. Esse documentário mostra o crescimento econômico do país que resultou no aumento do poder aquisitivo da família, traduzido em *notebooks*, celulares, carros, cirurgia plástica, curso universitário e de inglês e até cruzeiro marítimo.

Desigualdades urbanas

Leia a letra da canção, observe a charge e leia o texto.

Nos barracos da cidade

Nos barracos da cidade
Ninguém mais tem ilusão
No poder da autoridade
De tomar a decisão
E o poder da autoridade
Se pode, não faz questão
Mas se faz questão, não consegue
Enfrentar o tubarão

Ôôô, ôô gente estúpida,
Ôôô, ôô gente hipócrita

E o governador promete
Mas o sistema diz não
Os lucros são muito grandes
E ninguém quer abrir mão
Mesmo uma pequena parte
Já seria solução
Mas a usura desta gente
Já virou um aleijão

Ôôô, ôô gente estúpida,
Ôôô, ôô gente hipócrita

GIL, Gilberto; LIMINHA. Rio de Janeiro: Gege Edições Musicais Ltda./Super Produções Artísticas/Warner Chappell.

Charge de Humberto de Araújo Pereira Filho.

Tubarão
Gíria para empresário ganancioso, que pratica atos ilegais ou paga baixos salários, explorando trabalhadores.

Sistema
Estrutura de poder da sociedade; relaciona-se ao poder econômico e às suas influências sobre o poder político.

Usura
Ambição exacerbada.

Aleijão
Defeito moral.

Um condomínio imenso chamado Brasil!

"No conDOMíNIO Brasil tem vários meios de conVIVÊNCIA, segundo as posses de cada partícipe. À margem dele, vivem os '*Roofless*' em casebres, choupanas ou barracos, à deriva da própria sina que, para não conturbarem a ordem interna, recebem benefícios da Administração Central. No interior, há mansões suntuosas, moradias decentes e inúmeras torres de apartamentos e departamentos: os de luxo são enormes e ficam no topo; os confortáveis são grandes e ficam no meio, mas para os menos aquinhoados, que são maioria, o que lhes sobram mesmo são os ditos 'apertamentos' que ficam nos andares inferiores, ou em torres diferenciadas [...]"

SOBRINHO, Albino. Um condomínio imenso chamado Brasil! Disponível em: <www.gostodeler.com.br/materia/17145/um_condominio_imenso_chamado_brasil.html>. Acesso em: 29 abr. 2014.

Roofless
Palavra inglesa que significa "sem telhado".

Choupana
Cabana.

Aquinhoados
Pessoa que recebeu um quinhão, que foi favorecida em partilha.

ATIVIDADES

1. O aumento da população das cidades acarretou, de modo geral, uma série de problemas. Na letra da canção, o compositor aponta alguns deles. Quais são?
2. A charge demonstra uma realidade brasileira. Qual problema social está explícito na imagem?
3. No texto, o autor diz:

   "[...] À margem dele, vivem os '*Roofless*' em casebres, choupanas ou barracos, à deriva da própria sina que, para não conturbarem a ordem interna, recebem benefícios da Administração Central."

   O que ele quis dizer com "recebem benefícios da Administração Central"?
4. Qual o significado de "apertamentos" no texto?
5. Divididos em grupos, componham um *rap* que retrate situações parecidas com a música e a charge para falar sobre a condição de vida do seu município e façam um concurso para eleger a melhor letra.
6. Relate se, em seu dia a dia, no seu espaço de vivência, é possível observar situações semelhantes às apresentadas na letra da canção ou na charge. Faça uma pesquisa em livros, revistas, jornais e na internet sobre o que foi tratado na música e na charge. Depois, em grupo, elaborem soluções para as situações abordadas por elas e apresentem o resultado para a classe.
7. De que forma democrática a população pode expressar o seu descontentamento com as condições apresentadas na letra da canção e na charge?

Brasil: urbanização e dinâmica populacional

Operários (1933), obra de Tarsila do Amaral.

São Paulo: a maior metrópole da América do Sul (2011).

UNIDADE III

O Brasil atingiu, em junho de 2013, o número de 201.032.714 habitantes, segundo dados do IBGE. É a quinta maior população do mundo e a segunda da América.

A população brasileira é resultado de uma mistura de muitos povos, como os indígenas, os colonizadores portugueses, os africanos escravizados e imigrantes que vieram para o Brasil em diferentes períodos da nossa história.

Hoje, mais de 80% de toda essa população se concentra nas áreas urbanas.

- A cidade em que você mora é parecida com a cidade da fotografia ao lado? Dê características da cidade em que você reside.
- O quadro de Tarsila do Amaral retrata a diversidade da população paulistana e o processo de industrialização no qual a cidade de São Paulo estava envolvida. Quais elementos da obra nos permitem afirmar isso?

Nesta unidade você estudará o processo de urbanização e o crescimento da população brasileira.

7 A urbanização brasileira

PARA CONTEXTUALIZAR

Leia o texto e o gráfico.

"A situação das populações mais pobres, moradoras de favelas e periferias dos grandes centros urbanos, é evidentemente pior. Elas estão sujeitas à ação opressora de gangues e sua vulnerabilidade se evidencia diante da ação policial, muitas vezes truculenta e arbitrária, e de grupos de extermínio. Assim, seus movimentos e relações interpessoais são definidos a partir de toques de recolher e pactos de sobrevivência com os grupos criminosos dominantes em tais comunidades."

FUSARO, Karin. Agência Fapesp, 20 de julho de 2005. Disponível em: <http://portalmultirio.rio.rj.gov.br/sec21/chave_artigo.asp?cod_artigo=1700>. Acesso em: 29 abr. 2014.

Brasil – População rural e urbana (1950, 1970 e 2010)

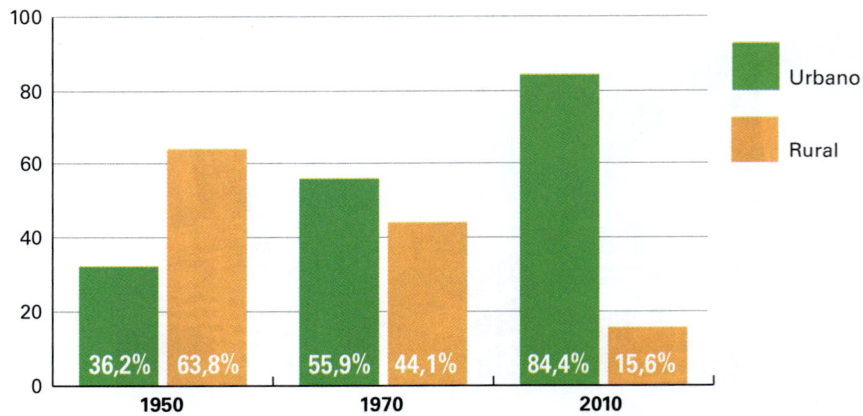

Fonte: IBGE 2010.

ATIVIDADES

Converse com seus colegas e com seu professor.

1. A qual problema o texto se refere? Quais seriam as possíveis causas?
2. De acordo com o gráfico, o que ocorreu com as populações rural e urbana, em relação ao total da população brasileira, entre 1950 e 2010?
3. Analisando o gráfico, percebe-se que a população urbana teve um aumento significativo. Quais fatores devem ter determinado essas transformações? Pense no que você estudou na unidade anterior.

A urbanização

O processo de urbanização é caracterizado, entre outros aspectos, por um ritmo de crescimento maior da população urbana em relação à população rural e pelo crescimento das cidades, conforme você constatou no gráfico da seção **Para contextualizar**. No caso do Brasil, esse fato foi uma decorrência do intenso deslocamento da população do campo para as cidades, especialmente entre 1950 e 1990.

Como você e seus colegas devem ter conversado na seção **Para contextualizar**, com o processo de industrialização e a modernização da economia brasileira, gradativamente, os setores secundário e terciário passaram a concentrar a maior parte da PEA brasileira. Diversas transformações espaciais acompanharam esse processo de grandes modificações, como pôde ser constatado na unidade anterior e como também será analisado neste capítulo.

A partir da década de 1940, o número de cidades aumentou. Muitas delas apresentaram um forte crescimento populacional e ampliação de sua área, que passou a contar com mais construções, ruas, avenidas, redes de energia elétrica, de água encanada, de telefonia, de esgotos etc.

A urbanização compreende também a extensão de uma série de características da vida urbana para além dos limites das cidades. A mecanização das atividades agrícolas, a instalação de agroindústrias, a colocação de equipamentos e instalações para a prática de lazer rural são algumas das mudanças. Também são indicadores do processo de urbanização a instalação de infraestrutura urbana no campo, como água encanada, telefone, pavimentação, esgoto, energia elétrica.

Atualmente, uma série de fatores contribui para a forte integração entre os espaços urbano e rural. As telecomunicações, por exemplo, são responsáveis pela interligação de praticamente todos os habitantes do campo e da cidade numa mesma rede de informação. Assim, filmes, noticiários, novelas e propagandas transmitidos pela TV, particularmente, são vistos tanto pelo habitante urbano como pelo rural.

O espaço rural e o espaço urbano se complementam — há uma relação de interdependência entre ambos, pois o campo necessita dos produtos e serviços desenvolvidos na cidade, e vice-versa.

Há uma diferenciação entre as principais atividades desenvolvidas no campo e as desenvolvidas na cidade. No campo, além das atividades agropecuárias e extrativistas, desenvolvem-se também atividades do setor terciário, como turismo e lazer, conforme você estudou nos capítulos anteriores. Mas o espaço rural é principalmente o espaço das atividades primárias, enquanto as cidades são o espaço das atividades secundárias e terciárias.

Recursos modernos podem ser vistos mesmo nos lugares mais distantes das grandes capitais. Na fotografia, antena parabólica em casa no município de Andradas, MG (2011).

O êxodo rural e a urbanização

A expansão das grandes propriedades rurais e a mecanização agrícola foram elementos responsáveis pelo deslocamento do trabalhador do campo em direção à cidade. As máquinas substituíram grande parte da mão de obra antes empregada na atividade agrícola.

O intenso processo de deslocamento da população do campo para as cidades num período muito curto de tempo, como é o caso brasileiro, recebe o nome de **êxodo rural**.

Enquanto no campo as poucas oportunidades de trabalho expulsavam boa parte da população, na cidade havia a possibilidade de melhorar de vida. A maior disponibilidade de recursos no espaço urbano (escolas, hospitais, postos de saúde, meios de transporte, acesso a maior quantidade de bens de consumo) também representa um forte atrativo para os habitantes rurais.

A ampliação das atividades industriais no Brasil, especialmente a partir da década de 1950, foi significativa e contribuiu para o crescimento de atividades ligadas ao comércio e aos serviços urbanos.

Conforme você estudou no início do capítulo, foi a partir desse período que ocorreu de modo mais intenso o processo de modernização da sociedade e da economia brasileiras. Essa modernização foi marcada, entre outros aspectos, pela concentração de riquezas nas mãos de poucas pessoas, situação que dificulta, desde então, a igualdade das condições de vida entre as camadas sociais, tanto urbanas como rurais.

O processo de urbanização no Brasil foi uma consequência dessa modernização. No espaço urbano brasileiro estão presentes, dessa forma, fortes desigualdades e contrastes sociais, o que pode ser constatado ao observarmos a maneira como as pessoas moram, compram, se alimentam, estudam, cuidam da saúde, se divertem e trabalham.

Vista interna de *shopping center* em Salvador, BA (2011), e barracas de camelôs na mesma cidade (2011). As características dos espaços de venda de mercadorias podem revelar as desigualdades socioeconômicas das cidades. Essas desigualdades podem ser encontradas tanto nos países desenvolvidos como nos países subdesenvolvidos.

O crescimento das cidades e o planejamento urbano

De modo geral, a expansão das cidades no Brasil, como em todos os países subdesenvolvidos, não seguiu um planejamento, criando enormes espaços de pobreza. Um grande número de terrenos, muitos dos quais provenientes de loteamentos clandestinos, foi ocupado na periferia das cidades pela população mais carente, que vê nessas áreas a única possibilidade de se estabelecer. Essa situação é um retrato das fortes desigualdades em nosso país.

Vila Cabral, na periferia da cidade de Campina Grande, PB (2011).

Nesses bairros periféricos existem poucos equipamentos de lazer e atividades culturais (centros culturais, cinemas, bibliotecas, teatros, quadras de esporte). Há também carência de creches, hospitais e postos de saúde, além de meios de transporte precários.

Estatuto da Cidade

No Brasil, o Estatuto da Cidade, aprovado pelo Congresso Nacional em junho de 2001, é um conjunto de leis implementadas a partir do Plano Diretor Municipal (sistema de planejamento e gestão implantado em municípios com mais de 20 mil habitantes) que tem como objetivo estabelecer um conjunto de medidas para todo território municipal (espaços urbanos e rurais). Esse Estatuto visa, por exemplo, garantir o direito à moradia, pois permite ao poder público que imóveis vazios ou abandonados tenham uma função social: moradia para pessoas sem moradia.

A falta de moradia é um dos mais graves problemas das cidades brasileiras e também afeta a população que vive no campo.

Este é mais um indicativo da má distribuição de riquezas no país. Além disso, os investimentos do Estado em moradias para as pessoas de baixa renda foram desprezíveis em relação às necessidades desde a extinção do BNH (Banco Nacional da Habitação) e do SFH (Sistema Financeiro de Habitação). O BNH foi um banco público brasileiro voltado ao financiamento e à produção de empreendimentos imobiliários, criado em 1964 e extinto em 1986. O SFH era administrado pelo BNH, que, após ser extinto, teve transferida a administração para a Caixa Econômica Federal, que assumiu também bilhões em prejuízos.

Brasil – Distribuição percentual dos componentes do déficit habitacional, segundo regiões geográficas (2008)

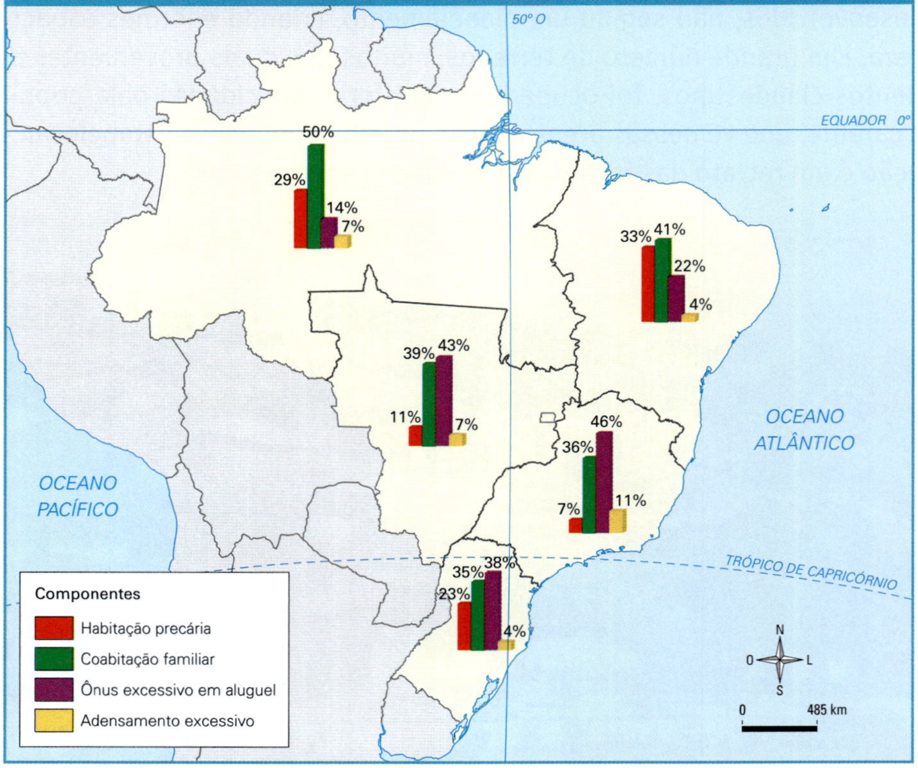

Fonte: Fundação João Pinheiro; Ministério das Cidades. *Déficit habitacional no Brasil 2008*.

Fonte de dados básicos: IBGE. *Pesquisa Nacional por Amostra de Domicílios 2009*.

Nota: No cálculo do déficit habitacional o componente coabitação familiar inclui apenas as famílias conviventes que declararam intenção de constituir novo domicílio.

Esse quadro que você acaba de conhecer contribuiu para o aumento expressivo de favelas no Brasil, principalmente nas grandes cidades. O processo, muito presente na urbanização dos países subdesenvolvidos, é resultado, portanto, da própria modernização de nosso território. A geógrafa brasileira Fany Davidovich afirma que "a favela é parte da produção da cidade brasileira. Ela é uma expressão da sociedade brasileira".

Maiores favelas brasileiras	Nº hab.
Rocinha (RJ)	69.161
Sol Nascente (DF)	56.483
Rio das Pedras (RJ)	54.793
Coroadinho (MA)	53.945
Baixadas da Estrada Nova Jurunas (PA)	53.129
Casa Amarela (PE)	53.030
Pirambu (CE)	42.878
Paraisópolis (SP)	42.826
Cidade de Deus (AM)	42.476
Heliópolis (SP)	41.118

Fonte: IBGE 2010 – População residente em domicílios particulares ocupados em aglomerados subnormais.

Apesar de serem muito comuns nas grandes cidades, há favelas também em municípios menores. Muitas se localizam em barrancos e áreas de risco, sem infraestrutura básica, deixando à mostra a desigualdade socioeconômica da qual é resultado.

A favela precisa ser integrada à cidade. No entanto, apenas pavimentar ruas e implementar redes de energia e saneamento não basta. É necessário implantar projetos para valorizar o esporte, a cultura, a educação; melhorar os níveis de alfabetização e escolaridade; qualificar profissionalmente os jovens e promover sua inserção no mercado de trabalho. É preciso também ampliar as possibilidades de lazer. Obviamente, qualquer projeto desse tipo precisa contar com a participação efetiva da comunidade.

Urbanização e metropolização

A urbanização brasileira foi marcada também por um processo de metropolização — a formação de grandes cidades, as metrópoles. Essa é uma característica do processo de urbanização de praticamente todos os países subdesenvolvidos, nos quais a atividade econômica acaba se concentrando em espaços bem restritos.

Eixo Rio-São Paulo e entorno

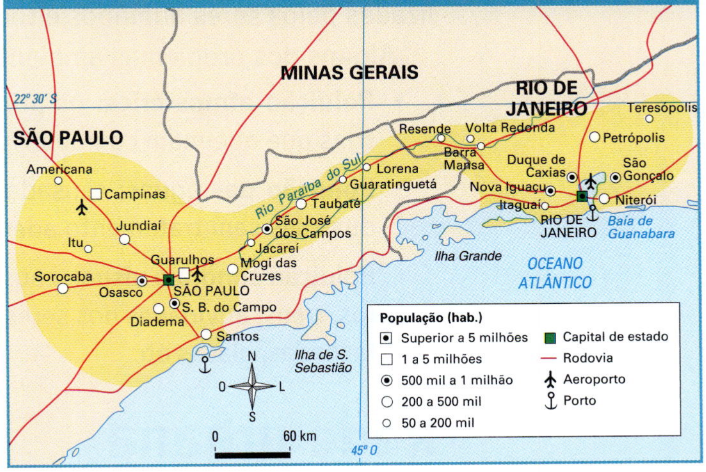

Fonte: ÍSOLA, Leda; CALDINI, Vera. *Atlas geográfico Saraiva*. São Paulo: Saraiva, 2005. p. 32.

A metrópole é o centro de comando da economia e da política, das atividades culturais e de pesquisa. É a cidade mais importante e dinâmica do país ou da região, concentrando os principais empreendimentos comerciais e financeiros e estendendo suas influências sobre amplos trechos do território. É o principal elo com o exterior, em razão de sua força econômica e de sua infraestrutura diversificada, com ampla rede de hotéis, e, geralmente, aeroportos equipados e sistemas de telecomunicações eficientes.

Entre as cidades de São Paulo e Rio de Janeiro e seus arredores, localiza-se a área mais densamente urbanizada do Brasil, onde vivem aproximadamente 25% da população brasileira e estão concentrados cerca de 60% da produção industrial e comercial de todo o país.

Problemas sociais urbanos

A formação de grandes cidades no Brasil foi acompanhada pelo surgimento de graves problemas sociais, principalmente em razão do caráter concentrador e excludente do processo de desenvolvimento do país.

Alguns dos problemas sociais recorrentes em centros urbanos são:

- **Violência:** furtos, roubos, sequestros, assassinatos etc. As taxas de homicídios são mais elevadas na faixa etária entre 15 e 34 anos, tendo crescido de forma expressiva entre o final do século XX e início do século XXI.
- **Precariedade nos serviços públicos:** escolas, hospitais, centros de lazer, coleta de lixo, iluminação, pavimentação, saneamento básico, transporte coletivo etc.
- **Desemprego:** com a diminuição dos empregos formais, com registro na carteira de trabalho, vemos o aumento da **informalidade** – que também está muito presente no campo –, ou seja, trabalhadores sem os direitos básicos, como aposentadoria, férias, décimo terceiro salário, recolhimento do FGTS (Fundo de Garantia por Tempo de Serviço), nem indenização quando demitido, entre outros casos.
- **Trânsito:** outro problema que se agrava cada vez mais nas grandes cidades é o trânsito, que é hoje um importante indicador da qualidade de vida, pois gera quilômetros de congestionamento, aumentando a emissão de gases poluentes e a concentração de calor. A solução seria um bom sistema de transporte público.

Problemas ambientais urbanos

Os problemas ambientais urbanos não são encontrados apenas nas cidades grandes, mas nelas são agravados pela intensa concentração de atividades realizadas pelos seres humanos e toda a transformação do espaço geográfico.

Alguns dos problemas ambientais recorrentes em centros urbanos são:

- **Poluição atmosférica:** os principais causadores são os veículos e as indústrias que queimam combustíveis fósseis;
- **Poluição das águas:** causada pelo lançamento dos dejetos domésticos e industriais sem tratamento adequado;
- **Poluição sonora e visual:** causada pelos ruídos dos veículos, aviões, helicópteros, trens, atividades dos seres humanos etc. e pelas propagandas em *outdoors*, fachadas, placas etc.

Rede urbana

A urbanização dá origem também à formação de uma estrutura integrada de cidades, interligadas por meio de sistemas de transporte e de comunicação, ao qual damos o nome de **rede urbana**.

A rede urbana é constituída por cidades de diversos tamanhos. E existe uma classificação hierárquica com relação à sua influência sobre os municípios ao seu redor: no comércio, na saúde, na educação, no lazer, entre outros serviços, como você verá a seguir.

Hierarquia dos centros urbanos

O IBGE classifica as cidades em níveis, conforme você pode observar no mapa a seguir.

1. Metrópoles: são os 12 principais centros urbanos do país, que se caracterizam por seu grande porte e por fortes relacionamentos entre si, além de, em geral, possuírem extensa área de influência direta. O conjunto foi dividido em três subníveis:
   a) Grande Metrópole Nacional: São Paulo.
   b) Metrópole Nacional: Rio de Janeiro e Brasília.
   c) Metrópole: Manaus, Belém, Fortaleza, Recife, Salvador, Belo Horizonte, Curitiba, Goiânia e Porto Alegre.
2. Capital Regional: integram este nível 70 centros que, como as metrópoles, também se relacionam com o estrato superior da rede urbana. Com capacidade de gestão no nível imediatamente inferior ao das metrópoles, as Capitais Regionais têm área de influência de âmbito regional, sendo referidas como destino, para um conjunto de atividades, por grande número de municípios. Como o anterior, este nível também tem três subníveis:
   a) Capital Regional A: constituído por 11 cidades que são as capitais estaduais não classificadas como metrópoles e Campinas.
   b) Capital Regional B: constituído por 20 cidades medianas do Centro-Sul.
   c) Capital Regional C: constituído por 39 cidades das demais regiões do Brasil.

Brasil: rede e hierarquia urbana (2007)

Fonte: *Atlas geográfico escolar*: ensino fundamental do 6º ao 9º ano. Rio de Janeiro: IBGE, 2010. p. 65 (adaptado).

> **4 Rede urbana**
> Para o assunto ***Metrópoles***, acesse e explore este OED.

Conurbação

Principalmente nas décadas de 1970 e 1980, houve acentuado crescimento das metrópoles brasileiras e expansão das cidades situadas em seus arredores, o que provocou a junção de suas áreas urbanas. A esse processo denominamos **conurbação**, que forma uma imensa área urbana pertencente a municípios diferentes.

A partir desse fenômeno passou a existir um inter-relacionamento entre os municípios, com linhas de ônibus circulando entre eles, pessoas trabalhando ou estudando em um município e morando em outro, ruas e avenidas interligadas, rede comum de saneamento básico, energia elétrica e atendimento hospitalar.

Atividades

RETOME SEUS CONHECIMENTOS

1. Caracterize o processo de urbanização no Brasil.
2. Quais foram os fatores que determinaram o êxodo rural no Brasil?
3. O que é uma metrópole?
4. Qual é a área mais densamente urbanizada do Brasil?

EXERCITE SEUS CONHECIMENTOS

5. Leia os depoimentos de moradores da periferia de um município da Grande São Paulo sobre o local onde moram.

"Quando entrei aqui, isso aqui não tinha gente, era uma mata... Era um lugar de pescadores e caçadores. Aqui não tinha água, não tinha luz... tinha uns cinco moradores." (M.C.L.)

"Como eu era autônoma, trabalhava por conta, não tinha como eu manter aluguel. E tinha gestação, e a gente nunca sabe se a gestação ia ser completa, ia ser bem ou não. Aí com dois meses de gravidez vim para cá." (A.P.C.)

"O oxigênio aqui é bom, não tem poluição... Minha mãe decidiu comprar um barraco ali mesmo, então. E outra: tem lugar para jogar bola, eu pulo na represa pra nadar, esse negócio fica perto e já é um lugar pra lazer, enquanto lá pra cidade não tem isso, é difícil." (D.N.)

"Ninguém gosta de morar na favela, mas é onde pode estar." (A.S.S.)

KNOBBE, Margarida Maria. *Parque Natural do Pedroso*: patrimônio da vida. Santo André: Prefeitura Municipal de Santo André/ Instituto Ecoar para a Cidadania, 2007. p. 59.

Responda.

a) Onde essas pessoas moram?

b) Quais motivos as levaram a morar nesse lugar?

c) Na sua cidade existe esse tipo de moradia?

6. Um instituto de pesquisas de São Paulo, o Datafolha, elaborou um critério para avaliar a qualidade de vida na cidade. Trata-se do Índice de Qualidade de Vida (IQV), que leva em consideração os seguintes itens: segurança, saneamento e infraestrutura, trânsito, educação, habitação e moradia, poder aquisitivo, trabalho, qualidade do ar, lazer e saúde.

a) Em grupos, façam uma pesquisa com dez moradores do município onde vocês moram. Peçam-lhes que avaliem a qualidade de vida no município, dando notas de 0 a 10 para cada um dos itens. Depois, comparem o resultado da pesquisa com a de outro grupo. Anote as conclusões para um debate que será organizado pelo professor.

b) Em grupos, recortem de jornais e revistas textos e imagens que mostrem aspectos positivos e negativos das grandes cidades. Façam um painel e exponham-no para a classe.

7. A infraestrutura de lazer pode ser pública ou privada. No caderno, faça uma lista das possibilidades de lazer (público e privado) em seu município. Qual sua conclusão sobre a qualidade do lazer em seu município? O que pode ser feito para melhorá-lo? Compare suas respostas com as de um colega.

8 A população brasileira

PARA CONTEXTUALIZAR

Observe a imagem e leia o texto.

BRY, Theodore de. *Os lusitanos enviam um segundo barco para mim*, 1592.

"Para os que chegavam, o mundo em que entravam era a arena dos seus ganhos, em ouro e glórias. Para os índios que ali estavam, nus na praia, o mundo era um luxo de se viver. Este foi o efeito do encontro fatal que ali se dera. Ao longo das praias brasileiras de 1500, se defrontaram, pasmos de se verem uns aos outros tal qual eram, a selvageria e a civilização. Suas concepções, não só diferentes mas opostas, do mundo, da vida, da morte, do amor, se chocaram cruamente. Os navegantes, barbudos, hirsutos, fedentos, escalavrados de feridas de escorbuto, olhavam o que parecia ser a inocência e a beleza encarnadas. Os índios, esplêndidos de vigor e beleza, viam ainda mais pasmos aqueles seres que saíam do mar."

RIBEIRO, Darcy. *O povo brasileiro*: a formação e o sentido do Brasil. São Paulo: Companhia das Letras, 1995.

ATIVIDADES

Converse com seus colegas e com seu professor.

1. O que o texto descreve?
2. Releia os trechos selecionados e responda se as citações descrevem os povos indígenas ou os portugueses.
   - "Para os que chegavam, o mundo em que entravam era a arena dos seus ganhos, em ouro e glórias."
   - "nus na praia, o mundo era um luxo de se viver."
   - "esplêndidos de vigor e beleza."
   - "Os navegantes, barbudos, hirsutos, fedentos, escalavrados de feridas de escorbuto."

A demografia

A demografia é a área do conhecimento que estuda a população nos seus mais diferentes aspectos: crescimento; classificação por faixas de idade, de renda, etnias, setores da economia; deslocamentos espaciais (migrações); distribuição no território etc. As análises demográficas consideram causas e consequências dos processos ou dos fatos relacionados à população, procurando apontar problemas e possíveis soluções. Ao considerar todos esses elementos, estamos nos referindo à dinâmica demográfica.

A dinâmica demográfica altera o espaço geográfico, determina transformações espaciais: pessoas se deslocam para lugares onde podem ter melhores condições de vida; as cidades, que você acabou de estudar no capítulo anterior, vão crescendo; os deslocamentos populacionais exigem vias e meios de transporte; o aumento da população faz com que cresça a necessidade de recursos.

População absoluta e população relativa

População absoluta é o número total dos habitantes de um espaço (município, estado, país, continente, planeta Terra).

Quando o número de habitantes está relacionado à extensão territorial do espaço, temos a **população relativa** ou a **densidade demográfica**. No Brasil, por exemplo, em junho de 2013 a população absoluta era de 201.032.714 habitantes segundo estimativas do IBGE. Dividindo esse número pela área do país, obtemos:

$$\frac{201.032.714}{8.515.767 \text{ km}^2 \text{ de área}} = 23{,}60 \text{ hab./km}^2$$

Ao analisar esses dados, vemos que, apesar de ter grande população absoluta (5º país com maior número de habitantes), o Brasil tem baixa densidade demográfica, ou seja, é um país muito populoso, mas pouco povoado. Para você ter uma ideia, Bangladesh (Ásia) tem uma densidade demográfica perto de 1.000 hab./km². Outro aspecto a considerar é que a população brasileira se distribui de maneira irregular; veja o mapa Brasil – Densidade demográfica (2007), na página 121.

MAIS INFORMAÇÃO

Como medir o crescimento da população

- **Taxa de natalidade:** número de nascidos vivos registrados em um ano por mil habitantes. É a relação entre os nascimentos e a população total, expressa por mil habitantes. Exemplo:

população total: 55.173.000 habitantes

nascimentos anuais: 775.000

taxa de natalidade: $\frac{775.000 \times 1.000}{55.173.000} = 14‰$

Ou seja, para cada grupo de 1.000 habitantes, nasceram 14 crianças vivas em um ano.

- **Taxa de mortalidade:** número de óbitos registrados em um ano por mil habitantes. É a relação entre óbitos anuais, multiplicados por mil, e a população total. Exemplo:

população total: 55.173.000 habitantes

óbitos anuais: 335.000

$$\text{taxa de mortalidade: } \frac{335.000 \times 1.000}{55.173.000} = 6‰$$

Ou seja, para cada grupo de 1.000 habitantes, morreram 6 pessoas em um ano.

Obs.: As taxas de natalidade e de mortalidade podem ser expressas em porcentagem. Assim, baseando-se nos exemplos anteriores, temos:

taxa de natalidade: 1,4%

taxa de mortalidade: 0,6%

- **Taxa de crescimento vegetativo:** diferença entre a taxa de natalidade e a taxa de mortalidade. Conforme as taxas de natalidade e mortalidade anteriores:

taxa de natalidade: 14‰

taxa de mortalidade: –6‰

crescimento vegetativo: 8‰ ou 0,8%

Obs.: A taxa de crescimento vegetativo é também denominada taxa de crescimento natural.

- **Taxa de fecundidade:** número médio de filhos por mulher em idade de procriar, que, por convenção, é de 15 a 49 anos.

O crescimento da população brasileira

A atual população brasileira é resultado da entrada no território de muitos imigrantes entre os séculos XIX e XX, mas principalmente das altas taxas de crescimento vegetativo verificadas a partir de 1940.

O aumento das taxas de crescimento vegetativo foi consequência das melhorias relativas às condições de saúde da população, que resultaram na redução das taxas de mortalidade. Como as taxas de natalidade não se alteraram por algumas décadas, permanecendo altas (até os anos 1960), o crescimento vegetativo se elevou.

Observe a tabela a seguir, que mostra o ritmo de crescimento populacional.

Brasil: Taxa média geométrica de crescimento anual da população (1950-2010)

Período	1940/1950	1950/1960	1960/1970	1970/1980	1980/1991	1991/2000	2001/2010
Taxa (em %)	2,39	2,99	2,89	2,48	1,93	1,64	1,17

Fonte: IBGE. Séries estatísticas e séries históricas. Disponível em: <http://seriesestatisticas.ibge.gov.br/series.aspx?vcodigo=POP119&sv=&t=taxa-media-geometrica-de-crescimento-anual-da-populacao-populacao-presente-e-residente>. Acesso em: 29 abr. 2014.

- Responda às questões a seguir.

1. A qual período as informações se referem?
2. Em que período houve maior crescimento da população?
3. No decorrer dos anos, o que foi acontecendo com o ritmo de crescimento populacional?

Anticoncepcional
Contraceptivo; o que evita a concepção de filhos.

Esterilização
Cirurgia realizada para tornar a mulher ou o homem estéril, ou seja, incapaz de gerar filhos.

A diminuição no ritmo de crescimento da população é consequência da redução da taxa de fecundidade. No final da década de 1960, a taxa de fecundidade era de 6,28 filhos por mulher; no final da década de 1980, diminuiu para 4,35; e, em 2010, era de 1,90 filho por mulher, segundo dados do IBGE. O que explica essa situação? A intensificação da urbanização, a maior participação da mulher no mercado de trabalho, o aumento do uso de pílulas anticoncepcionais, o aumento do número de abortos provocados e a esterilização de mulheres e de homens são causas interligadas e que explicam a redução das taxas de crescimento vegetativo.

Como vimos, a partir de 1960, intensificou-se o processo de urbanização, que contribuiu para a redução da taxa de fecundidade. Nas cidades, o acesso às informações sobre os métodos para evitar a concepção (métodos contraceptivos) é mais facilitado e o custo de criação ou formação dos filhos é maior do que no campo, assim como os gastos com educação, vestuário, alimentação, saúde e lazer. Além disso, desde a década de 1960, vêm aumentando o nível de escolarização e a atuação da mulher nas decisões em questões familiares, bem como a sua participação no mercado de trabalho, apesar de ainda não haver igualdade de condições entre homens e mulheres em relação a esses dois últimos aspectos.

A tendência da população brasileira para o envelhecimento

Observe a tabela.

Brasil: Distribuição da população por faixas de idade entre 1980 e 2010 (em %)

Faixas de idade/ anos	Entre 0 e 14 anos	Entre 15 e 64 anos	Mais de 65 anos
1980	38,2	57,7	4,1
1991	34,7	60,5	4,8
2000	29,6	64,5	5,9
2010	24,1	68,5	7,4

Fontes: Dados de 1980: IBGE. Projeção da População do Brasil por Sexo e Idade – 1980-2050. Dados de 1991-2010: IBGE. Censo Demográfico 2010.

- Responda às questões a seguir.

1. No período entre 1980 e 2010, o que aconteceu com a participação das pessoas com menos de 14 anos no total da população?
2. E a proporção de pessoas na faixa dos 15 aos 64 anos e com mais de 65 anos, aumentou ou diminuiu?
3. Explique o que teria contribuído para que ocorressem essas alterações na estrutura etária (por faixa de idade) da população e quais as consequências dessa mudança. Converse com seus colegas e com seu professor.

Com a diminuição das taxas de crescimento vegetativo, causada pela redução das taxas de fecundidade, vem diminuindo gradativamente a proporção de habitantes com menos de 14 anos no total da população. Em razão disso, aumenta a proporção de adultos (entre 19 e 59 anos, conforme o IBGE) no conjunto da população.

O aumento proporcional da população com mais de 65 anos também é consequência da redução das taxas de mortalidade e do aumento da esperança de vida ao nascer.

Esses dados mostram que vem ocorrendo uma mudança na estrutura etária da população brasileira, ou seja, na forma como ela está distribuída por faixas de idade. Essa alteração tem se processado de forma rápida.

O aumento da população idosa recebe o nome de envelhecimento populacional. É um fenômeno mundial e ocorre principalmente nos países desenvolvidos e nos subdesenvolvidos industrializados; algumas das consequências dessas mudanças são: mais investimentos na área da saúde, maior programação na área da previdência social, investimentos em lazer para o grupo da terceira idade, entre outros, sem contar com a preocupação, em longo prazo, com a diminuição dos adultos na faixa etária produtiva.

Observe as pirâmides etárias da população brasileira em 1980 e em 2010.

Pirâmide etária brasileira (1980)

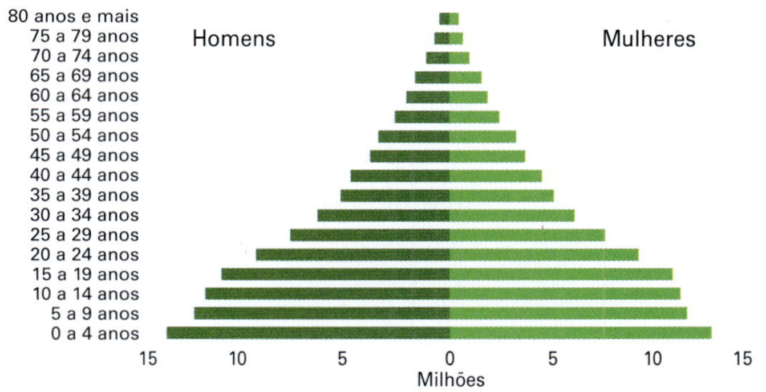

Fonte: IBGE. *Brasil em números*, 2001.

Pirâmide etária brasileira (2010)

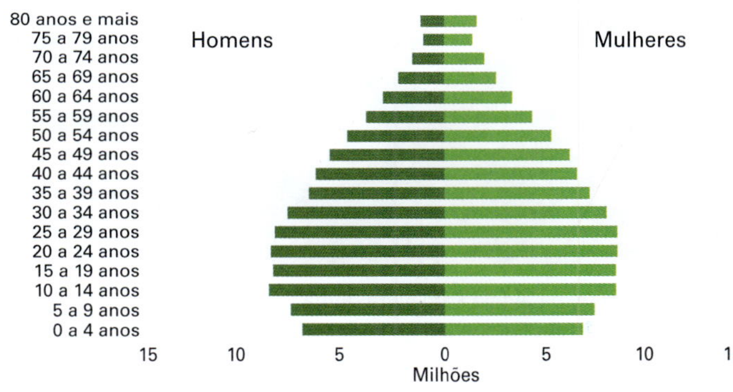

Fonte: IBGE. *Sinopse do Censo*, 2010.

Nesse tipo de gráfico, a população é agrupada por faixas de idade (0 a 4 anos; 5 a 9 anos etc.). As colunas horizontais indicam a participação de cada faixa etária em relação ao total da população.

1. Responda às questões a seguir.
   a) Em 1980, qual faixa de idade apresentava a maior população? E no ano 2010?
   b) Se considerarmos a base, a porção intermediária e o topo da pirâmide, como podemos caracterizar a de 1980? E a de 2010?
   c) Se compararmos as pirâmides, que modificações ficam evidenciadas na estrutura etária da população brasileira?
2. Se a redução na taxa de fecundidade e o aumento na expectativa de vida da população continuarem ocorrendo, o que deverá acontecer com a pirâmide etária do Brasil?

A formação do povo brasileiro

Muitos povos contribuíram para a formação da população brasileira: indígenas; africanos trazidos como escravos; europeus e asiáticos que emigraram para o Brasil em grandes quantidades entre o século XIX e o XX.

Os negros que vieram para cá na condição de escravos e muitos indígenas que aqui viviam tiveram de assimilar um modo de vida e de produção totalmente diferente do que possuíam. Tratava-se do sistema capitalista trazido pelos europeus, baseado na produção em larga escala para a comercialização e a acumulação de lucros. Povos como os indígenas, por exemplo, tinham uma estrutura produtiva baseada na subsistência; não viam, portanto, a necessidade de acúmulo de excedentes.

Indígena Kuikuro, na aldeia Kamayurá, filma festa dos 50 anos do Parque Indígena do Xingu. Querência, MT (2011).

Os indígenas

Em 2010, o IBGE divulgou, com base no censo, a existência de 817.963 indígenas no Brasil. Esse número indica crescimento demográfico desses povos, pois, no censo realizado em 2000, o número de indígenas era de 734 mil, ou seja, houve um aumento de 11%.

Estima-se que, na época da chegada dos portugueses, viviam no Brasil entre 3 milhões e 5 milhões de indígenas de diferentes povos, com seus costumes, línguas, crenças, modo de construir casas, de obter alimentos, forma de organização social, enfim, seu modo de vida próprio.

Observe a fotografia.

- Responda às questões a seguir.

1. Que elementos mostrados na fotografia indicam que essa pessoa tem sua origem nos povos indígenas?
2. Que elemento indica que ela assimilou aspectos da cultura dos não indígenas?

Em 1920, o número de indígenas caiu para cerca de 1 milhão e 200 mil.

Com a chegada dos portugueses, os indígenas foram capturados e forçados a trabalhos escravos, começando aí as lutas de resistências contra o colonizador. As causas do extermínio foram (e ainda são): os conflitos com os não indígenas, que invadem as suas terras, e as doenças levadas por eles, como gripe, catapora, sarampo, que podem matar grupos indígenas inteiros. Outros povos desapareceram porque seus membros foram obrigados a se integrar à sociedade e à cultura dos não indígenas, esquecendo sua língua, seus costumes, suas crenças, seus valores, sofrendo um processo denominado aculturação.

Nos últimos 40 anos, o processo de extermínio intensificou-se em razão da ocupação da Amazônia, com a construção de grandes estradas transregionais e a execução de projetos econômicos (áreas de extração de minérios, construção de hidrelétricas e hidrovias, expansão da atividade agropecuária). Como exemplo, podemos citar a construção da Usina de Belo Monte no rio Xingu, no Pará, que será a segunda maior do país, ficando atrás somente da binacional Itaipu. Desde o início de sua construção, em 2011, a obra vem ocasionando uma forte resistência dos indígenas e de boa parte da sociedade brasileira, pois a construção irá inundar uma área equivalente ao tamanho da cidade de Natal, capital do Rio Grande do Norte, que tem 167 km² de acordo com o Instituto Brasileiro de Geografia e Estatística (IBGE).

A resistência à construção da Usina de Belo Monte fica evidente na frase do líder indígena Raoni Metuktire, que disse: "Eu defendo o rio, a floresta e a terra para a sobrevivência do meu povo, das novas gerações, meus netos. Por isso eu não aceito a construção da barragem de Belo Monte no rio Xingu".

Na Amazônia Legal, que você irá conhecer nos próximos capítulos, está concentrada a maioria das terras indígenas do Brasil, 94,67%, segundo o IBGE.

A sobrevivência e a preservação dos valores culturais e dos modos de vida dos povos indígenas que ainda restam no Brasil estão diretamente relacionadas com a criação e a demarcação de áreas de posse permanente para os diversos grupos.

Essa delimitação territorial, no entanto, tem sido feita de forma alheia ao modo de organização social e espacial dos indígenas, restringindo, em muitos casos, a área em que anteriormente eles estavam distribuídos e habituados a viver.

A identificação e a demarcação das terras indígenas no Brasil são de responsabilidade da Funai, órgão do governo federal fundado em 1967.

Terras indígenas (2008)

Fonte: *Atlas geográfico escolar: ensino fundamental*. Rio de Janeiro: IBGE, 2010. p. 24.

Antropólogo
Profissional que estuda os grupos humanos quanto a etnia, cultura, traços físicos, costumes, modo de vida, religião, desenvolvimento material, técnicas e as diferenças existentes entre eles.

De qualquer forma, a demarcação das terras indígenas possibilita certa autonomia para esses povos e relativa garantia de não interferência dos que não são indígenas, o que exige fiscalização intensa por parte do governo brasileiro.

Há ainda centenas de áreas indígenas a serem demarcadas. Segundo o Conselho Indigenista Missionário (Cimi), o processo de demarcações apresentava um ritmo lento nos anos iniciais do século XXI. Grandes grupos econômicos — empresas e investidores ligados à extração de minérios e de madeira — impunham resistência a esse processo. Muitos fazendeiros e empresas entravam com ações na justiça contra as demarcações. Assim, alguns povos indígenas ainda aguardavam o julgamento para poder ocupar definitivamente suas terras.

Apesar disso, segundo muitos antropólogos, as demarcações, que foram ocorrendo em maior número, principalmente a partir da Constituição Federal de 1988, vêm contribuindo para o aumento da taxa de crescimento populacional dos indígenas.

Além da demarcação das terras, os indígenas necessitam de atendimento à saúde — como a vacinação para imunizá-los de uma série de doenças.

PARA COMPREENDER Texto

Daniel Munduruku é um escritor indígena que já publicou diversos livros. Conheça um pouco mais sobre ele lendo a entrevista a seguir.

Estude os índios, começando por você

"No braço esquerdo, convivem pacificamente um relógio e uma série de pulseiras feitas com sementes de tucumã (palmeira nativa da Floresta Amazônica). No apartamento em que mora quando está em São Paulo, dividem espaço o computador, alguns bancos vindos do parque do Xingu, o fax, cocares bororos, o telefone celular e plumagens mundurukus.

No mundo dos brancos [não índios], ele é Daniel Monteiro Costa (nome que consta em seus documentos), [...] filósofo e mestre em Antropologia, um 'embaixador' do povo munduruku na cidade. Em sua aldeia, perto de Belém, ele é Derpó (da família Kabá), um dos escolhidos pelos velhos da comunidade para viver entre os brancos. Mas não ouse chamá-lo em voz alta pelo nome indígena. Na sua cultura, isso chega a ser um desrespeito. 'Não saímos por aí gritando o nome das pessoas', diz Daniel. Numa lógica simples e inteligente, os mundurukus, quando querem falar com alguém, aproximam-se e, com um chamado carregado de afeto – meu irmão, meu primo, meu amigo –, iniciam a conversa. [...]

Daniel Munduruku.

O povo munduruku comemora o Dia do Índio?

Lá na aldeia, é feriado. Mas não há uma comemoração do 'Dia do Índio', como se pensa aqui na cidade. Depois de tantos anos de injustiças, não temos muito o que comemorar. É apenas uma grande festa, um momento de alegria, de descanso, de muita dança e música. Outros povos aproveitam a data para protestar e fazer reivindicações. [...]

Qual seria a forma correta de o branco estudar o índio?

Em primeiro lugar, estudando suas próprias raízes. [...] De onde vêm? Quem são seus antepassados? Não será raro encontrar, na genealogia, a ascendência indígena ou negra. [...]

O que as culturas indígenas têm a ensinar ao homem branco?

Sobretudo a simplicidade na forma de viver. O índio sabe resistir muito bem ao que chamo de canto da sereia da cidade grande – essa febre de consumo que atrai as pessoas e que ilude a todos. [...]

Como vivem hoje os mundurukus?

Ocupamos uma área de 2 milhões de hectares no Pará e no Amazonas. São cerca de noventa aldeias autônomas, que se reúnem em assembleia uma vez por ano.

Essa organização política sempre foi assim?

No passado, somente os chefes guerreiros se reuniam na casa dos homens, instituição que não existe mais. Hoje, as mulheres têm mais voz ativa. Há líderes natas que ajudam a decidir o futuro do nosso povo. Se forem indicadas, e quiserem, também podem viver na cidade, como eu".

FALZETTA, Ricardo. Estude os índios, começando por você. Revista *Nova Escola*. São Paulo: Abril, abr. 2000.

Muitas áreas de reservas indígenas não são respeitadas pelos brancos. Na fotografia podemos observar um garimpo de diamantes dentro da reserva indígena Roosevelt, em Rondônia (2007).

■ Responda às questões a seguir.

1. De acordo com a entrevista:
   a) Onde vive o povo munduruku?
   b) Por que Daniel não mora na aldeia?
   c) Qual a principal mudança na organização política munduruku em relação às mulheres?
   d) Os povos indígenas comemoram o Dia do Índio?

2. Você já procurou saber qual é a origem de seus antepassados? Onde eles nasceram? São descendentes de indígenas, africanos ou imigrantes europeus? Pesquise e conte para seus colegas e seu professor o que você sabe sobre eles.

Os afrodescendentes

Escravos partindo para a colheita do café, no interior do estado do Rio de Janeiro, em 1882.

Os negros que foram retirados à força da África e trazidos para o Brasil como escravos pertenciam a diferentes grupos: sudaneses, como os povos ioruba e malê; e bantos, como os povos zulu, suaíli e quicuio.

O tráfico de escravos começou oficialmente em 1559, quando a Coroa portuguesa autorizou o tráfico regular para o Brasil. Inicialmente, cada senhor de engenho teve permissão para importar até 120 escravos africanos por ano. Estima-se que foram trazidos para o Brasil entre 3,5 milhões e 4 milhões de negros africanos.

Os negros trabalharam na lavoura da cana-de-açúcar e posteriormente foram aproveitados na lavoura do algodão, na mineração e, no século XIX, na lavoura do café. Muitos deles executavam também diversas tarefas domésticas.

A extinção oficial do tráfico deu-se em 1850. Entretanto, acredita-se que entre 1851 e 1855 ainda tenham entrado cerca de 6.500 africanos no Brasil.

A abolição da escravidão, em 1888, não promoveu a igualdade, mas sim a marginalização do negro afrodescendente na sociedade brasileira, sendo vítima também de preconceito racial, que foi considerado crime pela Constituição Federal de 1988.

Com a abolição, os senhores de engenho se desobrigaram totalmente de prover a sobrevivência dos trabalhadores. Escravos até então, de repente tiveram de disputar empregos com os imigrantes europeus, que começavam a chegar em grande número.

Os povos africanos muito contribuíram para a nossa cultura, pois trouxeram suas manifestações culturais, tais como:

- Música: samba.
- Arte: danças, capoeira, vocabulário, esculturas e entalhes.
- Religião: candomblé e umbanda, cujas características variam conforme a região do Brasil.
- Culinária: Feijoada, canjica, acarajé entre outros.

A história dos quilombos – os quilombolas

Comunidades quilombolas são grupos étnicos formados pela população negra rural ou urbana. Sua definição se faz a partir das relações com a terra, o parentesco, o território e as tradições culturais. Estima-se que em todo o país existam cerca de 3 mil comunidades quilombolas, segundo o IBGE.

As comunidades quilombolas passaram a ter direito à sua propriedade com a Constituição Federal de 1988.

Zumbi, líder do Quilombo dos Palmares, em Alagoas, tornou-se conhecido pela sua destreza e astúcia na luta pela liberdade dos afrodescendentes. Ele resistiu a muitos ataques e tornou-se símbolo da liberdade. Zumbi morreu em 20 de novembro de 1695. A data de sua morte foi adotada como o Dia da Consciência Negra.

PARREIRAS, Antônio. *Zumbi*. Óleo sobre tela, 113 x 86 cm.

Hoje, milhares de famílias de afrodescendentes vivem nas comunidades remanescentes quilombolas. Observe o mapa abaixo.

Terras quilombolas (2008)

Fonte: *Atlas geográfico escolar*: ensino fundamental. Rio de Janeiro: IBGE, 2010. p. 24.

5 Terras quilombolas tituladas no Brasil

Para o assunto ***Terras quilombolas***, acesse e explore este OED.

MAIS INFORMAÇÃO

Censo 2010: população do Brasil deixa de ser predominantemente branca

"Pela primeira vez na história do censo, a população do Brasil deixa de ser predominantemente branca. Pelos dados de 2010, as pessoas que se declararam brancas são 47,73% da população, enquanto em 2000 eram 53,74%. Nos outros censos, até agora, os brancos sempre tinham sido mais que 50%. [...]

A população negra aumentou em quatro milhões, indo de 10.554.336 em 2000 para 14.517.961. Já a parda aumentou em 16,9 milhões: foi de 65.318.092 para 82.277.333. A parcela de indígenas cresceu de 734.127 para 817.963, e a amarela, de 761.583 para 2.084.288. A população branca foi, assim, a única que diminuiu."

Alessandro Duarte. O *globo*. Disponível em: <http://oglobo.globo.com/pais/mat/2011/04/29/censo-2010-populacao-do-brasil-deixa-de-ser-predominantemente-branca-924352875.asp>. Acesso em: 29 abr. 2014.

Os brancos e amarelos

Os brancos, que predominaram na formação da população brasileira, pertencem a vários grupos, destacando-se os de origem europeia, principalmente os portugueses, que colonizaram o Brasil. Os italianos e os espanhóis também tiveram grande participação na composição da população brasileira, porém começaram a vir para o Brasil em grande número a partir da segunda metade do século XIX.

Grupo de danças folclóricas italianas de São João do Polêsine, RS (2011).

Outros grupos de brancos de origem europeia participaram da composição étnica da população brasileira: alemães, austríacos, holandeses, russos, poloneses, iugoslavos etc.

Dos brancos asiáticos que vieram para o Brasil, os mais numerosos foram os sírio-libaneses e os judeus.

Os japoneses (amarelos) constituem outro grupo importante. Apesar de os primeiros japoneses terem chegado somente em 1908, eles formam o 5º maior grupo de imigrantes que entraram no Brasil, por nacionalidade.

Recentemente, a imigração coreana tem sido expressiva, sobretudo na cidade de São Paulo. Essa cidade passou a receber também, especialmente a partir dos anos 1990, muitos imigrantes bolivianos, que, sem opção de emprego em seu país, acabavam se submetendo a condições precárias de trabalho.

Os movimentos migratórios

Deslocamentos populacionais

Os seres humanos sempre se deslocaram pela superfície terrestre, mudando de um lugar para o outro. Os motivos para isso podem ser vários (fugir de guerras, de perseguições políticas, de catástrofes naturais, buscar oportunidades de emprego e de melhorar as condições de vida).

Esses deslocamentos são chamados **migrações**, e as pessoas que os realizam são os **migrantes**. Quando saem do seu lugar de origem, são emigrantes. Ao entrarem em outros lugares são **imigrantes**. As pessoas que vão morar em outros países são considerados **emigrantes** no seu país de origem e **imigrantes** nesses locais. As migrações entre diferentes países são denominadas **migrações externas**; aquelas que ocorrem dentro de um mesmo país são as **migrações internas**.

Os imigrantes no Brasil

Até a primeira metade do século XX, o Brasil era um país marcadamente de imigração. Primeiro, foi ocupado pelos portugueses e pelos escravos africanos (neste último caso, imigração forçada). Depois, entre 1850 e 1934, ocorreu a maior entrada de imigrantes no país (imigração espontânea).

Entre os grupos de imigrantes que vieram para o Brasil, da segunda metade do século XIX até as primeiras décadas do século XX, destacaram-se:

- italianos, espanhóis e japoneses, que contribuíram como mão de obra para a lavoura, especialmente a cafeeira da atual região Sudeste, após a proibição do tráfico de escravos em 1850 (Lei Eusébio de Queirós) e a abolição da escravatura em 1888 (Lei Áurea);
- alemães e italianos, que se dirigiram para a atual região Sul do país com o objetivo de ocupá-la, incentivados pelo estado brasileiro como maneira de garantir, também, a soberania do território diante de possíveis ameaças estrangeiras;

- italianos, portugueses, espanhóis, sírio-libaneses, entre outros grupos, para compor a força de trabalho nas indústrias que surgiam no país, passando a residir nos bairros operários, principalmente na cidade de São Paulo.

Brasil – Imigração segundo a nacionalidade (1820-1980)

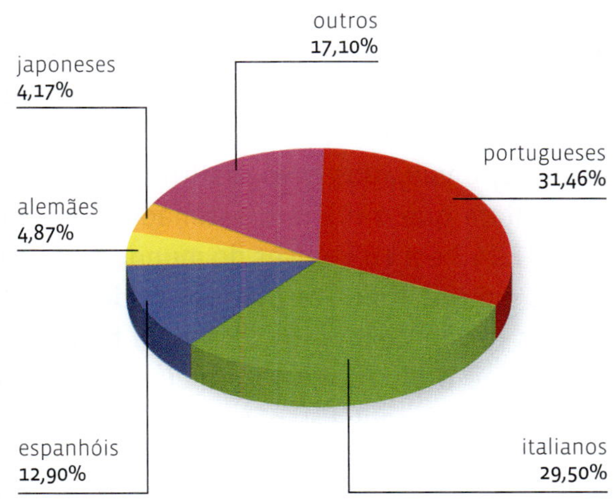

Fonte: IBGE, 2000.

A partir de 1934, foi estabelecida a Lei de Cotas, que restringia a entrada de estrangeiros, com exceção dos portugueses. O declínio da economia cafeeira, decorrente da crise mundial de 1929, afetou o crescimento do Brasil. Embora numa proporção bem menor, o Brasil continuou recebendo imigrantes. A partir de 1940, a imigração para o país esteve ligada à conjuntura da Segunda Guerra Mundial. Os principais grupos de imigrantes à época foram judeus, poloneses, japoneses e chineses, além de italianos, alemães e pessoas de outras nações europeias.

Na década de 1970, o Brasil recebeu muitos imigrantes de Angola e Moçambique.

A partir do final do século XX, sobretudo nos anos 1990, o país passou a receber maior quantidade de imigrantes peruanos, bolivianos, paraguaios, argentinos, coreanos e chineses.

Em meados de 2009, o governo federal aprovou uma lei anistiando todos os imigrantes que entraram irregularmente no Brasil até 1º de fevereiro de 2009.

Os emigrantes

Em fins da década de 1970, a economia brasileira passou a enfrentar uma séria crise, a mais grave de sua história, que se estenderia pelas décadas seguintes. A inflação atingiu índices elevadíssimos e as taxas de desemprego também aumentaram.

Essa situação fez com que muitos brasileiros buscassem oportunidades de emprego fora do país. Assim, um movimento populacional expressivo, inédito em nossa história, passou a ocorrer: a emigração.

Nos anos 1980, houve um grande fluxo de brasileiros para o Japão (decasséguis). Na década seguinte, no entanto, a crise econômica nesse país provocou uma diminuição desse fluxo, fazendo com que muitos decasséguis até retornassem ao Brasil, mesmo porque, a partir do início deste século, nosso país passou a ter um ritmo de crescimento econômico mais acelerado.

Decasségui
Descendente de japoneses que emigra para o Japão a trabalho.

A maioria dos brasileiros que emigra para os países desenvolvidos acaba fixando residência de forma ilegal e trabalha como operário (inclusive na construção civil), ajudante de cozinha, garçom, motorista, faxineiro, babá, empregada doméstica, engraxate etc.

Entre os emigrantes brasileiros há muitos cientistas e pesquisadores, profissionais altamente qualificados. É o que se chama "fuga de cérebros". Sem alternativa, viram-se obrigados a morar onde houvesse melhores condições para desenvolver seu trabalho. Somente nos Estados Unidos, residem aproximadamente 6 mil pesquisadores brasileiros.

Dados do Censo 2010, divulgados pelo Instituto Brasileiro de Geografia e Estatística (IBGE), apontam que o número estimado de brasileiros residentes no exterior chegou a 491.243 em 193 países do mundo em 2010. Esse resultado não inclui os domicílios em que todas as pessoas podem ter emigrado e aqueles em que os familiares residentes no Brasil podem ter falecido, ou seja, esse número pode ser maior que o divulgado. O principal destino eram os Estados Unidos, seguido de Portugal, Espanha, Japão, Itália e Reino Unido, que, juntos, receberam 70% dos emigrantes brasileiros. A origem de 50% deles é a região Centro-Sul, especialmente São Paulo e Minas Gerais, respectivamente primeiro e segundo estados do país de onde saíram mais pessoas.

Loja brasileira na Calle Florida, em Buenos Aires, Argentina (2010).

6 Movimentos migratórios brasileiros

Para o assunto ***Imigração, emigração e migrações internas***, acesse e explore este OED.

Os 15 países com mais brasileiros

País de destino	Emigrantes brasileiros	Percentual do total de emigrantes brasileiros
EUA	117.104	23,8
Portugal	65.969	13,4
Espanha	46.330	9,4
Japão	36.202	7,4
Itália	34.652	7,0
Reino Unido	32.270	6,2
França	17.743	3,6
Alemanha	16.637	3,4
Suíça	12.120	2,5
Austrália	10.836	2,2
Canadá	10.450	2,1
Argentina	8.631	1,8
Bolívia	7.919	1,6
Irlanda	6.202	1,3
Bélgica	5.563	1,1

Fonte: IBGE, 2010.

As migrações brasileiras internas

Apesar de as migrações internas terem ocorrido desde a época colonial, elas passaram a ser muito mais significativas a partir de 1930.

O primeiro grande deslocamento populacional interno foi motivado pela descoberta de ouro na região de Minas Gerais, Goiás e Mato Grosso. Durante o século XVIII, dirigiram-se para essas regiões muitos paulistas e nordestinos.

No século XIX e início do XX, ocorreram dois grandes movimentos internos da população. Entre 1870 e 1912, o surto da borracha atraiu muitos nordestinos para a Amazônia; e, entre 1870 e 1930, no auge da economia cafeeira, nordestinos e mineiros dirigiram-se para São Paulo e Paraná. Com isso, o Centro-Sul foi se constituindo em uma importante área de atração, principalmente da população nordestina.

Essa situação continuou com a industrialização, que se intensificou depois de 1950. Como as indústrias foram se concentrando em São Paulo e no Rio de Janeiro, nessas cidades e em seus arredores se fixou a maior parte dos migrantes.

O deslocamento da população ocorreu em função de diferenças no nível de desenvolvimento regional. O Centro-Sul oferecia mais oportunidades de trabalho, melhores salários, mais acesso à educação e à saúde. A população saía das áreas de economia mais frágil e se dirigia para as que ofereciam melhores oportunidades de emprego, em razão do maior crescimento econômico.

As migrações no século XX também podem ser explicadas pelas dificuldades que as famílias da área rural tinham em conseguir terras com tamanho e qualidade de solo suficientes para assegurar uma produção capaz de propiciar algum rendimento econômico, ou mesmo a subsistência.

Retirantes nordestinos no ano de 1958.

Principalmente durante as décadas de 1970 e 1980, a região Amazônica transformou-se em um novo polo de atração populacional para nordestinos, paulistas, paranaenses e gaúchos.

Esses agricultores deslocaram-se para a Amazônia por causa de algumas transformações ocorridas no Centro-Sul, entre elas: a expansão da agricultura mecanizada; o crescimento da população e o parcelamento cada vez maior da pequena propriedade familiar; a aquisição de pequenas propriedades por grandes empresas agrícolas.

A partir dos anos de 1990 outra tendência que vem se verificando nos fluxos migratórios internos é o deslocamento de pessoas das grandes para as médias cidades.

Migração temporária e migração pendular

Migração temporária é o deslocamento populacional que ocorre em determinados períodos do ano para locais em que há trabalhos temporários. Um exemplo dessa situação são os nordestinos que se deslocam para o Sudeste para trabalharem na colheita da cana-de-açúcar no período da safra e, após o término da colheita, retornam para o Nordeste.

Migração pendular é o movimento diário da população que se desloca de uma cidade ou localidade para outra para trabalhar e retorna no fim do dia.

MAIS INFORMAÇÃO

Centro-Oeste tem proporcionalmente maior número de migrantes

As duas regiões menos populosas do Brasil, Centro-Oeste e Norte, são as que têm, proporcionalmente, mais residentes nascidos em outros estados. Em contraste, o Nordeste e o Sul têm os menores percentuais e ainda tiveram redução na população de migrantes de 2005 para 2006. Os dados são da Pesquisa Nacional por Amostra de Domicílios (PNAD) do IBGE.

Nos anos 1960 e 1970, o governo brasileiro desenvolveu projetos de colonização que estimularam a ocupação de terras na Amazônia.

Migração – Percentual de moradores não naturais das unidades da federação (2008)

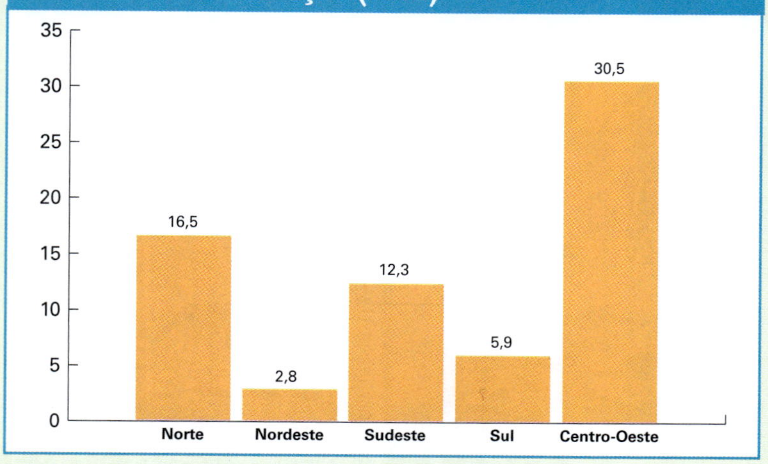

Fonte: IBGE. *Pesquisa Nacional por Amostra de Domicílios 2008.*

A concentração populacional próxima ao litoral

A ocupação do litoral teve início na época da colonização. A instalação de cidades na região litorânea facilitava a comunicação com a metrópole e, como a produção brasileira era voltada para a exportação, agilizava também o transporte dos produtos para os portos.

A atividade de cultivo da cana-de-açúcar no Nordeste foi desenvolvida próximo ao litoral e aos portos. A busca por drogas do sertão e a pecuária iniciaram um movimento em direção ao interior do território. Posteriormente, a cultura do café, no Centro-Sul, também se desenvolveria próximo do litoral.

Hoje, a maior parte da população brasileira — cerca de 75% — está concentrada numa faixa de até 300 quilômetros de distância do litoral. Nessa região, localiza-se a maioria das metrópoles do Brasil.

Brasil - Densidade demográfica (2007)

Fonte: *Atlas geográfico escolar — ensino fundamental*. Rio de Janeiro: IBGE, 2009. p. 23.

- Responda às questões a seguir.

1. Conforme você constatou na seção **Para contextualizar** e no decorrer do capítulo, por onde se iniciou a ocupação do território brasileiro, desde sua colonização? Que atividades econômicas desbravaram o interior do território?
2. Como se explica a concentração da população na faixa litorânea?

Atividades

RETOME SEUS CONHECIMENTOS

1. Sobre a população brasileira, responda:
   a) Quais fatores influenciaram o aumento dela a partir do século XIX?
   b) A dinâmica demográfica traz consequências para o espaço geográfico? Quais?

EXERCITE SEUS CONHECIMENTOS

2. Leia o texto a seguir e responda às questões no caderno.

Milton Santos, um dos geógrafos brasileiros mais respeitados.

"Milton Santos (1926-2001) é considerado o maior geógrafo brasileiro pelos colegas de profissão. O professor de voz calma e olhar tranquilo sublinhou o aspecto humano da geografia e criticou a globalização perversa. Via na população pobre o ator social capaz de promover uma outra globalização, que defendeu em livros e conferências pelo mundo. Sobre ser afrodescendente, declarou: 'Minha vida de todos os dias é a de negro. Mantenho com a sociedade uma relação de negro. No Brasil, ela não é das mais confortáveis'."

AGUIAR, Rachel. O militante de ideias. Revista *Ciência Hoje*. Rio de Janeiro: Instituto Ciência Hoje, dez. 2001.

   a) Em sua opinião, o que Milton Santos quis dizer com a frase "Mantenho com a sociedade uma relação de negro. No Brasil, ela não é das mais confortáveis"?
   b) O que é preconceito racial? Ele existe no Brasil?

3. Em 2006, a Fundação Perseu Abramo, em parceria com o Sesc, realizou a pesquisa "Idosos no Brasil — Vivências, desafios e expectativas na terceira idade". Entre os resultados obtidos, de modo geral, a imagem da velhice é mais negativa que positiva — mas está longe de ser apenas negativa, sobretudo na perspectiva dos próprios idosos, que percebem aspectos negativos e positivos em sua condição. Eles têm consciência do forte preconceito social contra a pessoa idosa, ao mesmo tempo em que avaliam que ser idoso hoje é melhor do que era no passado.

   Entre os aspectos que teriam piorado na vida dos idosos nos últimos tempos destacam a falta de respeito (13%), sobretudo dos jovens (10%) e a questão da saúde (10%), seja pela piora da qualidade do atendimento, seja pelas condições menos naturalistas da vida moderna.

   Observe os idosos com os quais você convive ou vê nos lugares que frequenta. No caderno, relacione aspectos positivos e negativos sobre a condição do idoso em seu município.

LIVROS

Imigrantes nas cidades no Brasil do século XX

Luciana Cammarota.
São Paulo: Atual, 2007.

Este volume apresenta aspectos da vivência dos imigrantes portugueses, alemães, espanhóis, italianos e suíços que vieram ao Brasil no século XIX em busca de uma vida melhor.

Moradia nas cidades brasileiras

Arlete Moysés Rodrigues.
São Paulo: Contexto, 2003.

Este livro analisa os problemas habitacionais no Brasil, especialmente nas grandes cidades. Examina as condições de vida nos cortiços e favelas, entre outros.

A cidade

Ana Fani Alessandri Carlos.
São Paulo: Contexto, 2000.

Este volume fala sobre os aspectos da cidade, como as construções, carros, barulhos etc. E também aborda a relação do ser humano com a natureza e entre seres humanos.

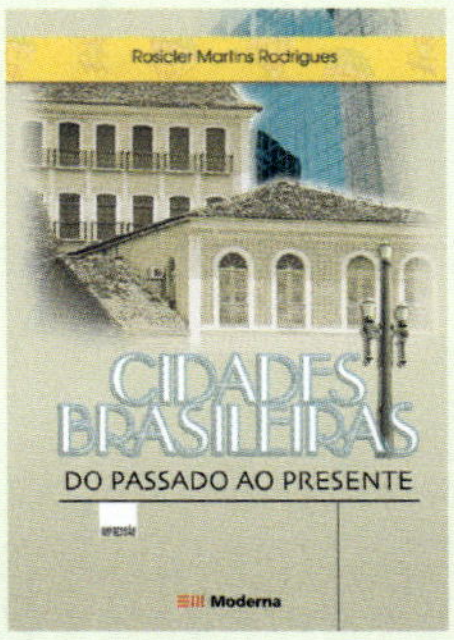

Cidades brasileiras: do passado ao presente

Rosicler Martins Rodrigues.
São Paulo: Moderna, 2003.

Este livro conta a história do nascimento das cidades brasileiras e das mudanças que ocorreram ao longo do tempo, até chegar aos problemas que se enfrentam hoje nas cidades.

FILME

Central do Brasil

Direção: Walter Salles.
Brasil, 1998.

Neste filme a personagem Dora, que escreve cartas para pessoas analfabetas na Estação Central do Brasil, no Rio de Janeiro (RJ), ajuda o menino Josué a encontrar o pai, que mora no sertão nordestino.

SITES

Instituto Socioambiental

<http://www.socioambiental.org.br>.

O *site* do Instituto Socioambiental tem por objetivo defender bens e direitos sociais, coletivos e difusos relativos ao meio ambiente e ao patrimônio cultural do país.

Secretaria Especial de Políticas de Promoção da Igualdade Racial

<http://www.seppir.gov.br/>.

O *site* da Secretaria Especial de Políticas de Promoção da Igualdade Racial tem por objetivo convocar a sociedade brasileira a combater o racismo.

Museu Histórico Artístico e Etnológico

<http://www.museuafrobrasil.com.br>.

O Museu Histórico Artístico e Etnológico é voltado a pesquisa, conservação e exposição das manifestações culturais dos afrodescendentes.

PROJETO ESPECIAL

Por que migrar?

Observe as fotografias a seguir.

Cortadores de cana-de-açúcar deixam o Nordeste do Brasil em busca de trabalho no estado de São Paulo no período da safra e, ao término da colheita, retornam para seus lares. Trata-se da migração temporária. Jardinópolis, SP (2011).

Milhares de pessoas deixam seus municípios de residência diariamente para trabalhar nos municípios vizinhos e, ao final da jornada, retornam aos seus municípios de origem. Trata-se da migração pendular. Avenida Paulista, em São Paulo, SP (2009).

Agora leia este depoimento e descubra por que Francisca migrou.

"Meu nome é Francisca, tenho 36 anos, moro em São Paulo há uns 15 anos, mas sou cearense, nordestina de pai e mãe, como dizem na minha terra.

Nasci na cidade de Juazeiro do Norte, no sul do estado do Ceará. Lá, cresci em uma família grande, apegada aos valores da terra, aquelas coisas de respeitar sempre os mais velhos, tomar a bênção de pais, avós e tios, entre outras coisas. Lá também eu estudei e me formei em Letras, na Universidade Regional do Cariri, estadual, na vizinha cidade de Crato. Trabalhei com educação desde cedo, mesmo antes de fazer faculdade já trabalhava em uma escola particular e quando entrei na universidade passei a fazer parte do programa de estagiários do governo estadual, na Casa de Cultura Portuguesa, lá mesmo, em Juazeiro.

Ao terminar o curso, procurei qualificação para minha área de atuação. Foi aí que vim estudar em São Paulo, onde tenho muitos parentes que me receberam de braços abertos. Eu queria apenas fazer uma pós-graduação e voltar para minha terra. Primeiro, me inscrevi em diversos cursos na área, em uma universidade pública, mas não encontrei um nos moldes do que eu procurava. Pesquisando, descobri em uma renomada universidade particular um curso exatamente do jeito que eu queria e não tive dúvidas, fiz a inscrição e comecei a estudar. Foi então que comecei a trabalhar como professora eventual em escolas estaduais, para pagar meu curso, que na época tinha um valor bem alto.

Passados quase dois anos e prestes a terminar minha pós, prestei concurso do estado, passei e logo fui chamada para assumir o cargo de professora efetiva, uma oportunidade de ouro para quem tinha tão pouca idade e experiência, em começo de carreira, morando na maior cidade do país e vinda do interior do Nordeste. Abracei a profissão, adotei São Paulo e fui adotada por ela.

Aqui fiquei, conquistei meu sonho, me realizei profissionalmente, pois estou envolvida em vários projetos de educação, inclusive fora da sala de aula, e construí minha vida. Mas tenho uma ligação muito forte com a minha terra natal. Todo ano volto lá, visito meus parentes e amigos, respiro o ar do 'meu lugar' e agradeço por ter feito de mim o ser humano que sou, pois tudo que eu trouxe de lá me fez conquistar e merecer o que tenho aqui."

Depoimento de Francisca de Brito, professora da rede estadual de ensino de São Paulo (2007).

ATIVIDADES

1. Observe o quadro.

Retirantes (1944), quadro de Candido Portinari.

Nesta obra de Candido Portinari está retratada uma família que está se deslocando do seu local de origem.

Em sua opinião, por que essa família está deixando sua terra natal?

2. Com base no depoimento, converse com seus colegas e com o seu professor.

a) Onde Francisca nasceu?

b) O que ela foi buscar em outra cidade?

c) Em sua opinião, que importância as duas cidades, citadas no texto, têm na vida de Francisca?

3. No município ou em algum município próximo ao que você mora existem pessoas que migraram do Nordeste ou de outras regiões brasileiras em busca de trabalho e melhores condições de vida? Se possível, converse com um migrante e pergunte-lhe:

a) Como era sua vida no local de origem?

b) Que razões o levaram a migrar?

c) Em que aspectos sua vida melhorou com a mudança?

d) Em quais ela piorou?

e) Pretende retornar para a localidade de onde veio?

4. Procure em livros, revistas, jornais, na internet e neste capítulo informações sobre os fluxos de migração que ocorrem atualmente no Brasil. Pesquise as seguintes informações:

a) Estados ou regiões que mais atraem migrantes.

b) Atividades econômicas que têm atraído os migrantes.

c) Origem (estado ou região) dos migrantes.

d) Pesquise também como é o trabalho que os migrantes desenvolvem e quais são suas condições de vida nas localidades que os receberam.

Após a pesquisa, escreva um texto com as informações obtidas. Ilustre seu texto com imagens e elabore um mapa para mostrar os fluxos de migração que você pesquisou.

5. Que tal mostrar seu trabalho para o professor e os colegas da sala?

- Troque seu trabalho com um colega para compartilhar os resultados das pesquisas produzidas por vocês.
- Caso você observe que faltou alguma informação importante em seu trabalho, comente com seus colegas e com seu professor e complemente-o.

O Nordeste

Porto de Suape, PE (2009).

Plantação irrigada de melão em Mossoró, RN.

UNIDADE

IV

Quadrilha em festa junina em Campina Grande, PB (2007).

Nas unidades anteriores fizemos uma análise geral do Brasil, estudando o seu espaço geográfico e a sua formação territorial; seu processo de industrialização e desenvolvimento econômico; a urbanização e a dinâmica populacional. A partir desta unidade, você irá estudar o espaço brasileiro de acordo com a classificação em complexos regionais, suas paisagens e seus contrastes naturais e socioeconômicos.

Nesta unidade, iremos abordar o Nordeste, que é a região de colonização mais antiga no Brasil. Em nenhuma outra houve influência tão marcante e profunda dos três grandes grupos étnicos formadores da sociedade brasileira: indígenas, africanos e europeus. Isso é percebido nas festas, nas danças, nas comidas, na literatura, que resultam em uma rica e expressiva diversidade sociocultural.

- Converse com os colegas e troquem ideias a respeito do que vocês sabem sobre a história, a dinâmica da natureza, a sociedade e a economia nordestinas.

9 A organização do espaço nordestino

O Nordeste brasileiro

Para o assunto ***A Região Nordeste***, acesse e explore este OED.

PARA CONTEXTUALIZAR

Observe as imagens a seguir. Elas mostram peças de arte popular do Nordeste.

ATIVIDADES

Converse com seus colegas e com seu professor.

1. O que é mostrado em cada uma das imagens?
2. Quais aspectos da história do Nordeste estão presentes nas formas de arte popular apresentadas nas imagens? O que você sabe sobre esses aspectos?
3. Quais atividades econômicas desenvolvidas atualmente no Nordeste você conhece?
4. Quais informações você tem sobre as condições de vida da população do Nordeste?

A formação do espaço geográfico nordestino

O Nordeste atualmente compreende uma área de cerca de 1,5 milhão de quilômetros quadrados (aproximadamente 18% do território brasileiro). A população nordestina é de aproximadamente 53 milhões de habitantes, perfazendo cerca de 28% da população brasileira.

O Nordeste foi a primeira região brasileira a ser ocupada e povoada pelos portugueses. Do início do século XVI à segunda metade do século XVII, a região constituiu o principal centro econômico e social da colônia, em razão das atividades econômicas ali desenvolvidas, conforme você observou no capítulo 2 sobre a formação territorial do Brasil, no qual a cana-de-açúcar foi a primeira atividade econômica organizada da colônia.

A cana-de-açúcar

Mapa mostrando um engenho de cana-de-açúcar do período colonial.

Em 1530 iniciou-se, no litoral nordestino, o cultivo da cana-de-açúcar, conforme você conversou na seção **Para contextualizar**. O sucesso que a produção açucareira obteve na região, principalmente em Pernambuco, se deve, entre outros fatores: ao clima quente e úmido; ao solo de massapê; à sua maior proximidade da Europa, sede da Coroa portuguesa; e à administração do donatário Duarte Coelho, que introduziu na capitania o cultivo do produto.

Essa cultura tinha por base o latifúndio (grande propriedade) e a escravidão. A princípio, utilizou-se o indígena como mão de obra e, posteriormente, o negro trazido da África. O tráfico de escravos negros abriu um setor de comércio altamente rentável, motivo pelo qual o indígena foi substituído.

A economia açucareira influenciou bastante a formação e a organização do espaço nordestino.

A sociedade nordestina era formada pelos senhores de engenho e suas famílias, pelos escravos indígenas ou negros, que correspondiam à maior parcela da população, e por alguns assalariados. Esse tipo de sociedade chefiada pelo senhor de engenho, a quem todos deviam obediência, é conhecido como sociedade patriarcal (o chefe da família, o pai, é quem dava as ordens).

Além de dominar a vida econômica e social, os senhores de engenho detinham o poder político, ou seja, governavam a sociedade nordestina.

Os reflexos desse tipo de organização, favorável aos interesses de apenas uma pequena parte de seus componentes, são sentidos até hoje no espaço geográfico nordestino: grande concentração da propriedade rural e forte influência dos "coronéis" na vida política. Essa situação contribui para que verbas e benefícios concedidos pelo governo federal sejam até hoje desviados para uso particular, quando deveriam ser utilizados em obras para a melhoria das condições de vida da população, sobretudo a que habita a área do Sertão atingida pela seca.

A criação de gado e o algodão

Litografia *Engenho de açúcar*, de Johann Moritz Rugendas (1835).

Paralelamente ao cultivo da cana-de-açúcar, foram introduzidas na colônia as primeiras cabeças de gado, que serviam tanto para a alimentação quanto para movimentar os engenhos e para o transporte (lembre-se da figura do vaqueiro, na imagem da seção **Para contextualizar**).

Em razão da necessidade de mais terras para o plantio da cana, que estava no auge de sua produção, e do aumento do número de bovinos, a criação de gado no litoral foi proibida. Apesar de sua utilidade como força de tração nos engenhos, a pecuária não poderia disputar terras com a cana. Após essa medida, o gado passou a ser criado em regiões do interior.

Dessa forma, a criação de gado contribuiu para a ocupação das áreas mais ao interior dos atuais estados nordestinos, estruturando a pecuária, praticada em grandes latifúndios no Sertão e destinada, principalmente, ao fornecimento de carne para a zona açucareira. Até hoje parte das terras do Sertão está ocupada por latifúndios que praticam a pecuária **extensiva**, que se caracteriza por ser desenvolvida em espaços amplos, sem o uso de técnicas ou equipamentos específicos que visem à máxima exploração econômica da atividade desenvolvida.

A partir da Revolução Industrial (segunda metade do século XVIII), com o desenvolvimento da indústria têxtil na Inglaterra, Portugal iniciou o cultivo do algodão na colônia, em razão da maior procura dessa matéria-prima agrícola. Destacaram-se nessa atividade inicialmente o Maranhão e depois o Sertão nordestino, sobretudo os núcleos de Pernambuco e da Bahia, em virtude de seu clima tropical semiárido. A produção do algodão também era voltada para o mercado externo e controlada pelos latifundiários. Visava exclusivamente ao abastecimento das indústrias europeias, pois no Brasil não existia atividade industrial. Dessa forma, exportava-se matéria-prima (algodão) e importavam-se produtos industrializados (roupas e tecidos).

Nível socioeconômico e concentração da propriedade e da renda

Na seção **Para contextualizar**, você conversou sobre as condições de vida no Nordeste. Nesta região do Brasil, os indicadores sociais e a distribuição da renda são insatisfatórios.

Historicamente, as políticas do governo federal para o desenvolvimento da região pouco contribuíram para alterar suas condições socioeconômicas. Em boa parte, essas políticas acabaram beneficiando quem menos precisa: latifundiários e proprietários de usinas de açúcar e álcool. A partir deste início de século, os programas de transferência de renda, além da ampliação dos beneficiários pelas aposentadorias e pensões, e dos aumentos reais do salário mínimo, vêm possibilitando uma redução nos níveis de pobreza e miséria no Nordeste.

Observe as tabelas.

Brasil – Pessoas de 25 anos ou mais de idade, por grupos de anos de estudo e regiões (2009) (%)

	Sem instrução e menos de 1 ano	1 a 3 anos	4 a 7 anos	8 anos	9 a 10 anos	11 anos	12 a 14 anos	15 ou mais
Brasil	12,9	11,8	24,8	8,8	4,3	22,4	4,6	10,1
Norte	14,9	13,9	23,5	7,8	5,4	22,9	4,2	6,8
Nordeste	23,2	14,9	22,2	6,6	4,2	19,4	3,1	6,1
Sudeste	8,5	9,9	25,2	9,9	4,2	24,6	5,3	12,2
Sul	8,0	11,0	28,9	10,0	4,3	20,5	5,4	11,3
Centro-Oeste	11,7	11,4	24,9	8,0	4,9	22,3	4,6	11,8

Fonte: IBGE. *Indicadores Sociais*, 2010.

Brasil – Taxas de mortalidade infantil, por regiões (2009)*

Brasil	**22,5**
Norte	23,5
Nordeste	33,2
Sudeste	16,6
Sul	15,1
Centro-Oeste	17,8

*Por mil nascidos vivos

Fonte: IBGE. *Indicadores Sociais*, 2010.

- Ao observarmos os dados das duas tabelas, a qual conclusão podemos chegar em relação à Região Nordeste?

Como se pode perceber pela análise das tabelas, o Nordeste ainda apresenta indicadores sociais inferiores à média nacional.

Distribuição de renda

A atual situação socioeconômica do Nordeste é caracterizada, em boa parte, pela forte concentração da propriedade da terra e pela influência dos grandes proprietários rurais (latifundiários) na vida política da região. São famílias tradicionais que detêm o poder político e econômico, sustentado na exploração de mão de obra farta e barata. De modo geral, os latifundiários relutam em aceitar transformações que possam trazer elevação nos níveis salariais.

A melhoria da distribuição de renda no Nordeste depende, entre outros fatores, de uma distribuição mais equitativa da terra no campo. Porém, apenas as terras não bastam. É preciso que elas disponham de água potável. Segundo os especialistas, é necessário encontrar alternativas para a infraestrutura de distribuição da água: como é feita a manutenção dos açudes e o armazenamento da água; quem tem o controle da água; etc. Tudo isso envolve poder político; não se trata do problema da seca apenas, mas sim de como conviver com ela.

O desequilíbrio na distribuição de renda e a pobreza que ele provoca são, em parte, responsáveis pelo fraco mercado consumidor do Nordeste, fator que dificulta a implementação e o desenvolvimento da indústria de forma mais intensa e não contribui para o dinamismo econômico da região. Para que a economia de uma região se torne dinâmica, é necessário que o poder de compra seja ampliado a um maior número de pessoas. Também é fundamental que o governo — nas esferas municipal, estadual e federal — invista mais em educação, o que contribuirá, ainda, para a melhoria da qualificação profissional.

Os programas sociais no Nordeste

No início dos anos 2000, o governo federal resolveu unificar alguns programas sociais existentes no país, criando um só programa. Metade das famílias beneficiadas por esse programa único está no Nordeste. Com ele, o governo federal tem conseguido transferir renda para as populações mais carentes, combatendo a pobreza e a desigualdade. No entanto, de acordo com dados do IBGE, esse e outros programas de transferência de renda não têm imposto um ritmo mais forte de geração de empregos com registro na Carteira de Trabalho na região.

As sub-regiões nordestinas

De acordo com as condições naturais e a organização do espaço, costuma-se dividir o Nordeste em sub-regiões, que podem ser observadas no mapa da página ao lado.

A Zona da Mata é a mais povoada. Seu nome se refere à mata Atlântica que cobria originalmente esta área. É nela que se concentra o maior número de indústrias e é ela a mais urbanizada. É uma área que atrai muitos turistas de outras regiões do Brasil e do exterior, por causa de suas belas praias. Nela predominam as grandes propriedades rurais.

O Agreste é uma área de transição entre a Zona da Mata, de clima tropical úmido, e o Sertão, de clima tropical semiárido. No Agreste predominam as pequenas e médias propriedades rurais, onde se desenvolvem a policultura (cultivo de diversos tipos de plantas) e a pecuária leiteira. Seus produtos abastecem o maior mercado consumidor do Nordeste — a Zona da Mata.

Em alguns trechos do Sertão, pratica-se a criação de gado e, em outros, a agricultura, inclusive irrigada, principalmente no vale do rio São Francisco. O Sertão apresenta muitos rios temporários e baixo índice pluviométrico, que também tem como característica a irregularidade, pois ocorrem longos períodos sem chuva (estiagem). A vegetação predominante nessa sub-região é a caatinga.

O Meio-Norte é uma área de transição entre o Sertão e a Amazônia. Nessa sub-região destacam-se o extrativismo vegetal (carnaúba e babaçu) e o cultivo do arroz.

Sub-regiões nordestinas

Fonte: GARCIA, Carlos. *O que é Nordeste Brasileiro.* São Paulo: Brasiliense, 1984. p. 6.

A economia do Nordeste

A economia da Região Nordeste sempre esteve baseada principalmente na agroindústria do açúcar e do cacau e na pecuária. Há algumas décadas, teve início o desenvolvimento de lavouras de fruticultura para exportação na área do vale do rio São Francisco, nos estados da Bahia e de Pernambuco — principalmente nos municípios de Juazeiro (BA) e Petrolina (PE) — e também no vale do Açu (RN), na sub-região do Sertão.

O sertão semiárido também é visto como espaço favorável a atividades econômicas como caprinocultura (criação de cabras), apicultura (criação de abelhas), ecoturismo, extrativismo mineral e muitas outras. No litoral, vem-se desenvolvendo a carcinocultura (criação comercial de crustáceos, como o camarão) e, principalmente, o turismo. Muitos trechos de cerrado, especialmente no Maranhão, no Piauí e na Bahia, vêm sendo aproveitados para o cultivo de grãos, como arroz, milho e soja.

O petróleo é explorado no litoral e na plataforma continental.

O setor de turismo, que tem demonstrado grande potencialidade de desenvolvimento na região, vem crescendo consideravelmente nos últimos anos e apresenta perspectivas promissoras para o futuro. Porém, todas essas atividades podem trazer perdas enormes ao meio ambiente se forem desenvolvidas sem planejamento e de modo não sustentável, a exemplo da destruição ocorrida nas atividades de criação de gado e do cultivo da cana-de-açúcar, que promoveram intenso desmatamento de vegetação natural (mata Atlântica e caatinga).

Polo petroquímico de Camaçari, BA (2011).

Os polos industriais, localizados próximo a grandes cidades, têm gerado poluição do ar, dos rios e mares. A expansão urbana e a ocupação do litoral por empreendimentos turísticos e pela carcinocultura também prejudicam as áreas de vegetação nativa e de manguezais.

Com o processo de integração econômica do território brasileiro, especialmente a partir dos anos 1940-1950, o Nordeste, ao integrar-se ao mercado interno, passa a ser comprador de grandes quantidades de produtos industrializados vindos do Centro-Sul. Ao mesmo tempo, fornece alguns tipos de matérias-primas e, sobretudo, mão de obra barata. Até mesmo a instalação de indústrias no Nordeste, a partir da década de 1960, dependeu da participação intensiva de capitais de empresários do Centro-Sul.

O baixo nível de desenvolvimento social e econômico da Região Nordeste, caracterizado, entre outros aspectos, pela menor oferta de empregos e pelos baixos salários, acabou contribuindo para a expulsão da mão de obra: cerca de 15 milhões de nordestinos migraram para o Centro-Sul e para a Amazônia entre 1940 e 1995. No entanto, a migração de retorno vem aumentando: entre 1995 e 2000, cerca de 400 mil nordestinos deixaram o Centro-Sul rumo ao Nordeste.

Os trabalhadores que deixaram o Nordeste tiveram importante contribuição no crescimento de algumas áreas do Centro-Sul, particularmente o Distrito Federal e posteriormente São Paulo e Rio de Janeiro. Os baixos salários pagos aos migrantes nordestinos possibilitam custos menores na produção de bens e na geração de serviços, o que torna maiores os lucros do empresariado do Centro-Sul.

PARA COMPREENDER Poema

Leia o trecho de um poema de João Cabral de Melo Neto.

O Retirante explica ao leitor quem é e a que vai

"E se somos Severinos
iguais em tudo na vida,
morremos de morte igual,
mesma morte severina:
que é a morte de que se morre
de velhice antes dos trinta,
de emboscada antes dos vinte,
de fome um pouco por dia
(de fraqueza e de doença
é que a morte severina
ataca em qualquer idade,
e até gente não nascida).

Somos muitos Severinos
iguais em tudo e na sina:
a de abrandar estas pedras
suando-se muito em cima,
a de tentar despertar
terra sempre mais extinta,
de querer arrancar
algum roçado da cinza.
Mas, para que me conheçam
melhor Vossas Senhorias
e melhor possam seguir
a história de minha vida,
passo a ser o Severino
que em vossa presença emigra."

O Retirante explica ao leitor quem é e a que vai. Em: MELO NETO, João Cabral de. *Morte e vida severina*. Rio de Janeiro: Alfaguara, s/d. © by herdeiros de João Cabral de Melo Neto.

■ Responda: a que esse poema se refere?

Atraindo indústrias para o Nordeste

Desde os anos 1990, o baixo custo da mão de obra nordestina vem atraindo empresários do Centro-Sul e do exterior. Os incentivos dos governos estaduais (redução ou isenção de impostos) também têm estimulado a instalação de indústrias no Nordeste. Esses fatores contribuíram, por exemplo, para a instalação de unidades produtivas de calçados no sudeste baiano e no interior do Ceará; de equipamentos de informática e eletroeletrônicos em Ilhéus, no litoral da Bahia; e de outros setores, como o alimentício, de higiene e limpeza, confecções, medicamentos, automóveis, inclusive nas regiões metropolitanas. Também o setor de tecnologia da informação (TI) tem recebido empresas de desenvolvimento de *software*, equipamentos e acessórios. Em Pernambuco, por exemplo, ao lado de uma centena de pequenas e médias empresas do setor, o Porto Digital abriga multinacionais como IBM, Motorola e Microsoft.

Construção da italiana MG (Mossi Gissolfhi), produtora de recipientes PTA/PET, no Complexo Industrial e Portuário de Suape, PE (2008).

MAIS INFORMAÇÃO

Porto Digital

Definido como um "arranjo produtivo de tecnologia da informação e comunicação", o Porto Digital é uma iniciativa conjunta da iniciativa privada, governo e universidades, sediado em Recife (PE). Foi criado no ano de 2000 e, em poucos anos, tornou-se um modelo seguido em outros estados brasileiros, como o Oásis Digital, uma extensão do polo tecnológico de Campina Grande (PB).

Porto Digital em Recife, PE (2011).

Atividades

RETOME SEUS CONHECIMENTOS

1. Responda.
   a) Qual das sub-regiões nordestinas é a mais povoada? Justifique a sua resposta.
   b) Como se caracteriza a atual situação socioeconômica do Nordeste?
   c) Quais as potencialidades econômicas da região, que começaram a se desenvolver nas últimas décadas?
   d) No setor industrial, quais fatores têm contribuído para atrair empresários do Centro-Sul e do exterior?

EXERCITE SEUS CONHECIMENTOS

2. O mapa abaixo destaca o processo de ocupação do Sertão nordestino.

Expansão da criação de gado no Brasil colônia

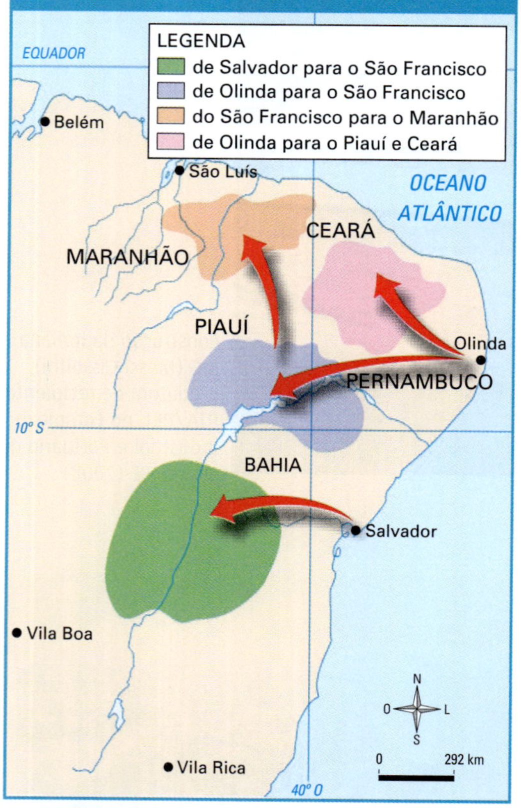

Fonte: PRADO JÚNIOR, Caio. *História econômica do Brasil*. São Paulo: Brasiliense, 1976. p. 44-45.

   a) Qual a atividade econômica responsável pela ocupação do Sertão?
   b) Qual a relação entre a ocupação do Sertão e a atividade econômica desenvolvida na Zona da Mata?

3. Analise as frases abaixo. Elas estão corretas ou incorretas? Justifique dando exemplos.
   a) A estrutura fundiária (distribuição das propriedades) atual é consequência da organização da sociedade e da economia no período colonial.
   b) O processo de ocupação do Nordeste foi estimulado pela expansão da economia açucareira para o interior.

4. Leia o texto e responda às questões.

"[...] é preciso promover no Nordeste profunda conscientização da sua identidade, para reforçar o papel que lhe há de ser reservado pelo próprio histórico de cultura regional. Fidelidade, força e dignidade são sentimentos inerentes aos nordestinos, vítimas, por muitos, da discriminação e do preconceito. [...] Ademais, não devemos admitir os perversos movimentos migratórios. [...] Só haveria Brasil desenvolvido com o Nordeste desenvolvido."

MOTA, Gonzaga. Nordeste: ações básicas. *Diário do Nordeste*. 14 set. 2007. Disponível em: <http://diariodonordeste.globo.com/materia.asp?codigo=469948>. Acesso em: 29 abr. 2014.

   a) Em sua opinião, há discriminação e preconceito contra os nordestinos nas demais regiões do país? Por que isso ocorre?
   b) O que significa a afirmação: "Só haverá Brasil desenvolvido com o Nordeste desenvolvido"? Você concorda com ela?

10 Dinâmicas da natureza no Nordeste

Vegetação de Caatinga em Poço Redondo, SE (2009).

PARA CONTEXTUALIZAR

Leia o texto a seguir, escrito com base nas informações do pesquisador pernambucano Marcelo Tabarelli, que mostra a diversidade da fauna e da flora da Caatinga, desfazendo um grande mito: o de que esse bioma é pobre em biodiversidade.

Caatinga abriga rica biodiversidade

"A Caatinga é um bioma formado por um mosaico vegetacional composto por uma região grande de floresta seca, com manchas de vegetação dominadas por arbustos, além de algumas áreas de floresta úmida, com entradas de Mata Atlântica. Esse mosaico, na opinião de Tabarelli, é o que torna a biodiversidade tão alta na Caatinga, quando comparada com outras florestas secas. No entanto, a paisagem mais divulgada é aquela durante a seca.

Os pesquisadores estimam que existam na Caatinga aproximadamente 900 espécies de plantas, 240 de peixes, 143 de mamíferos, 183 de abelhas e algo em torno de 510 aves diferentes. 'É claro que esses números, quando comparados aos da Amazônia — que é uma floresta úmida —, mostram uma riqueza biológica muito menor. Mas para uma floresta seca, quase uma savana, como é o caso da Caatinga, esses números são bastante razoáveis', diz o pesquisador de Pernambuco. Para mostrar que a biodiversidade encontrada não é pequena, Tabarelli compara o número de espécies de aves da Caatinga com os da Mata Atlântica. 'São 510 aves na Caatinga e 620 na Floresta Atlântica; entretanto a área da Floresta Atlântica é cerca de duas vezes maior que a da Caatinga', finaliza."

ComCiência. Disponível em: <www.comciencia.br/noticias/2004/23jan04/caatinga.htm>. Acesso em: 30 abr. 2014.

ATIVIDADES

Converse com seus colegas e com seu professor.

1. De acordo com o texto, quais fatos contrariam o mito de que a Caatinga é pobre em biodiversidade?
2. Em sua opinião, por que algumas pessoas têm uma ideia equivocada em relação à Caatinga?
3. Quais outros aspectos da diversidade natural do Nordeste você conhece? Apresente algumas de suas características.

Diversidade natural

Não são poucas as pessoas que associam o Nordeste à seca ou à vegetação rara e retorcida. Chegam até mesmo a considerar que o clima do Sertão é seco, ou seja, árido, quando, na verdade, é semiárido. Ao utilizar a expressão "vegetação pobre", referem-se à Caatinga, que, na realidade, é um conjunto de ecossistemas que apresentam expressiva diversidade de fauna e flora, com grande quantidade de espécies endêmicas, isto é, com ocorrência restrita a esses ecossistemas, como você pôde constatar na seção **Para contextualizar**.

Bancos de areia na Ilha Grande de Santa Isabel em Parnaíba, PI (2008).

Lagoas formadas pela água das chuvas. Parque Nacional dos Lençóis Maranhenses, MA (2001).

Morros no Parque Nacional da Chapada Diamantina, BA (2011).

Praia dos Porcos, Parque Nacional de Fernando de Noronha, PE (2010).

A Caatinga e o clima semiárido são apenas dois elementos da diversidade natural da Região Nordeste, que apresenta outras coberturas vegetais, outros tipos climáticos, além de variadas formas de relevo e bacias hidrográficas importantes, como a do rio São Francisco e a do rio Parnaíba. Vale lembrar que o Sertão nordestino é o semiárido mais povoado do planeta. Nessa riqueza natural há paisagens exuberantes, como os Lençóis Maranhenses, o delta do Parnaíba (PI), a chapada Diamantina (BA), o litoral de Maragogi (AL), as dunas dos litorais cearense e norte-rio-grandense, as pedras do lajedo de Pai Mateus (PB), o cânion de Xingó (SE), a ilha de Itamaracá (PE) e o arquipélago de Fernando de Noronha, apenas para citar alguns poucos lugares de paisagem variada.

Dos três complexos regionais brasileiros, o Nordeste e o Centro-Sul foram os que sofreram as mais acentuadas transformações em sua paisagem natural (lembre-se das conversas sobre isso na seção **Para contextualizar**). Esse fato se deve ao período mais longo de ocupação (principalmente no caso do Nordeste), à maior densidade populacional e à incorporação de grandes espaços ao processo produtivo — áreas agrícolas, pastagens, áreas de mineração. Esses dois últimos fatores são ainda mais determinantes no caso do Centro-Sul.

Clima e vegetação

O clima é o aspecto natural mais marcante do Nordeste e apresenta grande influência sobre os demais fatores, como vegetação, solo e hidrografia, principalmente no caso do Sertão.

Nordeste - Clima

Fonte: ÍSOLA, Leda; CALDINI, Vera. *Atlas geográfico Saraiva*. São Paulo: Saraiva, 2009. p. 34 (adaptado).

Nordeste - Vegetação original

Fonte: ÍSOLA, Leda; CALDINI, Vera. *Atlas geográfico Saraiva*. São Paulo: Saraiva, 2009. p. 36 (adaptado).

Alguns fatores naturais contribuíram para o desenvolvimento de culturas como a da cana-de-açúcar, conforme você estudou no início da Unidade, do cacau e do algodão. O solo do tipo massapê, aliado ao clima quente e úmido (Zona da Mata), contribuiu para o cultivo da cana-de-açúcar. Esse mesmo tipo de clima, associado à presença da mata Atlântica, foi determinante para o desenvolvimento da cultura do cacau (a planta necessita da sombra de árvores mais altas); o clima quente e semiárido do Sertão favoreceu o cultivo do algodão.

A região Nordeste apresenta, em parte de sua extensão, clima tropical com uma estação seca (inverno) e outra chuvosa (verão) e altas temperaturas durante todo o ano. Esse tipo de clima abrange áreas do oeste baiano e piauiense e do leste do Maranhão. Na maior parte dos trechos em que ocorre, é encontrada a vegetação de Cerrado.

Entre os estados do Piauí e do Maranhão há uma extensa área conhecida por mata dos Cocais, constituída principalmente pelas palmeiras carnaúba e babaçu.

Mata dos Cocais na Reserva Extrativista da Chapada Limpa, em Chapadinha, MA (2010).

Os carnaubais e os babaçuais geralmente acompanham os vales dos rios, onde existe mais umidade. A extração de produtos dessas palmeiras constitui uma atividade econômica de relativa importância para a região.

Na faixa correspondente à Zona da Mata, a umidade é elevada, chovendo muito, principalmente entre março e agosto. Trata-se de um subtipo climático denominado tropical úmido. Nessa área, a vegetação predominante era a mata Atlântica, que foi quase totalmente devastada para dar lugar às culturas agrícolas e às cidades.

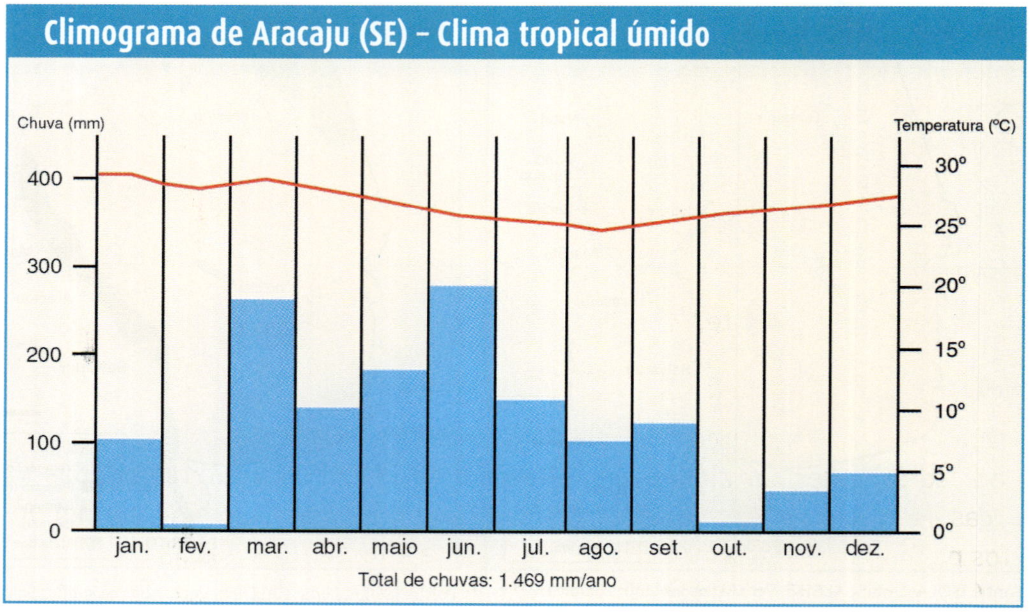

Fonte: IBGE. *Anuário estatístico do Brasil*, 1997.

Diversos trechos do litoral nordestino são cobertos por manguezais, coberturas vegetais adaptadas ao contato constante com a água marinha. Eles abrigam inúmeras espécies, desde microrganismos a diversos tipos de aves, passando por moluscos, crustáceos, como caranguejos, siris e camarões, e mamíferos, como o guaxinim.

Entretanto, os manguezais do Nordeste brasileiro, bem como os de todo o litoral, estão ameaçados porque vêm sendo utilizados para o despejo de esgoto e o depósito de lixo, além de ceder lugar a habitações e estradas.

O Ministério do Meio Ambiente divulgou, em 2010, que a Caatinga havia perdido 45% de sua cobertura vegetal original.

Manguezal, também chamado de mangue, é um ecossistema costeiro, de transição entre os ambientes terrestre e marinho, uma zona úmida característica de regiões tropicais e subtropicais. Devido ao solo pobre em oxigênio e salino, as plantas desenvolvem raízes aéreas que servem de abrigo para animais. Camocim, CE (2009).

Xiquexique em vegetação de Caatinga em Paulo Afonso, BA (2008).

No Sertão, o clima é predominantemente semiárido, caracterizado por temperaturas elevadas o ano todo e por índices de chuva entre 500 e 900 milímetros ao ano. Nesse tipo de clima, as chuvas são irregulares. Em alguns locais, metade da quantidade de chuvas de um ano pode cair em um único mês, ou ainda pode não haver chuva durante um ou mais anos.

Além disso, em função das temperaturas elevadas nessa área, a água da chuva evapora rapidamente. Nessa sub-região, a cobertura vegetal predominante é a Caatinga.

Quando não chove ou chove muito menos que o normal no período de dezembro a abril, ocorre a seca, também chamada estiagem. O período de seca pode se estender por alguns anos. Desde o século XVIII foram registradas 41 secas. No século XX, por exemplo, houve 14 períodos de seca e ocorreram outros períodos prolongados entre 1951 e 1953 e entre 1979 e 1983.

Conforme você estudou no capítulo 4, há muitas áreas no Sertão nordestino em que as temperaturas são elevadas e as chuvas, escassas, em decorrência do relevo (Planalto de Borborema — que veremos nas próximas páginas) e, sobretudo, pela irregularidade da atuação das massas de ar. O período das chuvas, nas regiões onde elas ocorrem, vai de dezembro a maio, aproximadamente.

A ocorrência de secas no Sertão nordestino está relacionada em boa parte ao El Niño. Quando esse fenômeno climático — que se origina no oceano Pacífico — atua, há um período de estiagem no Sertão.

Climograma de Salgueiro (PE) – Clima semiárido

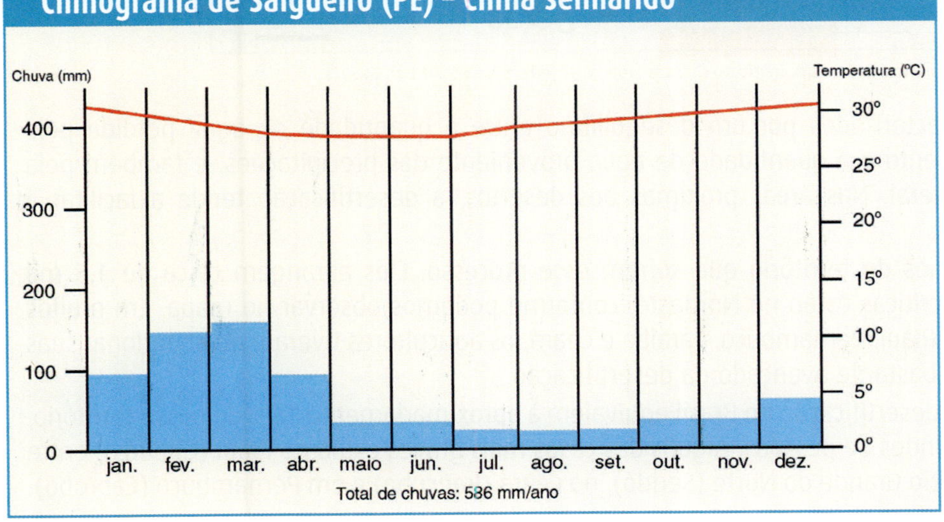

Fonte: IBGE. *Anuário estatístico do Brasil*, 1997.

MAIS INFORMAÇÃO

Processos de desertificação do semiárido

Em decorrência de fatores naturais — como a falta de chuvas e a existência de ventos muito fortes —, mas principalmente em virtude da derrubada da vegetação e da agropecuária praticada de forma intensiva, sem respeitar as características naturais da região, vêm ocorrendo, em algumas áreas da Terra, processos de desertificação.

Nordeste – Espaços semiáridos

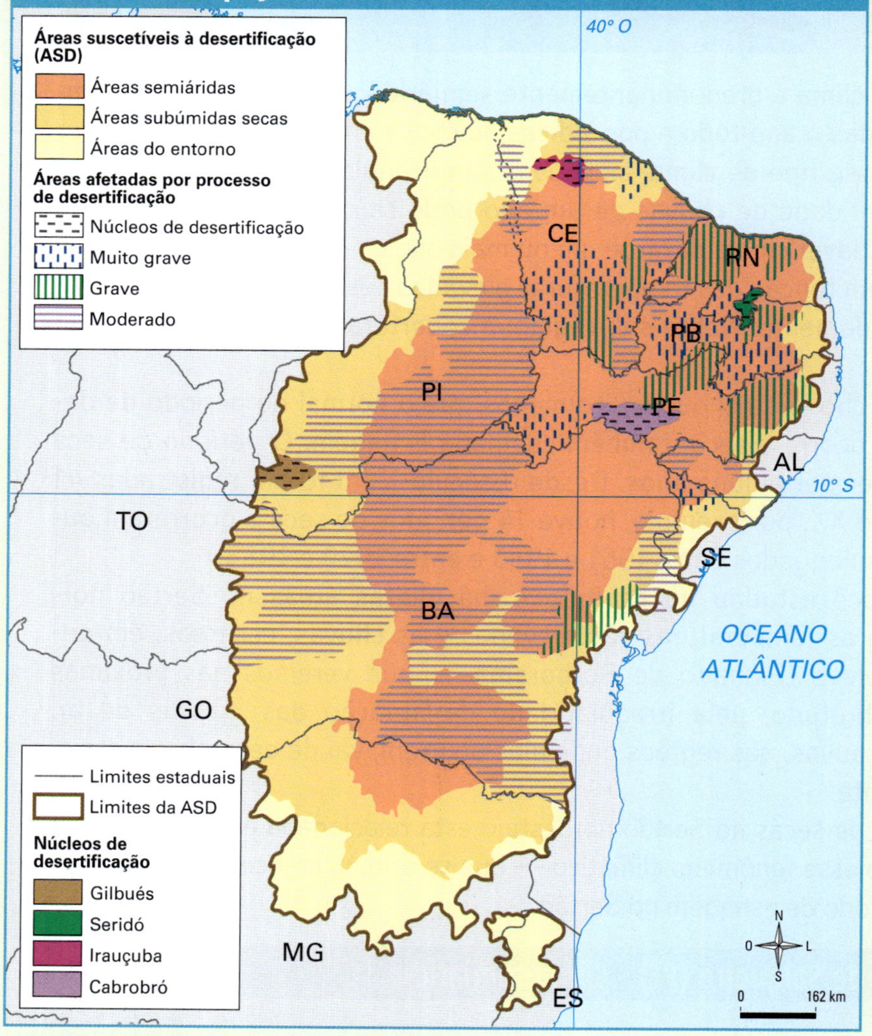

Fonte: *Ciência Hoje*. Rio de Janeiro: Instituto Ciência Hoje, v. 47, ed. 280, abr. 2011. p. 24.

Esses processos são caracterizados por um desequilíbrio entre a quantidade de água perdida pela evaporação e pelo escoamento e a quantidade de água proveniente das precipitações, e também pela extinção da paisagem vegetal. Nas áreas próximas dos desertos, a desertificação tende a facilitar a expansão da área desértica.

Há no Brasil vários trechos do território que sofrem esse processo. Eles abrangem cerca de 1,5 mil municípios. As áreas mais críticas estão no Nordeste, conforme podemos observar no mapa. Em muitos lugares dessa região, como Piauí, Pernambuco, Paraíba e Ceará, os agricultores tiveram de abandonar suas terras em razão do estágio bastante avançado da desertificação.

As áreas em processo de desertificação no Brasil equivalem a aproximadamente 16% do nosso território, onde vivem cerca de 32 milhões de pessoas. Alguns dos casos mais graves estão no Piauí (Gilbués), entre os estados da Paraíba e do Rio Grande do Norte (Seridó), no Ceará (Irauçuba) e em Pernambuco (Cabrobó).

O desmatamento no semiárido é provocado pela expansão da agricultura moderna baseada nas grandes propriedades e na monocultura, pelas queimadas para fazer roçados e é agravado pela seca. Além disso, as famílias utilizam, de modo mais intensivo, a lenha como fonte energética. Sem a cobertura vegetal, as chuvas (quando caem) arrastam o solo para o leito de rios e açudes. Com isso, a terra perde sua capacidade de infiltração, o que impede o desenvolvimento futuro de plantas e abre caminho para a desertificação.

De acordo com o Ministério do Meio Ambiente, em 2010, cerca de 43% da cobertura vegetal da Caatinga já tinha sido derrubada.

Você sabe a diferença entre arenização e desertificação?

"[...] a **desertificação** corresponde aos processos de diminuição do potencial biológico da terra, decorrente das atividades humanas [...]. A desertificação pode ser compreendida também como um processo natural decorrente das mudanças climáticas. Cabe ressaltar que [...] desertificação é um processo de degradação de terras vinculada aos climas áridos, semiáridos e sub-úmidos decorrentes da pressão das atividades humanas sobre os recursos naturais.

[A **arenização**, por sua vez, é um] conceito que foi construído para explicar a gênese desse processo e o diferenciar do processo de desertificação. A necessidade de fazer esta diferenciação está vinculada às características climáticas da área, onde domina o clima subtropical úmido (médias anuais de 1.400 mm), embora possa ocorrer uma variabilidade significativa na distribuição das chuvas durante o ano.

[...] definiu-se arenização como o processo [...] de depósitos arenosos pouco ou não consolidados, que acarreta, nessas áreas, dificuldade de fixação da vegetação da cobertura vegetal devido à intensa mobilidade de sedimentos pela ação das águas e dos ventos."

Instituto Humanitas Unisinos. Entrevista com a Profa. Dra. Dirce Maria Antunes Suertegaray. Disponível em: <http://www.ihu.unisinos.br/entrevistas/29691-arenizacao-no-rs-um-problema-que-cresce-entrevista-especial-com-dirce-suertegaray>. Acesso em: 30 abr. 2014.

Gilbués, no Piauí (2007).

Nordeste - Relevo

Fonte: ROSS, Jurandyr L. S. (Org.). *Geografia do Brasil*. São Paulo: Edusp/FDE, 1996. p. 53 (adaptado).

O relevo

O planalto da Borborema (com quase mil metros de altitude) exerce influência sobre o clima em um trecho da região. Por sua localização, atua como uma barreira para os ventos úmidos que vêm do Atlântico. Isso faz com que esses ventos depositem toda sua umidade na encosta oriental, ou seja, na Zona da Mata, chegando à outra encosta com bem menos umidade. Essa ausência de umidade torna a área sertaneja — que se encontra logo após a Borborema — a mais seca da região, afetando diretamente a população que ali vive.

Na configuração do relevo nordestino encontram-se duas formas predominantes no interior da região: planaltos e depressões; e no litoral: planícies.

O perfil do relevo é um esquema que oferece uma visão longitudinal da crosta terrestre. Nele percebemos de maneira mais clara as variações de altitude e a configuração das formas de relevo (veja a ilustração abaixo).

Praticamente por toda a extensão do Maranhão, do Piauí e do extremo oeste da Bahia estendem-se os planaltos e as chapadas da bacia do Parnaíba. Na porção sul dessa bacia localiza-se a chapada das Mangabeiras, onde as altitudes atingem mais de mil metros, correspondendo ao divisor de águas dos rios São Francisco e Tocantins. Nessa região do oeste baiano, vem se desenvolvendo, nos trechos de chapada, agricultura mecanizada de forma expressiva, com cultivo de soja, algodão e café em grandes propriedades.

Os outros planaltos da região são os do Atlântico Leste-Sudeste. Ao norte desses localiza-se a chapada Diamantina. Entre Ceará e Pernambuco estende-se a chapada do Araripe, que separa as duas depressões do Nordeste: a Sertaneja, ao norte, e a do São Francisco, ao sul. Essas depressões apresentam altitudes entre 200 e 500 metros. No caso dos planaltos e das chapadas, as altitudes variam, geralmente, entre 500 e 900 metros.

Fonte: ANDRADE, Manuel C. O. (Coord.). *Atlas escolar Pernambuco – espaço geo-histórico e cultural*. João Pessoa: Grafset, 1999. p. 26.

Perfil topográfico de Pernambuco - Esquema das principais unidades de relevo

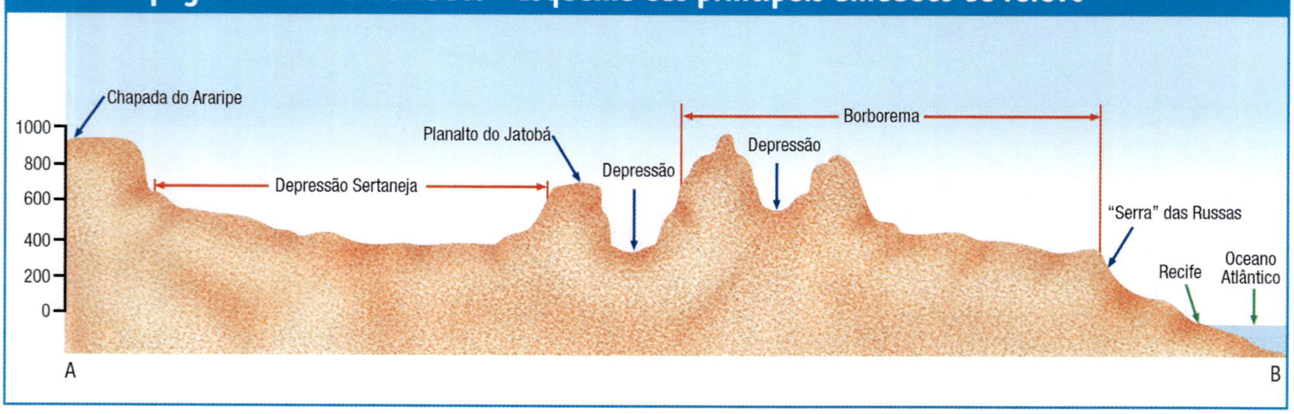

PARA COMPREENDER **Texto**

Leia o texto.

Chapada do Araripe

"É um território com limites definidos e que possui sítios de grande valor científico cujos patrimônios cultural, histórico, ambiental, científico e socioeconômico apresentam importância, raridade, riqueza em biodiversidade e contam a história da Terra, conferindo identidade ao lugar.

Nele está localizado determinado número de Geossítios, selecionados conforme a relevância de suas características para a história da Terra. Apesar do destaque principalmente relacionado ao patrimônio geológico, também se considerou a ocorrência de outros aspectos fundamentais relacionados a biodiversidade, história, cultura, arqueologia, entre outros.

Um Geopark tem papel ativo no desenvolvimento econômico de seu território, que passa a ser mais reconhecido em função das suas riquezas naturais, possibilitando o desenvolvimento do Geoturismo, como estratégia na dinâmica econômica local. [...]

Em 21 de setembro de 2006, após se submeter aos procedimentos padrões de vistoria e avaliação pela comissão oficial da UNESCO, Divisão de Ciências da Terra, o Geopark Araripe foi aprovado e oficializado na II Conferência Mundial de Geoparks (II World Conference on Geoparks), realizada em Belfast na Irlanda do Norte. [...]

O Geopark Araripe está localizado ao sul do estado do Ceará, na porção cearense da Bacia Sedimentar do Araripe e abrange seis municípios da região do Cariri. Possui uma área de aproximadamente 3.520,52 km² e que corresponde ao contexto territorial das cidades de Crato, Juazeiro do Norte, Barbalha, Missão Velha, Nova Olinda e Santana do Cariri.

Sua função está além da proteção e preservação dos registros científicos, ambientais e culturais. [...]"

Disponível em: <http://www.geoparkararipe.org.br/?page_id=266>. Acesso em: 30 abr. 2014.

■ Responda: Qual a importância do Geopark Araripe para o Brasil e para todo o mundo?

A hidrografia

O rio mais importante da hidrografia do Nordeste é o São Francisco, conhecido como o "Velho Chico".

Embora a nascente do São Francisco seja no Centro-Sul (na serra da Canastra, em Minas Gerais), a maior parte do seu curso situa-se no Nordeste. Ele possui 3.160 quilômetros de extensão, dos quais 1.320 são navegáveis.

Ponte sobre o rio São Francisco, ligando as cidades de Canindé do São Francisco (SE) e Piranhas (AL). Fotografia de 2010.

Nordeste - Hidrografia

Fonte: *Atlas nacional do Brasil*. Rio de Janeiro: IBGE, 2000. p. 53; *Anuário estatístico do Brasil*, 1999. p. 1-114, 1-118 e 1-120 (adaptado).

O São Francisco apresenta em seu curso várias quedas e cachoeiras, das quais a mais importante é a cachoeira de Paulo Afonso, na divisa dos estados de Pernambuco e Bahia, próximo ao estado de Alagoas. Nela localiza-se uma importante usina hidrelétrica pertencente à Cia. Hidrelétrica do São Francisco (Chesf), que fornece grande parte da eletricidade consumida pela população da região. Há outras usinas localizadas ao longo do São Francisco: Moxotó (AL-BA), Sobradinho (BA) e Xingó (AL-SE).

Uma característica importante do rio São Francisco é o fato de ele atravessar o Sertão semiárido sem secar. Dessa forma, a população próxima às margens utiliza suas águas durante o ano todo, que servem também à irrigação, principalmente nas áreas próximas à represa de Sobradinho, onde se desenvolvem diversas culturas.

Muitas embarcações navegam nas águas do rio São Francisco entre Pirapora (MG) e a barragem do Sobradinho, próxima das cidades de Juazeiro (BA) e Petrolina (PE), transportando pessoas e mercadorias.

Problemas ambientais têm afetado o "Velho Chico", ameaçando o equilíbrio ecológico de sua bacia:

Assoreamento
Acúmulo de sedimentos no leito de um rio.

- o processo de **assoreamento**, provocado pela devastação da paisagem vegetal em áreas de sua bacia, principalmente nos trechos próximos a suas margens e a seus afluentes. Estima-se que aproximadamente 18 milhões de toneladas de terra são despejados anualmente no rio. Em razão disso, nos períodos de diminuição das chuvas, formam-se bancos de areia em alguns trechos, impedindo a navegação;
- o despejo de esgotos domésticos e industriais não tratados, das cidades que localizam-se às suas margens, e de mercúrio, utilizado na atividade mineradora (garimpo), praticada em alguns de seus afluentes;
- a construção de usinas hidrelétricas e a formação de represas diminuem a vazão e fazem desaparecer diversas lagoas situadas nas margens, utilizadas como criatório de peixes. A vazão menor também fez com que praticamente deixassem de ocorrer as cheias, que inundavam áreas das margens e contribuíam para sua fertilização. Isso favorecia a prática da atividade agrícola pela população ribeirinha.

Além do São Francisco, outro rio importante na região é o Parnaíba, que separa o Maranhão do Piauí. Em seu curso está localizada a usina hidrelétrica Presidente Castelo Branco (antiga Boa Esperança).

Nas áreas mais sujeitas às secas, muitos rios do Nordeste são intermitentes ou temporários, chegando a desaparecer por algum tempo. Nos vales dos rios temporários, que durante o período seco conservam um pouco de umidade, cultivam-se lavouras de subsistência, que abastecem a população ribeirinha.

Açudes

Uma das medidas adotadas para combater as secas que afligem a região nordestina é a construção de açudes — barragens para o represamento das águas das chuvas e dos rios temporários, formando lagos artificiais.

Os açudes permitem o armazenamento de água nos períodos de estiagem, possibilitam a prática da agricultura irrigada e oferecem condições para a formação de vazantes em suas terras marginais, onde se pode praticar a agricultura.

Entretanto, nos períodos de seca prolongada, a perda de água dos açudes por evaporação é grande. Em vista disso, técnicos da Empresa Brasileira de Pesquisa Agropecuária (Embrapa) acham mais conveniente a construção de barragens subterrâneas, formando reservatórios líquidos de menor porte, mas que impeçam a evaporação.

A indústria da seca

A primeira referência à seca no semiárido foi feita pelos portugueses, em 1587, quando o colonizador Fernão Cardim registrou anotações de viagens pelo interior da Bahia e de Pernambuco: "Houve uma grande seca e esterilidade na província e desceram do Sertão, apertados pela fome, socorrendo-se aos brancos, quatro ou cinco mil índios, antigos habitantes do semiárido".

A seca é um fenômeno natural que não deve ser apontado como responsável pelas péssimas condições de vida da maioria da população sertaneja.

As conquistas tecnológicas obtidas pela sociedade, como as técnicas de irrigação, de retirada de água subterrânea, de dessalinização da água, além dos conhecimentos sobre o ecossistema da Caatinga, permitem o desenvolvimento de atividades agropecuárias mesmo em condições naturais adversas como as do Sertão nordestino, haja vista os bons resultados nesse sentido em diversos países do Oriente.

Há condições para enfrentar, sem tragédias sociais, os períodos prolongados de seca. Em parte, todas essas técnicas já foram implantadas no semiárido. Nessa área existem mais de mil açudes, construídos pelo Departamento Nacional de Obras Contra a Seca (DNOCS), órgão federal criado em 1909 e ligado ao Ministério do Meio Ambiente. Há também cerca de 50 mil poços perfurados, apesar de 20 mil estarem desativados, segundo a Associação Brasileira de Águas Subterrâneas (Abas).

Há um problema ligado ao baixo índice de armazenamento de água da chuva. Segundo técnicos da Embrapa, em Petrolina (PE), a região deixa de armazenar aproximadamente 36 bilhões de metros cúbicos de água por ano por falta de aproveitamento, de modo eficiente, da água da chuva.

A cisterna é um reservatório (espécie de tanque) que armazena água da chuva. Um sistema de calhas permite o escoamento a partir dos telhados para o reservatório, que deve ficar fechado para impedir o acúmulo de sujeira e a evaporação da água. Juazeiro, BA (2010).

Estiagem em Sergipe (2009).

Se, por um lado, o conhecimento técnico poderia ser mais bem aproveitado, por outro, os recursos encaminhados para solucionar os problemas sociais do semiárido precisariam favorecer os pequenos agricultores e a população de baixa renda, em vez de se destinar à classe dominante. Assim, mais poços deveriam ser perfurados (o Brasil perfura apenas 1% da quantidade aberta nos Estados Unidos, por exemplo) e mais canais de irrigação precisariam ser construídos para distribuir a água em áreas acessíveis à maioria da população.

Nos períodos de longa estiagem, os indicadores sociais do Sertão pioram. Em alguns locais, a mortalidade infantil eleva-se para 300 por mil, como ocorreu no Sertão alagoano após a seca de 1998. Essa situação já foi mais grave, quando não existiam programas de transferência de renda do governo federal, que permitem a muitas famílias pobres do Sertão ao menos remediar as necessidades mínimas de alimentação.

Grande parte dos trabalhadores do semiárido não tem salário, pois sua renda é obtida pela comercialização de parte do que é produzido (geralmente algodão) na propriedade onde trabalham. A seca ocasiona a perda da produção e, consequentemente, da renda dos trabalhadores, que também perdem a pequena lavoura de subsistência (feijão, milho, mandioca). Para muitos, a alternativa é migrar para os centros urbanos da Zona da Mata.

A permanência da situação de miséria da maior parte da população do semiárido possibilita o enriquecimento dos latifundiários e políticos do Sertão do Nordeste. Essa situação permite a manutenção dos "coronéis" (grandes proprietários rurais) no poder político. Disso advém a expressão "indústria da seca".

Muitos recursos são fornecidos pelo governo federal para solucionar o problema da seca.

Nos períodos de seca, o governo federal encaminha verbas para a compra de cestas básicas. Como a distribuição é feita pelos políticos locais, eles acabam exercendo forte influência sobre os eleitores, que, por gratidão, votam nos candidatos que "doaram" as cestas. Para ganhar votos nas eleições, alguns políticos também distribuem água por meio de carros-pipa, chamados "caminhões de voto". Muitos chegam até a distribuir dinheiro.

Até a participação nas frentes de trabalho — abertas pelo governo federal para construir açudes e estradas e oferecer atividade remunerada aos agricultores que perderam tudo — é controlada pelos políticos locais, que em geral pagam salários muito baixos aos sertanejos.

Assim, essa estrutura política, que impede a solução definitiva para os efeitos da seca, e a grande concentração da propriedade são os principais responsáveis pela manutenção da situação de miséria de parte da população sertaneja. É por isso que se costuma afirmar que "o problema do Sertão não é a seca, mas a cerca".

Atividades

RETOME SEUS CONHECIMENTOS

1. Observe a fotografia, leia a legenda e responda às questões.

Canudos, na Bahia (2010).

a) Que processo a fotografia retrata?

b) Quais as causas desse processo?

c) O que caracteriza esse processo?

d) Por que as áreas mais sujeitas a esse processo no Brasil estão no Nordeste? Converse com seus colegas e com seu professor.

2. Qual é o aspecto natural mais marcante do Nordeste? Sobre quais fatores ele exerce influência?

3. Explique por que a Caatinga, ao contrário do que muitos pensam, não é pobre em biodiversidade.

4. Qual o rio mais importante da hidrografia do Nordeste? Cite alguns problemas ambientais que têm afetado sua bacia.

5. O que você entende por "indústria da seca"?

EXERCITE SEUS CONHECIMENTOS

6. Releia o capítulo e pesquise sobre os climas semiárido e tropical úmido. Depois, faça em seu caderno dois desenhos, um para representar a paisagem típica do clima semiárido e outro para a paisagem típica do clima tropical úmido. Escreva as principais diferenças que você constatou entre eles.

11

O espaço socioeconômico nordestino

PARA CONTEXTUALIZAR

Observe o infográfico.

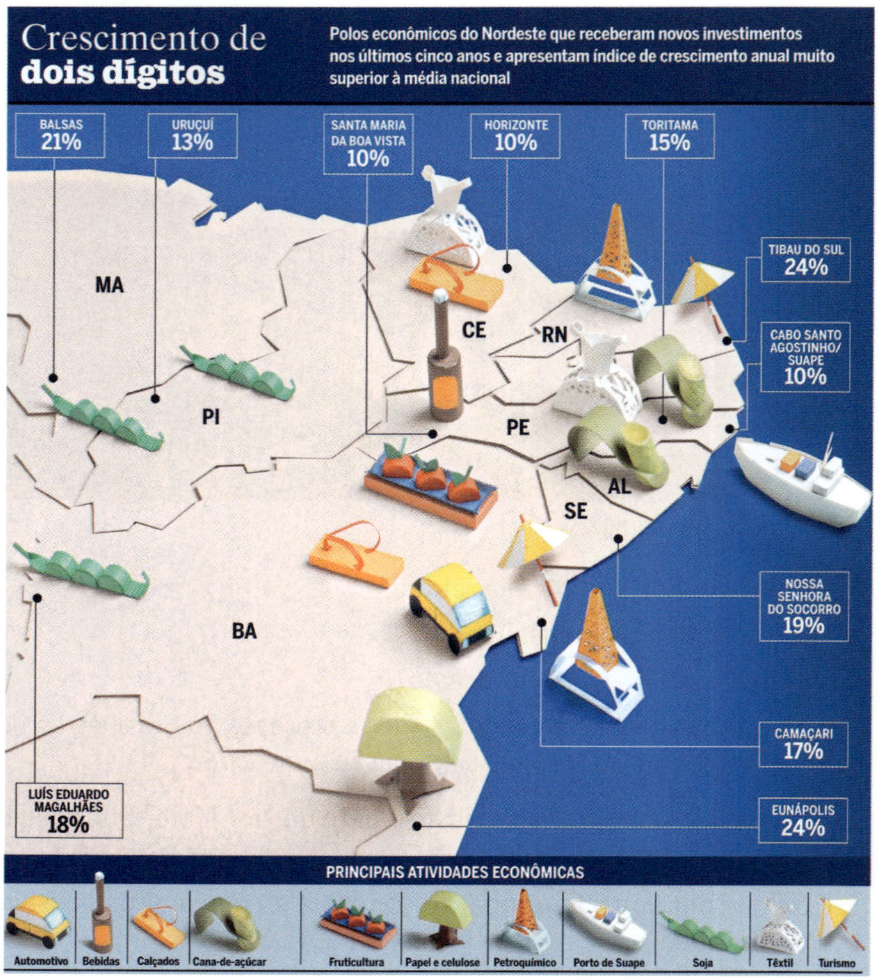

Revista *Exame*. Ed. 891. São Paulo: Abril, 18 abr. 2007.

ATIVIDADES

1. Observando os ícones do mapa que representam as principais atividades econômicas, conforme você já estudou nos capítulos anteriores, qual delas é a mais antiga?
2. O último ícone do mapa representa o turismo. Conforme você observou no capítulo 9, esta é uma atividade que vem crescendo de modo significativo. Quais fatores proporcionam o crescimento da atividade turística na região?

O desenvolvimento da região

O Nordeste tem redescoberto as suas atividades tradicionais, como o artesanato, conforme você pôde observar no capítulo 9, e o extrativismo, e vem desenvolvendo nos últimos 30 anos novos setores, como a agroindústria e o turismo, além de passar a fabricar produtos de base tecnológica, como aços especiais, automóveis e produtos petroquímicos.

Como resultado de uma série de políticas de desenvolvimento econômico implantadas pela Sudene e por governos estaduais, que atraíram investimentos do Centro-Sul, o Nordeste, desde os anos 1970, vem apresentando índices de crescimento superiores aos do Centro-Sul e à média brasileira, conforme você observou na seção **Para contextualizar**. O resultado desses investimentos é o aumento dos empregos formais para a população da região, conforme você pode observar no gráfico abaixo que mostra a relação entre os valores dos investimentos e como eles refletem no aumento da oferta de empregos.

Investimento no Nordeste (em bilhões de reais) (2003-2009)

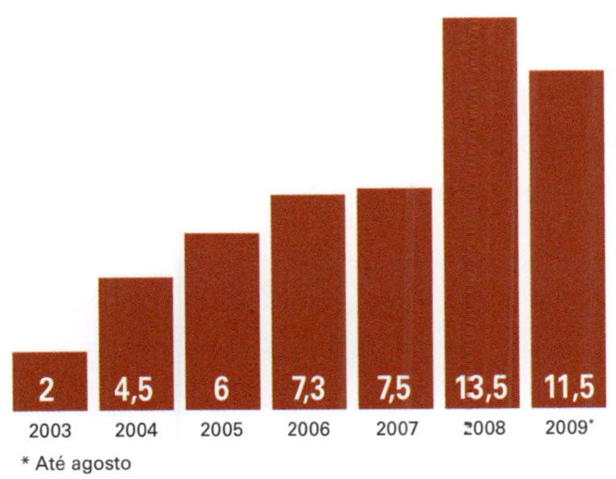

Fonte: Revista *Exame*. Edição 955. São Paulo: Abril, out. 2009.

Evolução de empregos formais (set. 2008-set. 2009) (em %)

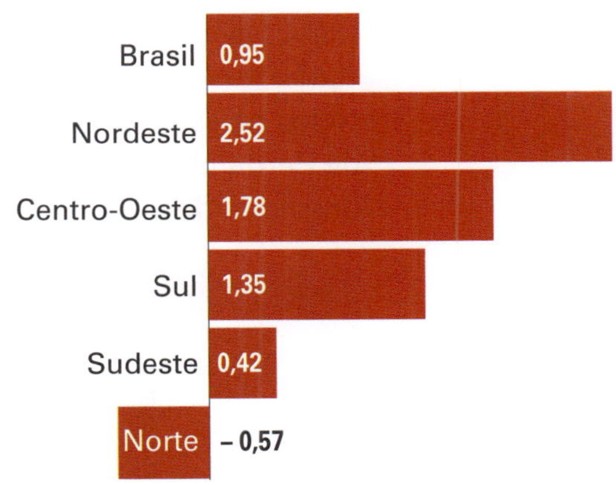

Fonte: Revista *Exame*. Edição 955. São Paulo: Abril, out. 2009.

Apesar desse crescimento econômico baseado na industrialização, mas também contando com a melhoria considerável das atividades agrícolas, com o comércio e com o crescimento do setor de serviços nos últimos anos, ainda assim, há elevados níveis de pobreza na região.

Diante desses dados, podemos dizer que a Sudene não conseguiu atingir plenamente seus objetivos de redução das disparidades regionais verificadas no interior do espaço geográfico brasileiro.

Não houve modificação da estrutura fundiária, apesar de ela ter sido um dos objetivos iniciais do órgão, idealizado pelo economista Celso Furtado, primeiro superintendente, deposto pela ditadura militar em 1964.

Assim, apesar de terem ocorrido investimentos no setor agropecuário, como projetos de irrigação, por exemplo, a prioridade na atuação da Sudene passou a ser a industrialização do Nordeste, oferecendo incentivos fiscais aos empresários que se instalassem na região, como redução ou isenção de impostos e empréstimos a juros mais baixos.

Incentivos fiscais
Não pagamento de impostos ou pagamento parcial, oferecido pelo governo a empresas privadas.

Entretanto, a utilização de tecnologias avançadas nas indústrias que se instalaram e a modernização das que já faziam parte do espaço nordestino, como as têxteis e as de produtos de higiene e limpeza, não permitiram a geração de novos empregos de forma expressiva.

Fábrica de automóveis que se instalou na cidade de Camaçari, BA, e foi beneficiada pelas políticas de desenvolvimento econômico implantadas pela Sudene e pelos governos estaduais (2011).

A agropecuária nas sub-regiões nordestinas

Zona da Mata

Essa área é ocupada principalmente pelo cultivo da cana-de-açúcar, importante produto agrícola da região desde o período colonial, conforme você já estudou nos capítulos anteriores. A **cana-de-açúcar** é cultivada praticamente em todos os estados do litoral oriental, cujos principais produtores são os estados de Pernambuco e de Alagoas. Pernambuco ocupa o segundo lugar na produção brasileira de açúcar e álcool, superado apenas pelo estado de São Paulo.

Usina de álcool e açúcar Santa Rita na Zona da Mata paraibana (2008).

Outro produto agrícola importante na região é o **cacau**. Sua produção começou a se destacar no início do século XIX, especialmente no litoral sul da Bahia, nos municípios de Ilhéus e Itabuna. Cultivado predominantemente em grandes propriedades, na forma de monocultura para exportação (*plantation*), o cacau necessita de sombra (fornecida pela mata Atlântica) e de muita umidade para se desenvolver.

Até os anos 1980, o Brasil era um dos principais exportadores mundiais de cacau. A partir daí, a participação das exportações brasileiras no mercado mundial apresentou uma queda bastante acentuada. No final dos anos 1990, o Brasil passou a importar o produto.

Essa alteração no quadro do comércio exterior em relação ao cacau deve-se basicamente a dois fatores: o aumento do consumo interno e a queda da produção dos cacaueiros baianos, causada pela praga vassoura-de-bruxa, um tipo de fungo que afeta boa parte dos pés de cacau da região desde 1989. Além disso, também contribuíram as estiagens de 1992 e 1995 e o pouco investimento em tecnologia para o aumento da produtividade.

Colheita manual de cacau em fazenda no sul da Bahia (2010).

As dificuldades na produção de cacau levaram muitos plantadores a explorar madeira ou introduzir outros tipos de cultivo, que acabaram devastando trechos remanescentes da mata Atlântica.

O **fumo**, cujo cultivo requer grande quantidade de mão de obra, também é um produto de destaque na economia regional nordestina. O Nordeste dedica-se sobretudo à produção de fumos escuros, para charutos, contribuindo com mais de 16% do total nacional. As principais áreas produtoras são: o Recôncavo Baiano; os municípios de São Félix e Cachoeira, na Bahia; e Arapiraca, em Alagoas, responsável pela maior parte da produção nordestina.

Recôncavo Baiano
Área situada ao redor da Baía de Todos os Santos, onde está localizada a cidade de Salvador, destacando-se pela extração de petróleo e pelas indústrias petroquímicas, além do turismo e das atividades comercial e industrial.

Outros produtos cultivados na Zona da Mata são o arroz, o coco-da-baía e o sorgo, empregado principalmente na alimentação de animais.

O Nordeste responde por cerca de 90% das exportações de camarão do país. A carcinicultura, como é chamada a criação de camarões em fazendas, cresceu bastante na região nos últimos 10 anos, mas é fonte de preocupação do ponto de vista social e ambiental, pois, de modo geral, essas fazendas são insustentáveis, em razão da degradação que causam no ambiente dos manguezais e do aparecimento de doenças provocadas pelos produtos químicos utilizados ilegalmente. Elas duram, no máximo, 5 anos, após os quais são fechadas, gerando desemprego na economia local e grande prejuízo ambiental.

Agreste

Nessa sub-região nordestina, há trechos com vegetação de caatinga, principalmente na porção oeste (mais próxima do Sertão), onde a pluviosidade é mais baixa que na porção leste (mais próxima do litoral), área coberta por trechos de vegetação mais densa — arbórea —, sobretudo nos brejos.

Principalmente nos estados de Pernambuco e da Paraíba, além da pecuária leiteira, pratica-se a agricultura em pequenas e médias propriedades, na forma de policultura, diferentemente do que ocorre no Sertão e na Zona da Mata, onde predominam as grandes propriedades. Dos vários produtos cultivados nessas áreas, destacam-se os gêneros alimentícios (feijão, milho, mandioca, batata, hortaliças e outros), que se destinam ao abastecimento da população local e também da Zona da Mata.

Com os resíduos do sisal é possível preparar ração para gado, como mostra esta imagem de fazenda em Feira de Santana, BA (2011).

Além desses produtos, sobressaem na agricultura do Agreste o algodão e o sisal ou agave — planta têxtil a partir da qual se produz uma fibra utilizada na fabricação de cordas, estofamentos de veículos e de sofás. Essas culturas de plantas industriais são praticadas em propriedades de porte médio.

Criação de caprinos em Sertânia, PE (2010).

Sertão

No Sertão, que é a mais extensa das sub-regiões do Nordeste, uma das principais atividades econômicas é a criação de gado, sobretudo o bovino e o caprino.

Os caprinos são os que melhor se adaptam ao clima semiárido. Na região Nordeste, concentra-se 90% do rebanho caprino brasileiro. O maior rebanho bovino é encontrado na Bahia.

A criação praticada no Sertão é feita em caráter extensivo, em fazendas de grandes dimensões. Nos períodos de seca, para suprir a falta de espécies vegetais (plantas forrageiras), são aproveitados alguns tipos de cactos, como o xiquexique, o mandacaru e o facheiro, que servem de alimento ao gado. Quando, porém, as secas são mais fortes e duradouras, o gado é conduzido às regiões serranas.

O gado sertanejo é de pequeno porte e tem pouco peso, o que o desvaloriza bastante do ponto de vista comercial.

Poucos produtos agrícolas conseguem se desenvolver sob as condições climáticas do Sertão nordestino, sem o uso intensivo da irrigação. Dois deles são: o algodão arbóreo e o sisal.

Algodão arbóreo

Também conhecido como algodão mocó ou seridó, é cultivado exclusivamente na região Nordeste, tendo como principal característica ser uma cultura perene, diferente, portanto, do algodão herbáceo, que tem ciclo anual. A espécie não necessita ser replantada anualmente e se adapta muito bem ao clima quente e semiárido, ao contrário do herbáceo, que requer maior quantidade de água.

O algodão arbóreo apresenta fibras longas e é de grande valor para a atividade industrial têxtil. Seu mais importante produtor é o Ceará, que vem se recuperando de uma crise que atingiu a produção entre 1985 e 1995, por causa da praga do bicudo — um tipo de inseto. Os estados da Paraíba e do Rio Grande do Norte também se destacam nessa produção.

O sisal, conforme vimos anteriormente, é utilizado para confeccionar cordas, encher estofamentos e produzir pasta para a indústria de celulose. Cerca de cem municípios do interior baiano estão ligados à cultura do sisal, que emprega aproximadamente 1 milhão de pessoas.

As condições de trabalho, entretanto, são precárias. É grande o número de casos em que o trabalhador perde os dedos ou mesmo as mãos no processo de beneficiamento do produto, pois as máquinas utilizadas são extremamente arcaicas e não oferecem segurança. Além disso, é comum o emprego de crianças nessa atividade.

A agricultura sertaneja é praticada ao longo do curso de alguns rios, nos seus leitos, no fundo de lagos e lagoas, aproveitando o pouco da umidade que resta durante a seca. A essas culturas agrícolas dá-se o nome de cultura de vazante.

Ao longo do curso do rio São Francisco — único que atravessa o Sertão sem secar —, em alguns trechos pratica-se a agricultura com o auxílio da irrigação (cebola, arroz, cana-de-açúcar, tomate etc.).

Com o avanço das técnicas de irrigação, vem se desenvolvendo com sucesso o cultivo de **frutas** como o melão, a manga e a uva para exportação. A produtividade nesse local é a maior do país e sua produção se concentra em Petrolina (PE) e Juazeiro (BA), municípios limítrofes. As culturas irrigadas do vale do rio São Francisco respondem por cerca de 90% de toda a manga e a uva exportadas pelo Brasil para a Europa e os Estados Unidos.

Vista aérea de diversas plantações no Vale do São Francisco, graças ao sistema de irrigação das águas do rio. Petrolina, PE (2010).

Veja que interessante esta propaganda publicada na revista *Interior*, pela Codevasf, uma empresa pública responsável pelo desenvolvimento dos vales do São Francisco e do Parnaíba, no Nordeste brasileiro, para esclarecer o papel da irrigação no desenvolvimento da atividade agrícola.

A produtividade da uva, por exemplo, é cerca de 2,5 vezes maior que em outras regiões do país.

Em Petrolina, uma das principais fontes de renda e de geração de empregos é a agricultura irrigada. Nessa região vem crescendo a produção de vinho, que apresenta boa qualidade e tem recebido prêmios no Brasil e no exterior.

Também no interior do Rio Grande do Norte pratica-se intensivamente a agricultura irrigada de frutas, principalmente do melão.

As culturas dos projetos de irrigação possibilitaram o aumento dos rendimentos, mas acabaram gerando renda localizada, ou seja, controlada e apropriada por uma pequena parcela da população. Além disso, a utilização intensiva da irrigação pode ocasionar problemas ambientais, tanto para o solo, como para os rios de onde a água é retirada.

Dessa forma, é preciso ampliar as áreas irrigadas para que um número maior de pessoas se beneficie desse recurso. Também é necessário avaliar os impactos da irrigação no solo, como a salinização, e nos rios.

O oeste da Bahia, região de Barreiras, e o sul do Piauí, apesar de pertencerem à sub-região do Sertão, são cobertos pelo Cerrado. Nessa área vêm se desenvolvendo, desde os anos 1980, as culturas da soja, do algodão e do milho, que têm atraído inclusive indústrias alimentícias que utilizam principalmente a soja como matéria-prima.

Revista *Interior*, ano X, nº 57, jul./ago. de 1984.

Trabalhador colhe uvas protegido do sol forte na região de Petrolina, PE (2010).

Plantação de café em fazenda do oeste baiano (2010).

Isso vem trazendo transformações socioespaciais significativas, pois trata-se de uma agricultura moderna, apoiada em boa parte na monocultura, e fortemente integrada à atividade industrial. Tem uma forte vinculação com o mercado externo, uma vez que, por exemplo, parte da produção de soja é destinada às exportações.

Esse processo e toda essa estrutura levaram à concentração da propriedade rural em amplos trechos do território, nessa porção do Nordeste.

Na década de 1990, particularmente o oeste baiano passou a ser ocupado também pelas culturas irrigadas de feijão, arroz e café, este último com os índices de produtividade bastante elevados para os padrões do Brasil.

PARA COMPREENDER Texto

O Vale do Jequitinhonha

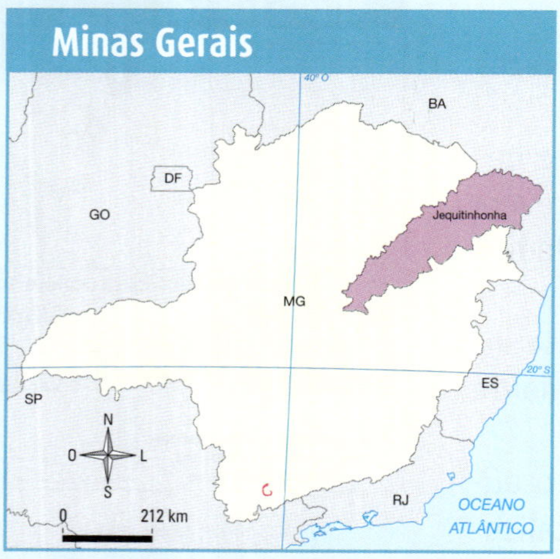

Fonte: Portal do Governo de Minas Gerais. Disponível em: <http://www.mg.gov.br>. Acesso em: 29 dez. 2011.

No extremo sul do Sertão, num trecho que faz parte do norte do estado de Minas Gerais, mais precisamente no nordeste desse estado, há uma região formada por 55 municípios chamada Vale do Jequitinhonha. O nome Jequitinhonha deriva de uma prática dos índios Botocudo de deixarem à noite, no rio, uma armadilha pronta para pegar peixe, certificando-se, no dia seguinte, de que "jequi tinha onha" (*jequi*: armadilha de pesca feita de bambu; e *onha*: peixe).

Essa região possui dois aspectos que a individualizam: o primeiro, evidentemente, é o fato de ser percorrido por um trecho do rio Jequitinhonha. O segundo é a pobreza em que se encontra a maior parte de sua população. Essa região concentra um dos maiores índices de famílias sem renda do país. A situação de pobreza da região foi acentuada com a implantação de áreas de reflorestamento para a produção de carvão vegetal, utilizado pelas usinas siderúrgicas do Centro-Sul.

As empresas de reflorestamento e as carvoarias empregam muitos trabalhadores do Vale, pagando-lhes salários baixíssimos e submetendo-os a condições precárias de trabalho.

Todos os anos, nas épocas de colheita de alguns produtos agrícolas em São Paulo (cana-de-açúcar, laranja), milhares de trabalhadores migram do Vale do Jequitinhonha para esse estado.

Nas últimas décadas, graças a fortes investimentos, sobretudo em educação e cultura, do Governo Federal, o panorama socioeconômico da região vem melhorando gradativamente, mas ainda há muito por fazer para inserir a região num patamar de renda que torne a vida da população do Vale do Jequitinhonha mais digna.

■ Responda: Quais fatores contribuíram para acentuar a pobreza da região do Vale do Jequitinhonha?

Meio-Norte

Essa sub-região, cujo clima é quente e relativamente úmido, compreende parte do Piauí e do Maranhão.

No Meio-Norte, através da atividade extrativa, conforme visto nos capítulos 9 e 10, duas espécies de palmeiras constituem fonte de renda para a população: a **carnaúba** e o **babaçu**.

Enquanto a carnaúba é a mais importante no Piauí, o babaçu destaca-se no Maranhão.

Da carnaúba, tudo se aproveita: a madeira, que é resistente; as raízes, para a obtenção de compostos medicinais; o fruto, que serve de alimento para o gado; as folhas, com as quais são feitas esteiras e redes; a semente, da qual se extrai o óleo de cozinha; e a cera, sua principal riqueza, extraída da camada superficial das folhas. Por toda essa utilidade, a carnaúba é chamada de "árvore da providência".

Árvores de carnaúba no Piauí (2011).

Babaçu no Maranhão (2010).

Óleo de rícino
Matéria-prima para a fabricação de tintas, vernizes, cosméticos, sabões, plásticos, lubrificantes, fibras sintéticas etc. É também conhecido por suas propriedades medicinais e usado como azeite para iluminação. Tem propriedades atóxicas e antialérgicas.

O babaçu é empregado sobretudo na produção de óleos. Dele também são extraídos o palmito, de cujas folhas são feitos cestos e esteiras, e a amêndoa.

No Maranhão, nos vales dos rios Mearim e Pindaré, sobressai o cultivo do arroz, que é o principal produto agrícola desse estado.

O Piauí ainda tem tradição na plantação de mamona, que alcançou significativa produção entre as décadas de 1960 e 1970, destinada à fabricação de óleo de rícino. Depois desse período, houve uma grande queda no plantio, que está sendo novamente recuperado com os incentivos do governo federal, para a produção de biodiesel.

Usina que transforma mamona em biocombustível. Canto do Buriti, PI.

Os recursos minerais e a atividade industrial

No Nordeste são encontrados alguns importantes recursos minerais: chumbo, tungstênio, magnesita, gipsita, cobre, xisto betuminoso e urânio (os dois últimos aproveitáveis como fontes de energia).

Destaca-se o sal marinho (sal de cozinha), que tem o Nordeste como seu principal produtor brasileiro e exportador. Esse mineral é intensamente explorado no litoral do Rio Grande do Norte, onde se situam as áreas produtoras de maior destaque do país: Macau, Mossoró, Areia Branca e Açu. As salinas do Rio Grande do Norte são responsáveis por 80% da produção brasileira de sal, também explorado em Aracati, no Ceará.

Além do seu uso na alimentação, o sal é empregado nas indústrias químicas.

O Nordeste apresenta outros minerais que constituem importantes fontes de energia: o petróleo e o gás natural.

Salineiro em Grossos, RN (2011).

Plataforma de petróleo no campo de Piranema, na bacia Sergipe-Alagoas (2007).

Além do Recôncavo Baiano, os estados nordestinos de Sergipe, Alagoas, Rio Grande do Norte, Paraíba e Ceará contribuem para a produção nacional de petróleo.

Distribuição da produção de petróleo por Estado (2011)

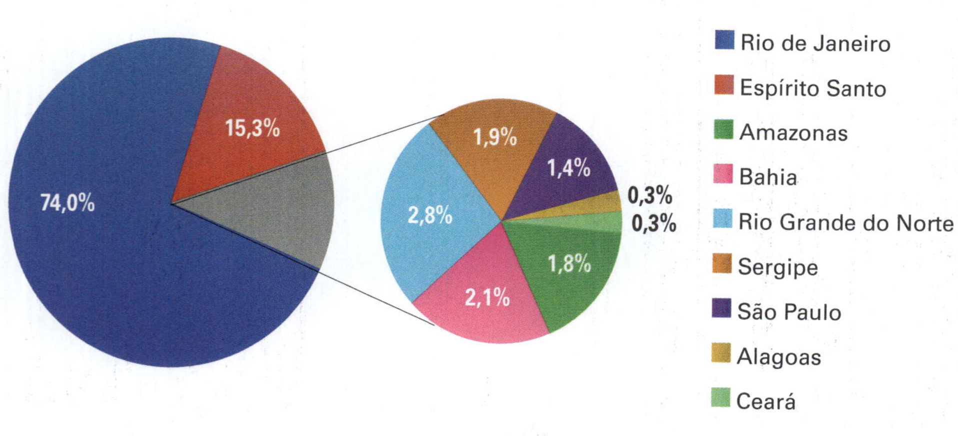

Fonte: ANP/SDP/SIGEP. Set. 2011.

- Observando o gráfico ao lado dos maiores produtores de petróleo do Brasil, monte um *ranking* do maior ao menor produtor de petróleo somente dos estados da região Nordeste.

A industrialização

O pioneirismo da industrialização do Nordeste coube ao pernambucano Delmiro Gouveia, que, em 1913, inaugurou uma usina hidrelétrica em Paulo Afonso, no rio São Francisco, e instalou uma fábrica de linhas de costura nas proximidades.

O sucesso obtido no seu empreendimento chocou-se com os interesses de uma grande empresa inglesa, e ele acabou sendo assassinado, em 1917.

Durante dez anos, seus herdeiros conseguiram manter a fábrica, mas, após esse período, tiveram de vendê-la aos ingleses.

Desde então, foram feitas várias tentativas para industrializar o Nordeste, principalmente após a criação da Sudene e a aplicação da política de incentivos fiscais para quem quisesse se estabelecer na região.

Usina hidrelétrica em Paulo Afonso, BA (2010).

Principais setores e centros industriais

A industrialização nordestina sempre esteve ligada à agricultura da cana-de-açúcar e do algodão, o que beneficiou o desenvolvimento de usinas de açúcar e de fábricas de fiação e tecelagem. Com a descoberta do petróleo, passou a se destacar também a indústria petroquímica.

Entre os mais importantes setores industriais da região estão: o **têxtil**, o de **produtos alimentícios/bebidas** e o **petroquímico**.

Em torno dos locais de extração de petróleo e de gás natural, vêm se estruturando diversos complexos industriais.

No Recôncavo Baiano há um importante complexo industrial que transforma o petróleo bruto em vários subprodutos (gasolina, óleo *diesel*, querosene etc.). Trata-se da Refinaria de Petróleo Landulfo Alves, que pertence à Petrobras.

Na região metropolitana de Salvador, nos municípios de Camaçari e Dias D'Ávila, foi criado o polo petroquímico de Camaçari, em 1978, a maior concentração industrial de todo o Nordeste e uma das maiores do Brasil.

Polo petroquímico
Caracteriza-se pela concentração de indústrias de transformação que têm como matéria-prima o petróleo; por exemplo, indústrias de plásticos, fibras sintéticas, borracha sintética etc.

A instalação de outros setores industriais no Nordeste deu-se em função dos incentivos oferecidos pela Sudene, conforme você já pôde observar no início deste capítulo. Dessa forma, indústrias de eletrodomésticos e de produtos eletrônicos, higiene e limpeza fixaram-se na região metropolitana de Recife, e de produtos alimentícios na região de Fortaleza.

Os grandes centros industriais da região Nordeste situam-se na sub-região da Zona da Mata, onde se localizam a Grande Recife e a Grande Salvador. Nessas áreas existem os distritos industriais, que concentram muitas indústrias de diversos setores.

Na Grande Recife, destacam-se, entre outros distritos industriais, o de Cabo de Santo Agostinho, o de Abreu e Lima, o de Ipojuca, o de Paulista e o de Jaboatão dos Guararapes.

Ainda na Grande Salvador, encontra-se o Centro Industrial de Aratu (criado em 1967), que ocupa áreas dos municípios de Salvador, Simões Filho e Candeias, em torno da baía de Aratu e que reúne várias indústrias (de eletrodomésticos, químicas, de cerâmica, de óleos vegetais, de calçados etc.). Há também uma indústria de base de grande porte, a Usina Siderúrgica da Bahia (Usiba).

Inauguração do Porto da Ford (Terminal Portuário Privativo Miguel de Oliveira) em Candeias, BA (2005).

Porto de Suape em Ipojuca, PE (2011).

Em Camaçari (BA), no ano de 2001, foi inaugurada a fábrica da Ford, a primeira grande indústria automobilística instalada fora do Centro-Sul. O empreendimento recebeu incentivos dos governos federal, estadual e municipal.

A partir da década de 1990, a instalação de indústrias no Nordeste passou a ser estimulada pelos próprios estados, que ofereceram isenção de impostos por alguns anos para áreas não localizadas nas regiões metropolitanas ou redução do imposto em até 50%, como se faz no Ceará, para a instalação de indústrias nessas regiões. Os estados passaram também a doar terrenos e a investir em infraestrutura (rede de energia elétrica, de transportes e de comunicações). À disputa entre municípios e estados para oferecer melhores incentivos para as empresas se instalarem em seus territórios deu-se o nome de "guerra fiscal".

Como resultado dessas estratégias, o Ceará, tradicional produtor têxtil, recebeu mais indústrias têxteis, muitas delas de capital externo. No sudeste baiano, região de Itapetinga, Jequié, Serrinha, Ipirá e Itaberaba, cerca de 30 empresas gaúchas instalaram-se num polo calçadista criado pelo governo baiano, em meados da década de 1990, com incentivos fiscais. Também no estado do Ceará, empresas calçadistas instalaram-se em Sobral, Crato e Fortaleza. Fortaleza é, hoje, o terceiro principal centro industrial do Nordeste.

Ainda na Bahia, em Feira de Santana, encontra-se o terceiro principal Centro Industrial do estado. Em Ilhéus, formou-se um polo de informática e indústrias eletroeletrônicas, em virtude de incentivos oferecidos pelo município, pelo estado e pela Sudene. Cerca de 10% dos microcomputadores vendidos no Brasil são produzidos por empresas instaladas em Ilhéus. Outros distritos baianos que merecem destaque são: Itabuna, Jequié, Vitória da Conquista e Juazeiro.

Em Pernambuco, há o polo gesseiro em Araripina, que produz cerca de 90% do gesso do Brasil; nesse estado também se destacam as confecções de Caruaru.

Em todos esses casos, a mão de obra barata também é um forte atrativo para as empresas.

A atividade turística

A partir dos anos 1980, houve um crescimento da atividade turística nas capitais do Nordeste. Salvador, Recife, Fortaleza, Maceió e Natal são os principais polos de atração, inclusive para turistas estrangeiros. A região de Porto Seguro, no litoral sul da Bahia, também passou a ser muito procurada.

Praia de Porto de Galinhas, em Ipojuca, PE (2009).

Os governos estaduais passaram a estimular a atividade turística, veiculando comerciais nos meios de comunicação de outros estados do Brasil, principalmente São Paulo, o mais populoso e com maior poder aquisitivo. Além disso, houve investimentos estrangeiros em diversos pontos do litoral nordestino, com a construção de hotéis semelhantes aos existentes nos grandes centros turísticos internacionais.

O turismo é uma importante fonte de renda para o Nordeste e gera milhares de empregos na região. Os turistas são atraídos principalmente pelas belas praias e pela perspectiva de calor praticamente o ano todo.

O Nordeste sozinho também comporta quase 50% dos 47 polos ecoturísticos mapeados pela Embratur. É talvez a região brasileira com maiores contrastes de paisagem e riqueza natural.

O ecoturismo no Nordeste está estruturado de várias formas. Uma experiência diferente acontece no município de Beberibe, a 120 km de Fortaleza (CE). Para preservar a cultura local, evitando que o turismo predatório prejudique a vida da comunidade de pescadores, a própria população recebe os visitantes em suas casas, oferece refeições e organiza passeios. Outro bom exemplo é o arquipélago de Fernando de Noronha. Para preservar seus recursos naturais, o Ibama, responsável pela sua administração, estabeleceu um limite para a entrada de turistas.

Praia do Sancho em Fernando de Noronha, PE (2010).

Gruta da Pratinha na Chapada Diamantina, BA (2011).

Parque Nacional dos Lençóis Maranhenses, MA (2011).

Entre os locais mais procurados, destacam-se ainda: o Parque Nacional da Chapada Diamantina, o arquipélago de Abrolhos, a Área de Proteção Ambiental de Itacaré-Serra Grande e a Reserva Biológica do Una, na Bahia; os Lençóis Maranhenses, região conhecida como o "Saara brasileiro"; o delta do rio Parnaíba entre os estados do Piauí e do Maranhão; o Parque Nacional de Sete Cidades, que possui vestígios arqueológicos com data de 250 milhões de anos, além de outra área arqueológica na Serra da Capivara, que guarda mais de 200 sítios com pinturas rupestres, no Piauí.

Em dezembro de 1994, foi inaugurada a Linha Verde, rodovia que percorre o litoral norte da Bahia, cruzando extensa área de dunas, manguezais, lagoas, estuários e coqueiros. Ela facilita o acesso a um dos mais belos trechos do litoral do Nordeste.

Em decorrência de fortes pressões de ambientalistas, foi criada, às margens da Linha Verde, a Área de Proteção Ambiental do Litoral Norte, que submete qualquer empreendimento situado a até dez quilômetros do mar à aprovação do Conselho Estadual de Proteção Ambiental.

Os empreendimentos imobiliários para a instalação de hotéis e de casas particulares nas áreas litorâneas podem trazer sérios prejuízos ao ambiente. Além disso, acabam expulsando a população local, que, em geral, é composta de pessoas que não possuem títulos de propriedade.

Visitantes observam paredão de pinturas rupestres no Boqueirão da Pedra Furada, São Raimundo Nonato, PI (2010).

Em Canoa Quebrada (CE), um desses empreendimentos provocou mudanças na direção do movimento das areias das dunas e aterrou um antigo povoado do lugar.

Se o turismo é uma atividade geradora de renda, é preciso que essa renda seja bem distribuída. Uma medida importante a ser tomada é a preparação e a profissionalização da mão de obra local para exercer as diversas funções ligadas ao turismo. Isso impede a "importação" de mão de obra de outras regiões, que faz com que parte da renda gerada acabe migrando para outros locais.

A rede viária nordestina

De acordo com pesquisa da Confederação Nacional de Transportes (CNT), em 2010, as rodovias nordestinas foram consideradas as piores do país.

Para reverter essa situação, tanto no que diz respeito às estradas de rodagem, mas sobretudo em relação as ferrovias, várias iniciativas foram tomadas para melhorar a rede viária nordestina e integrá-la às demais regiões.

A ferrovia Transnordestina, uma das maiores obras ferroviárias em execução no país, cuja ideia foi lançada por Dom Pedro II, ganhou impulso apenas em 2010. Ela vai ligar os centros de produção de grãos, gesso, avicultura e agricultura irrigada do semiárido nordestino aos complexos portuários de Suape, em Pernambuco, e ao de Pecém, no Ceará.

Essa ferrovia, com 1.728 quilômetros de extensão, corta os estados do Piauí, de Pernambuco e do Ceará e vai se integrar à malha ferroviária nacional, ao se conectar com a Ferrovia Norte-Sul.

Em 2013, o prazo para a conclusão da ferrovia foi prorrogado de dezembro de 2015 para setembro de 2016.

Traçado da ferrovia transnordestina

Fonte: Relatório do PAC – 11º balanço. Disponível em: <http://www.brasil.gov.br/pac/relatorios/nacionais/9o-balanco-3-anos/parte-4-infraestrutura-logistica/view>. Acesso em: 29 dez. 2011.

As obras na BR-101 Nordeste, principal ligação com a região Centro-Sul, prevê a restauração de 399 km de Natal (RN) a Palmares (PE), passando pela Paraíba, e a duplicação e a restauração de 650 km de Pernambuco à Bahia, passando por Alagoas e Sergipe. Com a conclusão dessas obras, o fim dos gargalos vai reduzir em mais de 40% o tempo de viagem dos caminhões e vai ainda ajudar a incrementar as atividades turísticas.

Atividades

RETOME SEUS CONHECIMENTOS

1. Por que desde os anos de 1970 o Nordeste vem apresentando índices de crescimento superiores aos do Centro-Sul e da média brasileira?
2. Qual o fator responsável pelo desenvolvimento do cultivo de frutas ao longo do curso do rio São Francisco?
3. Quais tipos de culturas vêm se desenvolvendo desde os anos de 1980 no oeste da Bahia e no sul do Piauí?
4. Quais são os principais benefícios que a ferrovia Transnordestina levará para a região Nordeste?

EXERCITE SEUS CONHECIMENTOS

5. As diferenças entre o nível de desenvolvimento econômico e social das regiões brasileiras foram determinantes na elaboração, por parte do governo, de políticas para reduzir as desigualdades regionais. Foram criados órgãos de planejamento, como a Sudene — estatal responsável pelo desenvolvimento da região Nordeste. Esse órgão atingiu seus objetivos? Explique.
6. Observe a fotografia.

Igreja Matriz Nossa Senhora da Pena e antiga cadeia no centro histórico da cidade de Porto Seguro, BA (2009).

Faça uma pesquisa com três importantes pontos turísticos da região Nordeste e destaque-as em um mapa. Na sua pesquisa deve constar:

- Nome das cidades pesquisadas e a qual estado ela pertence;
- Qual a principal atração turística da cidade;
- Qual o meio de transporte mais utilizado pelos turistas;
- Recortes de jornais e revistas, reportagens ou propagandas sobre o turismo das cidades pesquisadas.

Compare suas anotações com as dos outros colegas. Vocês pesquisaram sobre cidades diferentes ou iguais? O que elas têm em comum? Troquem ideias com a orientação do professor.

DIVERSIFICANDO

LIVROS

Seca no Nordeste: desafios e soluções

Edith Oliveira de Menezes e José Micaelson Lacerda Morais.
São Paulo: Atual, 2002.

O livro mostra as transformações ocorridas nas últimas décadas na região Nordeste. Fala sobre o tradicional perfil agrário que está dando lugar a uma nova realidade industrial e urbana, marcada, contudo, por graves problemas decorrentes dessas mudanças, cujas soluções constituem um grande desafio.

Faces do Sertão

Luis Fernando Pereira.
São Paulo: Escala Educacional, 2007.

O livro narra a história de dois amigos, Ivan e Jorge. Eles decidem desbravar a Caatinga em busca das raízes da família de Jorge. A paisagem desse bioma deixa marcas nos dois amigos.

O pavão misterioso

Ronaldo Corrêa de Brito e Assis Lima.
São Paulo: Cosac Naify, 2004.

O livro é uma adaptação de um texto famoso da literatura de cordel. Nele, uma princesa enclausurada por seu pai é salva por um príncipe com a ajuda do misterioso pavão.

FILME

O auto da compadecida

Direção: Guel Arraes.
Brasil, 2000.

O filme narra as aventuras de João Grilo, um sertanejo pobre e mentiroso, e Chicó, o mais covarde dos homens. Ambos lutam pelo pão de cada dia e passam por diversas situações enganando a todos da pequena cidade em que vivem no Nordeste. O filme é baseado em uma peça de mesmo nome, escrita por Ariano Suassuna, em 1955.

SITES

Porto Digital

<http://www.portodigital.org.br/>.

No *site* do Porto Digital há informações sobre o ponto de partida para a modernização e a inovação da região Nordeste.

Cerâmica no Rio

<http://www.ceramicanorio.com/artepopular/caruaru/caruaru.htm>.

Site que trata do artesão Mestre Vitalino e traz a biografia do artista e suas obras reconhecidas no Brasil e no mundo.

Atlas Interativo do Nordeste

<http://www.nctn.crn2.inpe.br/terraviewweb>.

No Atlas Interativo do Nordeste, há informações sobre vários aspectos referentes a essa região.

Fundação Joaquim Nabuco

<http://www.fundaj.gov.br>.

No *site* da Fundação Joaquim Nabuco, há um *link* para o Museu do Homem do Nordeste. Nele também se encontra um *link* para pesquisa escolar.

Artesanato do Nordeste do Brasil

"A arte é uma das manifestações mais antigas do ser humano, tendo a sua origem na era paleolítica (12.000 a.C.), quando o homem primitivo vivia em bandos nômades dependendo da caça e da coleta de alimentos para sobreviver. O homem de Pequim e o de Neandertal, por exemplo, já sabiam pintar e fabricar instrumentos de pedra, de osso e de madeira. Como prova disso, estão as paredes das grutas e cavernas da França e da Espanha (Lascoux, Niaux, Altamira e tantas outras), representando a fauna daquela época (cavalos, bisões, mamutes e renas).

Com a vinda de artistas e artesãos portugueses para o Brasil, durante o século XVI, a produção artesanal deixa de ser, apenas, uma manifestação artística e adquire um status profissionalizante. [...]

O Brasil, por ser muito extenso e ter sofrido a influência de diversos povos, possui uma produção artesanal bastante rica e diversificada, que varia de região para região. No Nordeste, em particular, é uma das importantes atrações turísticas. Para elaborar os artesanatos, os nordestinos utilizam vários materiais oriundos da flora e da fauna nativas [...].

Cada material ou grupo de materiais dá origem a um tipo ou variedade de produto artesanal, em que os temas e modelos advêm do próprio grupo social. A tradição barrista dos índios, por exemplo, juntamente com a incorporação das experiências trazidas pelos europeus e africanos, muito contribuiu para o desenvolvimento do artesanato do barro. Nele, costuma-se empregar alguns elementos, encontrados no meio ambiente, tais como o massapé (de cor preta), o tauá (de cor amarela), e o caulim (de cor branca), todos eles passíveis de formar ligas maleáveis e de queimar com segurança.

Massapé
Também chamado de massapê, solo fértil e argiloso, de cor escura, proveniente da decomposição de rochas como granito e calcáreo.

Tauá
Argila de cor amarela, tingida por óxido de ferro; tinta amarela extraída dessa argila.

Caulim
Argila pura e branca usada em cerâmica e porcelana.

Feira de artesanato de Caruaru, PE (2009).

Os produtos artesanais, em cada estado, sofrem variação de acordo com a presença e/ou abundância dos materiais. As tribos indígenas do Maranhão, em particular, elaboram objetos com palhas de plantas, madeiras e penas de pássaros. O estado produz doces de frutas nativas, além de sucos (de murici, bacuri e buriti); cerâmica figurativa (no Vale do Parnaíba); cerâmica utilitária (em Apiaí); rendas de almofadas (em Guimarães, São Luís, Humberto de Campos e Praia do Raposo); cestarias (em Barreirinhas); e tecelagem e redes de dormir (em Alcântara, Pinheiros, São Bento e Barreirinhas).

Artesã de Feliz Deserto, AL (2010).

Em se tratando de rendas — herança dos portugueses — o Nordeste produz os seguintes tipos: de bilros, labirinto, crochê, irlandesa, renascença e filé. Por outro lado, os bordados mais comuns são: labirinto, ponto-de-cruz, ponto-cheio, rococó, richelieu e redendê. Seguindo uma tradição advinda dos tempos coloniais, as noivas continuam encomendando rendas e peças bordadas para os seus enxovais.

[...]"

VAINSENCHER, Semira Adler. *Artesanato do Nordeste do Brasil*. Disponível em: <http://basilio.fundaj.gov.br/pesquisaescolar/index.php?option=com_content&view=article&id=326&Itemid=1>. Acesso em: 30 abr. 2014.

Artesanato de buriti, Tutoia, MA (2008).

Renda de bilro, Aquiraz, CE (2008).

ATIVIDADES

1. De acordo com o texto e com o que você estudou na Unidade IV sobre o complexo regional do Nordeste, você saberia reconhecer algum artesanato produzido nessa região? Cite exemplos.
2. O artesanato no Nordeste é uma atividade econômica importante. Faça uma pesquisa sobre os principais objetos produzidos e a matéria-prima utilizada.
3. No texto aparecem as expressões "cerâmica figurativa" e "cerâmica utilitária". Você sabe qual é a diferença entre elas? Conte para os seus colegas.
4. Mestre Vitalino foi um importante artista nordestino. Faça uma pesquisa sobre a vida e as obras dele e apresente o que descobriu para a sua classe e seu professor.

O Centro-Sul

A

Favela de Paraisópolis e prédios residenciais de luxo, ao fundo, em São Paulo, SP (2009).

UNIDADE

V

Indústria automobilística em Juiz de Fora, MG (2009).

Agricultura mecanizada (soja) em Lagoa Vermelha, RS (2011).

Nesta unidade você vai conhecer o Centro-Sul, que é o complexo regional em que o espaço natural foi mais profundamente transformado. Isso ocorreu em virtude da intensa atividade econômica, onde pontificou o processo de industrialização, que, ainda hoje, altera profundamente sua paisagem natural. Essa região é marcada também pelo grande aproveitamento de terras para uma agricultura altamente mecanizada e integrada à pecuária intensiva. É a região que apresenta a maior densidade populacional e as mais elevadas taxas de urbanização.

- Relacione o texto às imagens de abertura desta unidade.
- Apesar do alto nível de desenvolvimento econômico da região Centro-Sul, os contrastes sociais e econômicos ainda se fazem presentes. Descreva a imagem que melhor retrata essa situação.

12 A organização do espaço no Centro-Sul

PARA CONTEXTUALIZAR

Observe o mapa.

Centro-Sul

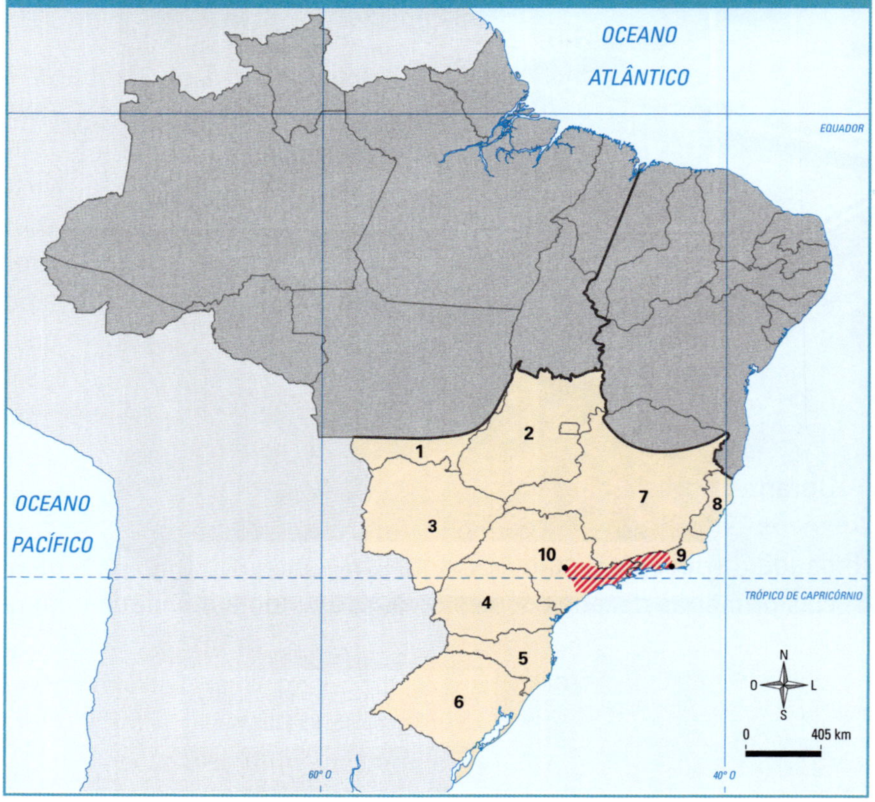

Fonte: *Atlas geográfico escolar*. Rio de Janeiro: IBGE, 2009. p. 152 (adaptado).

ATIVIDADES

Converse com seus colegas e com seu professor.

1. Quais são os estados situados na região Centro-Sul, de acordo com a numeração do mapa?
2. Quais são os estados que pertencem apenas parcialmente à região Centro-Sul? Por que parte desses estados não pertence a essa região?
3. Que área está indicada pelo espaço hachurado no mapa? Quais são suas prováveis características espaciais e econômicas?
4. Calcule a distância real entre as pontas extremas da área hachurada, utilizando a escala gráfica do mapa.

O início da organização econômica e social do Centro-Sul

A partir do final do século XVII, devido à corrida do ouro, a porção mais interior do espaço do Centro-Sul começou a ser ocupada e organizada. Até então, a área povoada restringia-se ao litoral entre Vitória e São Vicente, sem nenhuma expressão econômica.

Com a descoberta do ouro (década de 1690) e, depois, dos diamantes (1729), a expectativa de enriquecimento rápido passou a atrair um grande número de pessoas para a região das Minas Gerais, dando origem a vários núcleos de povoamento, que logo se transformariam em vilas e cidades.

O ouro e as pedras preciosas foram encontrados em áreas dos atuais estados de Minas Gerais (maior área de exploração), Goiás, Mato Grosso do Sul e no sul de Mato Grosso. A exploração dessas riquezas minerais no Centro-Sul estendeu-se praticamente por todo o século XVIII.

Não foi só a atividade mineradora que propiciou o surgimento de núcleos de povoamento nesse período. A necessidade de abastecer a sociedade mineradora levou ao desenvolvimento de atividades agrícolas e comerciais no sul de Minas Gerais, em São Paulo e no Rio de Janeiro, além da criação de gado no sul do Brasil.

A mudança do eixo econômico para o Centro-Sul

Em 1763, a capital do Brasil foi transferida de Salvador para o Rio de Janeiro.

Durante praticamente todo o século XVIII, a mineração constituiu a principal atividade econômica da colônia, fazendo com que o Centro-Sul assumisse o comando da economia colonial brasileira.

Nas primeiras décadas do século XIX, quando a atividade mineradora começava a declinar e o açúcar e o algodão perdiam competitividade no mercado internacional, um novo produto agrícola veio fortalecer ainda mais o crescimento e a estruturação dessa região: o café, conforme você também estudou na Unidade I. Ele é até hoje um dos mais importantes produtos de exportação do país.

Paralelamente ao crescimento da cultura cafeeira, desenvolveu-se a criação de gado, destinada ao abastecimento da população. O gado ocupou vastas áreas do Centro-Sul, destacando-se o oeste de São Paulo, o Triângulo Mineiro, o norte e o sul de Minas Gerais, o vale do rio Paraíba (SP e RJ), a área do atual estado de Mato Grosso do Sul e as campinas do sul do Brasil.

Triângulo Mineiro
Região do sudoeste mineiro, delimitada pelos rios Grande, Paranaíba e Araguari. Destaca-se pela pecuária de corte. Seus principais centros urbanos são Uberlândia, Uberaba e Araguari.

Café: a base para a industrialização do Centro-Sul

O café foi trazido ao Brasil no início do século XVIII, mas sua exploração econômica deu-se na segunda metade deste século, no estado do Rio de Janeiro, que reunia as condições ideais de clima e solo para o desenvolvimento dessa planta. Posteriormente, seu cultivo irradiou-se para São Paulo, sul de Minas Gerais e Espírito Santo.

Nas primeiras décadas do século XX, os cafezais alcançaram as terras dos estados do Paraná e do Mato Grosso do Sul, e o Brasil passou a ser o maior produtor mundial de café, tendo os Estados Unidos como principal comprador.

No final do século XX e no início do século XXI, o café ganhou as terras da Bahia, conforme você observou na unidade anterior, e o cerrado mineiro, onde se produz atualmente café com recursos de alta tecnologia, o que faz dessa região uma das grandes produtoras do Brasil.

Expansão do cultivo do café no Centro-Sul (primeira metade do século XIX – segunda metade do século XX)

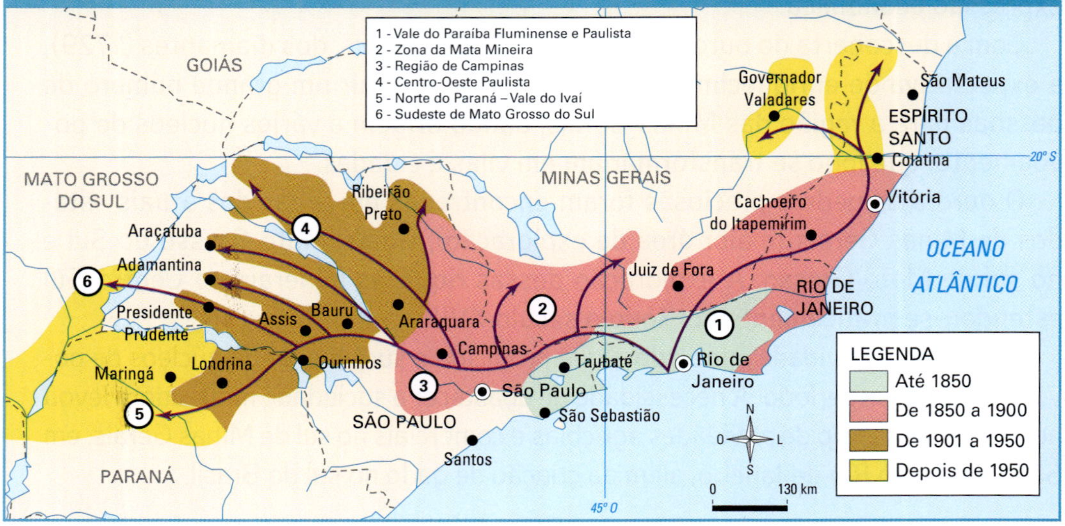

Fonte: RODRIGUES, João Antonio. *Atlas para Estudos Sociais*. Rio de Janeiro: Ao Livro Técnico, 1977.

Inúmeras ferrovias e estradas foram abertas para o escoamento da produção cafeeira até os portos de Santos e do Rio de Janeiro. Nas proximidades dessas estradas começaram a se desenvolver aglomerados urbanos, alguns estabelecimentos industriais e embriões de grandes cidades da atualidade.

A monocultura do café, assim como a lavoura canavieira no Nordeste, que você estudou na unidade anterior, organizou-se em grandes propriedades, utilizando, no início, o trabalho escravo e, posteriormente, empregando trabalhadores livres (assalariados), principalmente imigrantes estrangeiros. Ao avançar para o interior da região, o cultivo do café favoreceu o aparecimento de médias propriedades e de uma série de serviços de apoio à produção cafeeira, como os bancos e diversos tipos de comércio.

Dos quase cinco milhões de imigrantes que o Brasil recebeu até as primeiras décadas do século XX, a maior parte fixou-se no Centro-Sul (principalmente São Paulo, Paraná, Santa Catarina e Rio Grande do Sul), influenciando a vida econômica, social e cultural da região. A preferência por esses estados é explicada, entre outros fatores, pela necessidade de mão de obra para a lavoura e pelos incentivos governamentais concedidos para a efetiva ocupação do sul do país.

O trabalho assalariado e o hábito de consumir produtos industrializados trazidos pelo imigrante foram elementos que também contribuíram para a industrialização.

A ocupação da porção sul do território brasileiro

O sul do Brasil não era apropriado para a produção de gêneros tropicais de exportação, por se tratar de uma área de clima subtropical. Para estimular a sua ocupação, o governo promoveu a vinda de colonos estrangeiros, fazendo-lhes diversas concessões, como pagamento de transporte e doação de propriedades rurais.

Descarga de uva para indústria vinícola do Vale dos Vinhedos, em Bento Gonçalves, RS (2011).

Assim, vieram os alemães, que se fixaram em São Leopoldo (RS), em 1824, e em Rio Negro (PR), em 1827. Em 1850 e 1851, colonos alemães fundaram as cidades de Blumenau e Joinville (SC).

Os italianos dirigiram-se para o Rio Grande do Sul, onde se dedicaram ao cultivo da uva e à produção de vinho. Vários de seus núcleos iniciais transformaram-se em importantes cidades, como Caxias do Sul, Bento Gonçalves e Garibaldi, centros produtores de vinho.

A partir de 1878, ingressaram na região poloneses e ucranianos, que se fixaram principalmente no Paraná, onde se dedicaram à agricultura, à pecuária e ao extrativismo da madeira.

Esses colonos introduziram novas técnicas agrícolas e a policultura, e cultivaram novos produtos, como o trigo e o centeio.

Esse povoamento teve como características as relações de trabalho livre e o predomínio de médias e pequenas propriedades rurais em Santa Catarina, parte do Paraná e parte do Rio Grande do Sul. No entanto, em algumas porções dessa parte do Brasil, como no sul do Rio Grande do Sul e no Paraná, deu-se a criação de latifúndios e o emprego do trabalho escravo.

A existência de trabalhadores assalariados na maior parte dos estados sulinos contribuiu para um crescimento contínuo do mercado interno, o que acabou favorecendo, posteriormente, a estruturação de cidades cuja população apresenta nível médio de vida superior ao do restante do país. São exemplos muitas cidades de Santa Catarina e do Rio Grande do Sul.

A atividade industrial

A partir da crise de 1929 que atingiu toda a economia mundial, a importância do café na economia do Centro-Sul e do Brasil começou a diminuir, afetando brutalmente a comercialização do produto, principalmente por depender das exportações aos Estados Unidos. Nesse período, os investimentos econômicos passaram a ser dirigidos para outros cultivos agrícolas e, principalmente, para outra atividade econômica, a indústria, que no início se estruturou em São Paulo e no Rio de Janeiro.

O acúmulo de capitais, proporcionado pelo cultivo do café, a rede ferroviária, a modernização dos portos de Santos e do Rio de Janeiro, a mão de obra qualificada dos imigrantes e o crescente mercado consumidor urbano foram fundamentais ao desenvolvimento da atividade industrial, que acelerou o processo de estruturação do espaço do Centro-Sul comandado por São Paulo.

O centro da economia brasileira

O Centro-Sul é a região mais dinâmica do país em termos econômicos e culturais. Essa região abrange pouco mais de 2 milhões de quilômetros quadrados (aproximadamente 25% da área territorial do Brasil). Sua população, em torno de 120 milhões de habitantes (Censo 2010), corresponde a cerca de 63% da população brasileira.

Complexo regional do Centro-Sul

Fonte: GEIGER, Pedro Pinchas. Organização regional do Brasil. *Revista Geográfica*. Rio de Janeiro, n. 61, jul./dez. 1964. p. 51. Em: MAGNANO, Angélica Alves. *Revista Brasileira de Geografia*. Rio de Janeiro, v. 57, n. 4, out./dez. 1995. p. 77; *Atlas geográfico escolar*. Rio de Janeiro: IBGE, 2009. p. 90 e 152 (adaptado).

Ao longo de nossa história, as áreas que compõem o Centro-Sul, especialmente o eixo Rio-São Paulo, foram gradativamente se efetivando como as mais expressivas do país sob os pontos de vista econômico, financeiro e educacional, o que provocou transformações significativas na paisagem, que você irá observar no capítulo a seguir.

Silo de grãos e plantação de soja em Mauá da Serra, PR (2010).

Essa região concentra o mais diversificado e amplo parque industrial do Brasil e da América Latina.

Em amplos e diversos trechos do espaço geográfico do Centro-Sul verifica-se a ocorrência de uma agricultura moderna, com uso intensivo de fertilizantes, adubos, agrotóxicos, máquinas agrícolas, equipamentos e técnicas avançadas de cultivo, conforme você observou na seção **Para contextualizar**. Esse espaço agrícola é caracterizado também pela presença de empresas com forte capacidade de investimentos, grandes propriedades rurais e utilização de mão de obra temporária de outras regiões do país, de acordo com o que você estudou na unidade anterior.

Ciência e tecnologia

A região concentra também o mais importante parque científico e tecnológico do país, abrigando boa parte das melhores universidades e dos centros de pesquisa estatais e privados, desenvolvendo tecnologia de ponta, conforme você irá conhecer a seguir.

No vale do Paraíba, no trecho do estado de São Paulo, por exemplo, há centros de pesquisa, como o Instituto Tecnológico de Aeronáutica (ITA) e o Instituto Nacional de Pesquisas Espaciais (Inpe), que desenvolvem tecnologia avançada nos setores aeroespacial e de telecomunicações (aviões e satélites artificiais). A existência desses centros de pesquisa e, portanto, de mão de obra altamente qualificada, permitiu a instalação de indústrias de ponta nos setores de telecomunicações e de aeronáutica, como a Embraer. Todas essas empresas se localizam na área hachurada do mapa da seção **Para contextualizar**, conforme você pôde observar, e fazem do Centro-Sul a região de maior concentração de polos tecnológicos do Brasil.

Laboratório do Inpe em São José dos Campos, SP (2008).

O desenvolvimento econômico do Centro-Sul apoiou-se na instalação de uma infraestrutura de telecomunicações, fornecimento de energia e transportes, além de indústrias de base, como siderúrgicas, refinarias de petróleo e petroquímicas.

Barra da Tijuca, bairro luxuoso do Rio de Janeiro, RJ (2011).

No Centro-Sul estão as sedes de grandes empresas que atuam no comércio varejista e no atacadista, tanto nacionais como multinacionais. As redes de TV, as grandes editoras que publicam livros, revistas e os jornais de maior circulação do país também estão sediados nessa região.

A maior concentração das atividades econômicas, inclusive dos serviços de saúde e educação, contribuem para que a população do Centro-Sul apresente indicadores sociais mais elevados do que os do restante do Brasil.

Porém, apesar de ser a região mais desenvolvida do território brasileiro, também apresenta contrastes significativos, tais como sociais, econômicos, culturais e ambientais, conforme você pode observar nas fotografias ao lado.

Favela da Rocinha no Rio de Janeiro, RJ (2010).

PARA COMPREENDER Texto e charge

A capital do Brasil, Brasília, é a sede do poder político nacional e, portanto, das decisões políticas. É uma cidade planejada, cuja área central tem a forma de um avião. Localizada no Distrito Federal, na região Centro-Sul, ao seu redor concentram-se as chamadas cidades-satélites, como Samambaia, Tabatinga e Ceilândia, que recebem grande parte dos migrantes que se dirigem para o Distrito Federal. Esse fenômeno acaba provocando intenso crescimento populacional e graves problemas sociais.

Leia o texto e observe a charge.

Brasília — centro das decisões políticas

"Brasília correspondeu, essencialmente, a um projeto que tinha como objetivo garantir a ocupação territorial do centro do Brasil, segundo uma estratégia que se preocupava com o desenvolvimento e a urbanização do Centro-Oeste e do Norte amazônico como meio de consolidar a soberania nacional sobre aquelas regiões. Essa solução, além disso, tinha o mérito de afastar a capital da agitação do Rio, das favelas e de quaisquer concentrações urbano-industriais, conferindo tranquilidade e meios de rápida defesa ao núcleo central do poder. Nessa concepção, a capital assume a característica de uma 'fortaleza' irradiadora de poder e centro de integração territorial."

ARBEX JR., José; SENISE, Maria Helena Valente. *Cinco séculos de Brasil*. São Paulo: Moderna, 1998. p. 154.

— *Qual é o plano, piloto?*

CARUSO, Paulo. *Folha de S.Paulo*, 21 fev. 2000. p. 43.

Responda às questões a seguir.

1. Qual a relação entre o texto e a charge?
2. A charge refere-se ao formato do território de Brasília e faz um trocadilho com o nome da área central da cidade (o Plano Piloto). Explique a ironia do chargista e a crítica feita por ele.
3. Quais problemas sociais e ambientais decorrem do processo retratado na charge?

Em virtude do dinamismo econômico, algumas áreas do Centro-Sul, em particular as regiões metropolitanas de São Paulo, Rio de Janeiro, Belo Horizonte e Brasília, exercem forte atração sobre trabalhadores de outras regiões do Brasil, que têm esperança de adquirir bens e ter acesso a serviços como educação, saúde, lazer e serviços administrativos. A São Paulo, por exemplo, chegam migrantes de todos os estados brasileiros. Além desses trabalhadores, essas regiões metropolitanas receberam e continuam recebendo grande número de pessoas de outras partes do mundo, como bolivianos e paraguaios, configurando-se, portanto, como polos de atração populacional (áreas de imigração), conforme você observou no capítulo 8, que trata da população brasileira.

Centros da economia nacional: intenso contato com o exterior

Rio de Janeiro e, especialmente, São Paulo, as duas maiores metrópoles do país, são os principais centros da economia nacional. Nessas duas capitais são tomadas importantes decisões nos planos econômico e financeiro que afetam outras áreas do país.

Elas concentram parcela significativa da riqueza brasileira, gerada por diversas atividades econômicas dos setores secundários e, hoje, principalmente terciários. Concentram também as sedes de grandes empresas, inclusive de bancos. Essas empresas, por sua vez, determinam onde, quando e quanto investir em outras áreas do país.

São Paulo e Rio de Janeiro são também os principais centros culturais e educacionais do país, com grande número de teatros, casas de espetáculos, bibliotecas, universidades, entre outros.

O Centro-Sul concentra aproximadamente 90% do movimento de passageiros de voos internacionais, sendo São Paulo responsável por cerca de 65% desse movimento e o Rio de Janeiro, por 20%. As demais capitais dos estados que compõem o Centro-Sul, bem como Brasília-DF, são responsáveis pelos 5% restantes.

Nessas duas metrópoles é realizada a maior parte dos eventos de porte internacional, como espetáculos artísticos, eventos esportivos, conforme as fotografias abaixo, e feiras de negócios, nas quais são apresentadas novidades tecnológicas de diversos setores industriais. As cidades sediam também eventos dos quais participam profissionais e cientistas de renome internacional.

Rock in Rio, no Rio de Janeiro, RJ (2011).

Grande Prêmio do Brasil de Fórmula 1, no Autódromo de Interlagos, em São Paulo, SP (2011).

Em virtude do grande volume de pessoas que recebem, tanto por motivos turísticos como profissionais, os municípios do Rio de Janeiro e principalmente de São Paulo possuem uma ampla e sofisticada rede hoteleira.

São Paulo concentra as maiores empresas de telecomunicações e informática do país, assim como a maior parte das filiais das empresas transnacionais que atuam no Brasil, a maioria das sedes dos bancos privados brasileiros e a maior parte das filiais dos bancos estrangeiros. Ela é considerada uma cidade global, ponto de contato intenso com diversas outras cidades globais, como Nova York, Chicago e Los Angeles (Estados Unidos); Londres (Reino Unido); Paris (França); Roma (Itália); Frankfurt (Alemanha) e Tóquio (Japão).

PARA COMPREENDER Mapa

Brasil – Polos de tecnologia (2008)

Fonte: *Atlas geográfico escolar*: ensino fundamental de 6º a 9º ano. Rio de Janeiro: IBGE, 2010. p. 64.

Com base no mapa e no que você estudou no capítulo, responda às questões.

1. Como se apresenta a distribuição dos polos tecnológicos no Brasil?
2. Cite exemplos de setores de alta tecnologia, de acordo com o que você observou anteriormente no subtítulo "Ciência e tecnologia" deste capítulo.

É fundamental relativizar a influência dos centros tecnológicos do Centro-Sul no contexto internacional. Comparativamente aos países centrais, sua importância é bem menor. A produção de tecnologia no Brasil e nos demais países subdesenvolvidos depende de conhecimentos gerados, muitas vezes, nos países desenvolvidos.

O estado de São Paulo sozinho concentra 40% da produção industrial do país. Para a metrópole paulista converge boa parte dos fluxos de investimentos, das ligações telefônicas e das mensagens via internet de profissionais de outros países e de outras regiões do Brasil. Diante disso, percebemos que o Centro-Sul é a região de contato mais intenso e direto com o exterior, responsável pelo maior volume das exportações e importações brasileiras e pelo maior fluxo de capitais internacionais que ingressam no Brasil.

MAIS INFORMAÇÃO

Centros financeiros e cidades mundiais

"Wall Street, The City of London, Avenida Paulista... O que há de comum entre essas localidades de Nova York, Londres e São Paulo? Em todas elas, banqueiros, investidores, empresários e executivos estão movimentando capitais. Os maiores centros financeiros do planeta também incluem cidades como Frankfurt, Hong Kong, México, Paris, Tóquio etc.

'Nesses mercados financeiros, que se mundializam e ao mesmo tempo desenvolvem produtos cada vez mais complexos, a cotação dos valores é influenciada por fatores tanto econômicos quanto monetários, políticos, ou até psicológicos'; é o que afirma Emmanuel Vaillant, no *Correio da Unesco* de janeiro de 1997".

BRIGAGÃO, Clóvis; RODRIGUES, Gilberto. *Globalização a olho nu*. São Paulo: Moderna, 1998. p. 68-69.

Edifícios da avenida Paulista, em São Paulo, SP (2010).

A década de 1990 constituiu-se numa nova etapa de ingresso de indústrias transnacionais no Brasil, entre elas as do setor automobilístico. Nesse período, quase todas as transnacionais desse setor instalaram-se no Centro-Sul. Mas, dessa vez, elas não procuraram as áreas metropolitanas de Belo Horizonte e São Paulo (incluindo o Grande ABC) ou o eixo Rio-São Paulo (Taubaté e São José dos Campos) para se instalar.

Com exceção da fábrica de caminhões da Volkswagen, que foi construída em Resende (RJ), e da Peugeot-Citroën, em Porto Real (RJ), todas as outras indústrias automobilísticas optaram por cidades do interior de São Paulo, Minas Gerais e Goiás e pelas regiões da Grande Curitiba (PR) e da Grande Porto Alegre (RS), o que fez dessas regiões espaços de economia global. As transnacionais se interligam em diversas partes do mundo por meio de toda a logística que envolve a produção automobilística e dos demais produtos. Essas regiões que compõem espaços de economia global estão conectadas com o resto do mundo através dos meios de transporte e de comunicação.

Logística
Corresponde ao conjunto de recursos e operações que permitem o transporte de pessoas ou mercadorias com menor custo e menor tempo.

Contrastes socioespaciais

O modelo concentrador e excludente do capitalismo brasileiro que verificamos em outras regiões aparece também de forma bastante clara e significativa no espaço geográfico do Centro-Sul.

Caracterizada por desenvolvimento e crescimento econômico expressivos e por abrigar os principais centros de negócios do país, a região Centro-Sul é marcada por acentuados contrastes sociais e econômicos: prédios de apartamento suntuosos ao lado de favelas; sedes de grandes grupos empresariais em bairros onde trabalham inúmeros vendedores ambulantes. A economia formal, como no restante do país, convive com a economia informal, mas no Centro-Sul esses contrastes parecem ser mais marcantes.

No meio rural também notamos que essa região é marcada por grandes disparidades. É só contrapor, por exemplo, a agricultura de subsistência, bastante rudimentar, praticada no vale do Ribeira de Iguape (sul de SP) e a agricultura empresarial, intensamente mecanizada e integrada com a indústria (agroindústria), presente nas culturas de cana-de-açúcar e de laranja (SP), de soja (RS, PR, MS, MT, GO) e de arroz (GO).

Agricultura de subsistência (plantação de pimenta dedo-de-moça) em Jales, SP (2008).

Agricultura mecanizada (plantação de soja) em Primavera do Leste, MT (2011).

Essas disparidades também ficam evidentes se compararmos os profissionais altamente qualificados dos grandes centros urbanos, que periodicamente fazem cursos de capacitação e têm remuneração elevada, com os trabalhadores das carvoarias do Mato Grosso do Sul e das áreas próximas à divisa entre Minas Gerais e Goiás, muitas vezes submetidos à condição de trabalho escravo; ou aos milhares de vendedores ambulantes espalhados pelos centros urbanos da região.

Atividades

RETOME SEUS CONHECIMENTOS

1. Qual produto agrícola serviu de base para a industrialização do Centro-Sul, principalmente para o estado São Paulo? Justifique a sua resposta.

2. Brasília é a atual capital do Brasil.

   a) Quais cidades já foram capitais do Brasil?

   b) Quais motivos justificaram a transferência da capital brasileira?

3. O Sul do Brasil, não sendo apropriado para a produção de gêneros tropicais, por se tratar de uma área de clima subtropical, teve sua ocupação diferenciada em relação ao restante do país. Qual foi a medida adotada pelo governo para a ocupação dessa porção do território brasileiro?

EXERCITE SEUS CONHECIMENTOS

4. O café, durante muito tempo, foi o carro-chefe da economia brasileira e o Brasil tinha como grande comprador os Estados Unidos. A crise mundial de 1929, que atingiu fortemente o nosso principal comprador, provocou queda nas vendas do produto. Muitos interpretariam esse acontecimento como uma grande tragédia para a economia brasileira, mas não foi bem isso que ocorreu.

   Quais foram as consequências para a economia brasileira, diante da situação descrita?

5. Observe o mapa e responda às questões.

   a) Qual o nome do estado representado no mapa? E qual o nome da área em destaque?

   b) Quais atividades econômicas levaram à ocupação mais efetiva desse estado e dessa área em particular?

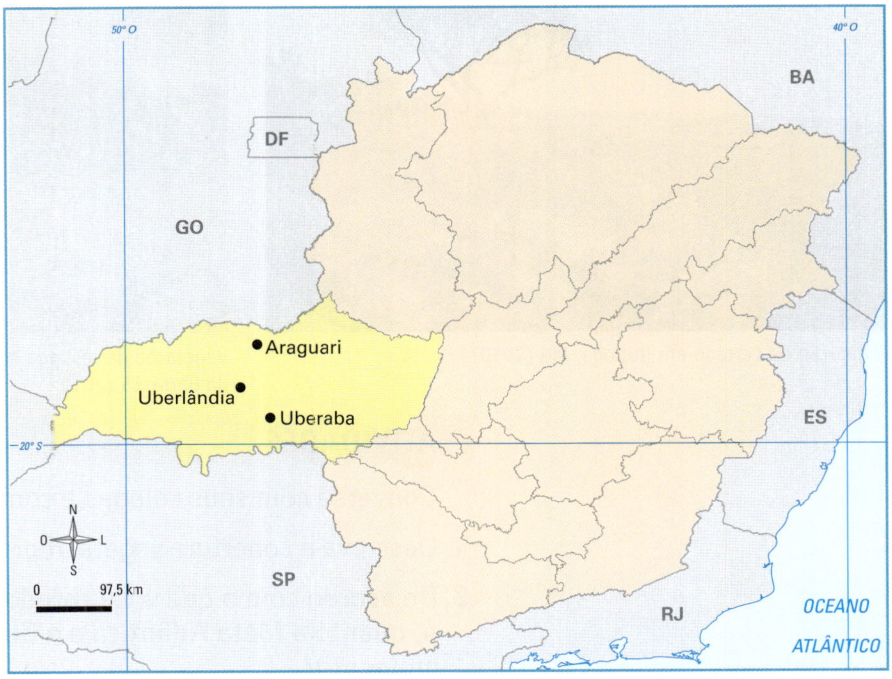

Fonte: ÍSOLA, Leda; CALDINI, Vera. *Atlas geográfico Saraiva*. São Paulo: Saraiva, 2009. p. 80 (adaptado).

6. Reúna-se com seu grupo e pesquisem notícias atuais sobre atividades econômicas (indústria, comércio e serviços), eventos culturais, problemas sociais e políticos da região Centro-Sul. Depois, elaborem um texto de conclusão, apontando os principais recursos e problemas da região.

13 A natureza do Centro-Sul

PARA CONTEXTUALIZAR

Observe as fotografias.

Acácia florida na Mata Atlântica, no Parque Estadual Carlos Botelho, SP (2010).

Araucárias no Parque Nacional de Aparados da Serra em Cambará do Sul, RS (2011).

Vegetação de Cerrado em Itutinga, MG (2010).

Vegetação de restinga no Parque Estadual de Itaúnas em Conceição da Barra, ES (2010).

ATIVIDADES

Converse com seus colegas e com seu professor.

1. Descreva a cobertura vegetal representada nas fotografias acima.
2. De acordo com o que você estudou sobre os biomas no capítulo 4, quanto a Mata Atlântica e o Cerrado foram desmatados até o momento?
3. No capítulo 4, vimos que a cobertura vegetal que se localiza no Centro-Sul foi bastante devastada. De acordo com o que você estudou no capítulo anterior, indique as causas desse processo de desmatamento.

Espaço natural bastante transformado

Em decorrência da intensa atividade econômica, da boa qualidade das terras para a agricultura, do desenvolvimento da pecuária, da maior densidade populacional, das elevadas taxas de industrialização e urbanização, entre outros fatores, são muitos e diversos os problemas ambientais verificados no Centro-Sul.

Vamos estudar as características naturais e alguns problemas ambientais dessa região.

Relevo

Unidades de relevo do Centro-Sul (Classificação de Jurandyr L. S. Ross – 1990)

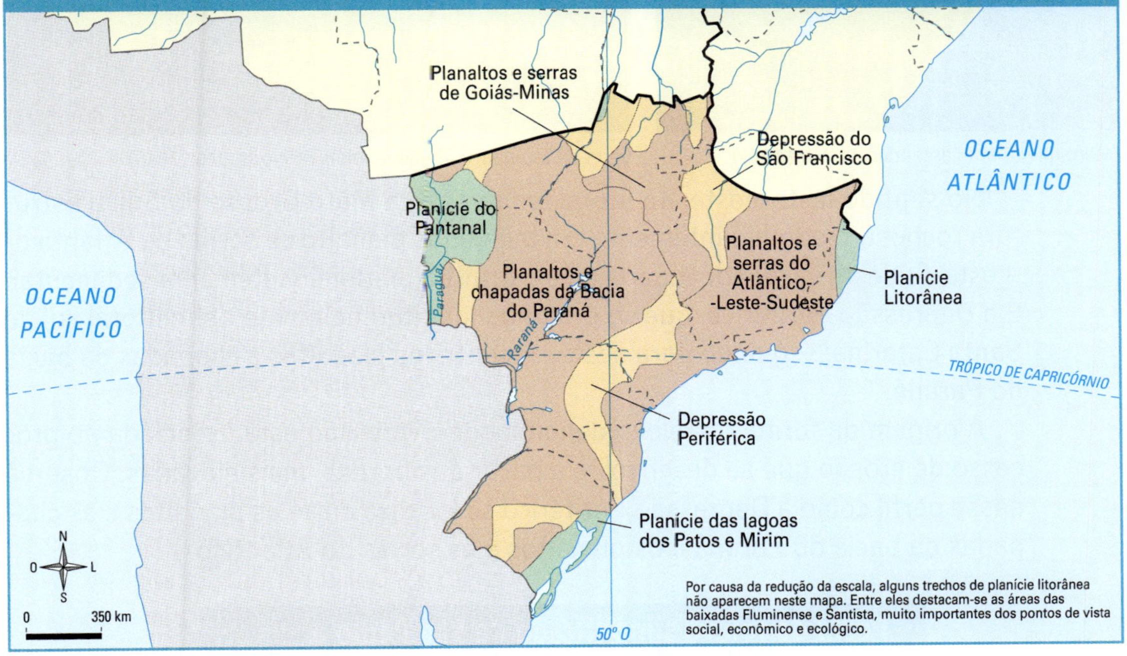

Fonte: Jurandyr L. S. Ross (Org.). *Geografia do Brasil*. Edusp/FDE, 1996. p. 53; *Atlas geográfico escolar*. Rio de Janeiro: IBGE, 2007. p. 152 (adaptado).

Os planaltos e as serras do Atlântico-Leste-Sudeste, com suas terras altas (acima de 500 metros de altitude, em média), são a forma de relevo predominante em Minas Gerais e no Rio de Janeiro, estendendo-se em trechos de São Paulo, do Espírito Santo, do Paraná e de Santa Catarina.

Sua origem está relacionada a sucessivos ciclos de dobramentos (lembre-se dos seus estudos no 6º ano sobre relevo), ocorridos há cerca de 2 bilhões de anos na crosta terrestre, e ao soerguimento de toda a faixa oriental da América do Sul.

Os dobramentos, bastante antigos, sofreram intensos processos erosivos, que originaram — em razão de sua estrutura rochosa rígida — formas de relevo com topos convexos, semelhantes a uma "meia laranja". Um exemplo dessa formação é o Pão de Açúcar, no Rio de Janeiro.

Soerguimento
Erguimento, levantamento.

O soerguimento das rochas ocasionou a formação de serras e planaltos, como as serras do Mar, da Mantiqueira e do Espinhaço, e os planaltos e serras de Goiás-Minas. Por entre os planaltos e serras do Centro-Sul estendem-se algumas depressões, como a São-Franciscana e a Periférica.

Ao sul da serra do Espinhaço, próximo de Belo Horizonte, localiza-se uma área denominada Quadrilátero Ferrífero, constituída por Belo Horizonte, Mariana, Santa Bárbara e Congonhas, de onde se extraem riquezas minerais, como o ferro, o manganês, a bauxita (minério de alumínio), entre outras.

Trecho da Serra da Mantiqueira em Camanducaia, MG (2011).

Serra do Espinhaço em Congonhas do Norte, MG (2010).

No sentido leste-oeste, do litoral em direção a Mato Grosso do Sul, a estrutura rochosa predominantemente cristalina dos planaltos e serras do Atlântico-Leste-Sudeste vai dando lugar a uma estrutura predominantemente sedimentar. É a Depressão Periférica, que se prolonga longitudinalmente até o litoral sul de Santa Catarina; seguindo para oeste, encontra os planaltos e chapadas da bacia do Paraná.

A origem da forma de relevo denominada depressão está associada ao processo de erosão que se desenvolve a partir das bordas, mais elevadas. Observe nesse perfil como a Depressão Periférica se localiza entre os planaltos e as chapadas da bacia do Paraná e os planaltos e as serras do Atlântico.

Perfil do relevo simplificado de São Paulo a Mato Grosso do Sul

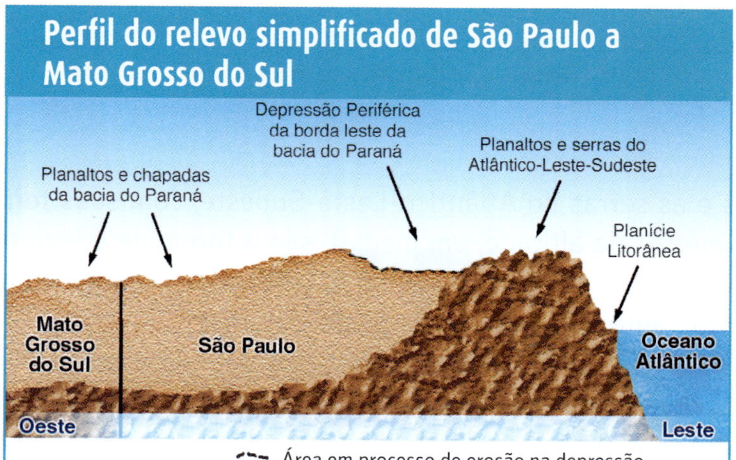

Fonte: ROSS, Jurandyr. 1995.
Ilustração com cores-fantasia, sem proporção de tamanho e de distância.

- Retome o mapa da página anterior e, depois, observe o perfil topográfico acima. Trace uma linha indicando a sua localização no mapa de relevo do Centro-Sul.

Nos planaltos e nas chapadas da bacia do Paraná, nos estados de Goiás, Mato Grosso, Mato Grosso do Sul, oeste de Minas Gerais e de São Paulo, as altitudes raramente ultrapassam os mil metros e o relevo apresenta-se mais plano, favorecendo a mecanização das atividades agrícolas.

Em direção ao sul do país, a partir do Paraná, ocorre um aumento gradativo de altitude, até que se atinjam os 1,5 mil metros, no nordeste do Rio Grande do Sul, onde se encontram as escarpas dos planaltos e das chapadas da bacia do Paraná. Essas escarpas apresentam-se recortadas em forma de gargantas ou estreitos profundos denominados cânions, como mostra a fotografia ao lado.

Cânion Itaimbezinho, no Parque Nacional dos Aparados da Serra, em Cambará do Sul, RS (2011).

Ainda na parte sul dessa unidade de relevo, incluindo o oeste paulista e o sul do Mato Grosso do Sul, verifica-se a ocorrência do solo de terra roxa — formado pela decomposição do basalto (rocha vulcânica) proveniente dos derramamentos vulcânicos ocorridos na região. Esse solo serviu de base para a expansão cafeeira da região e, desde a década de 1970, vem sendo largamente ocupado pelas culturas da cana-de-açúcar e da soja.

Os trechos de planície litorânea no Centro-Sul são restritos e estreitos, apresentando-se de forma mais extensa apenas no estado do Espírito Santo. Em outros trechos são conhecidos como baixadas. A baixada Fluminense (RJ) e a baixada Santista (SP) são amplamente ocupadas, apresentando altas densidades demográficas.

Nas encostas da Serra do Mar, próximo a essas baixadas, são frequentes os deslizamentos de terra, decorrentes da ocupação desordenada e da poluição atmosférica, responsáveis pela destruição da cobertura vegetal das encostas.

Deslizamento no bairro Córrego Dantas em Nova Friburgo, RJ (2011).

Vale do Rio Claro, Parque Nacional da Chapada dos Guimarães, MT (2011).

Trechos das porções oeste e norte do Centro-Sul são dominados pelos planaltos e chapadas da Bacia do Paraná e planaltos e serras de Goiás-Minas. Nos primeiros, são marcantes as extensas superfícies planas, principalmente nos planaltos.

Nos planaltos e chapadas da Bacia do Paraná, as superfícies planas chegam a atingir entre 900 e mil metros de altitude. É o caso da Chapada dos Guimarães, no sudeste do Mato Grosso.

Maciço
Elevação parcialmente erodida, formada por rochas magmáticas (de origem vulcânica) ou metamórficas (que sofreram transformações por processos biológicos, químicos ou mecânicos).

É justamente a topografia plana dessas unidades que permitiu a intensa mecanização agrícola de vastas áreas do Mato Grosso e do Mato Grosso do Sul ocupadas com o cultivo da soja.

No extremo oeste do Centro-Sul há uma área de baixas altitudes (entre 100 e 150 metros), que equivale ao Pantanal mato-grossense ou Planície do Pantanal. Ela é formada por terrenos recentes, encontrando-se ainda em processo de sedimentação. Atravessado pelo rio Paraguai, o Pantanal constitui a maior planície inundável do planeta, em razão das enchentes desse rio e de sua baixa altitude.

Em meio à planície do Pantanal, localiza-se um maciço rico em minérios de ferro e manganês: o maciço do Urucum.

Hidrografia

O Brasil é dotado de uma vasta rede hidrográfica. O Centro-Sul é a porção do país preenchida por grandes bacias hidrográficas, tais como a Bacia do Prata, bacias costeiras do Sudeste e bacias costeiras do Sul.

Bacias hidrográficas

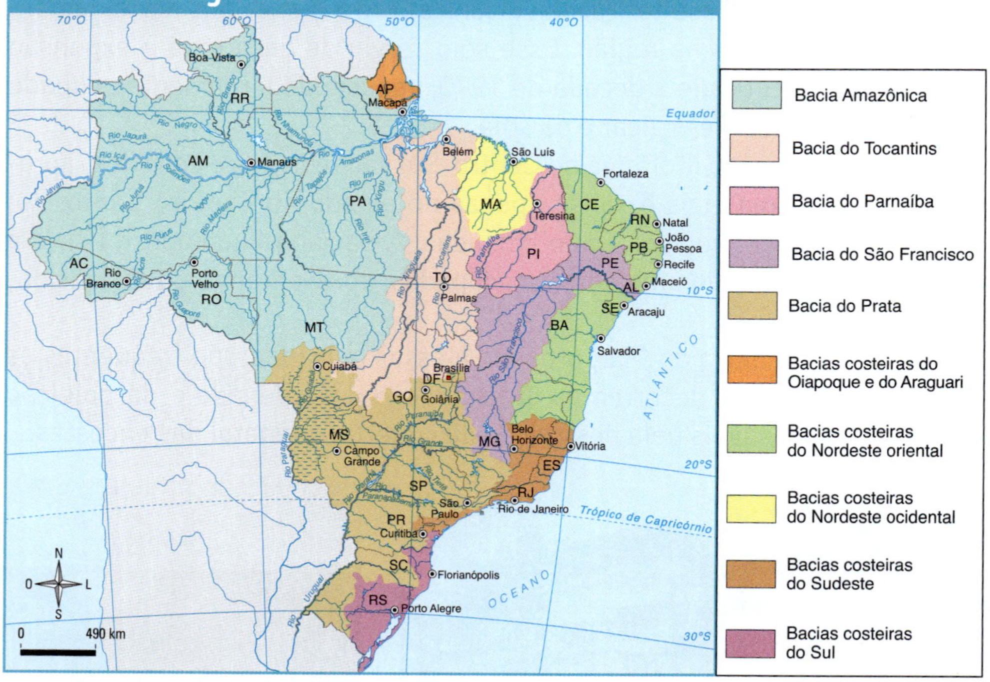

Fonte: *Atlas geográfico escolar*. Rio de Janeiro: IBGE, 2009. p. 105.

- Observe o mapa acima e liste as duas maiores bacias hidrográficas do Brasil, citando dois importantes rios de cada uma delas.

Os rios do Centro-Sul são aproveitados em vários aspectos, tais como: geração de energia elétrica, navegação, irrigação e lazer.

O rio Paraguai, tipicamente de planície, nasce na chapada dos Parecis (MT) e, com os rios Paraná e Uruguai, forma o grupo dos rios mais importantes da bacia Platina.

Dos quase 2 mil quilômetros de extensão do rio Paraguai, 1,4 mil quilômetros estão em terras brasileiras. Um de seus mais extensos afluentes é o rio Cuiabá, com cerca de 300 quilômetros.

Contaminação das águas

Na região Centro-Sul a contaminação das águas é um dos grandes problemas ambientais.

Nas médias e grandes cidades a contaminação ocorre devido à quantidade de resíduos sólidos e líquidos lançados nos rios e pela contaminação dos mananciais, que são todas as fontes de água existentes que podem ser encontradas no subsolo, como os lençóis freáticos, ou na superfície.

A ocupação de terrenos para a construção de moradia, a criação de grandes depósitos de lixo a céu aberto (lixões) e a infiltração de combustível e outras substâncias tóxicas de postos de gasolina e indústrias são os principais responsáveis pela poluição dos mananciais.

No entanto, a poluição é bastante elevada também nas áreas rurais, pelo uso de agrotóxicos, fertilizantes, fezes de animais, além do despejo de esgoto e lixo doméstico.

Poluição nas margens do rio São Francisco, em Três Marias, MG (2007).

Hidrelétricas

O maior número de usinas hidrelétricas do território brasileiro está localizado no Centro-Sul, região com maior capacidade instalada em termos de geração hidrelétrica.

A presença de muitos rios de planalto que apresentam diversas quedas-d'água favoreceu a construção de usinas para a geração de energia elétrica, bastante necessária na região, em razão da maior densidade populacional e da forte concentração industrial.

Alguns rios abrigam muitas usinas, como os rios Tietê, Grande, Paranaíba, Paranapanema e Iguaçu, todos situados na bacia do Paraná. Além de apresentar um grande potencial hidráulico, os rios da bacia do Paraná vêm sendo aproveitados para a navegação — que se tornou possível com a construção de eclusas para regularizar o curso nos locais onde há desníveis.

Hidrovias

Com a regularização dos cursos de trechos dos rios Tietê, Paraná e Paranaíba, é possível transportar mercadorias entre a região de São Simão (GO), Conchas (SP) e o lago da represa de Itaipu, na divisa entre o Paraná e o Paraguai. Trata-se de uma hidrovia, a Tietê-Paraná, com cerca de 2,6 mil quilômetros de extensão, que permitiu o barateamento do transporte de mercadorias, principalmente produtos agrícolas (soja, milho, arroz) e agroindustriais (álcool, óleo de soja).

A hidrovia Tietê-Paraná é importante para o intercâmbio comercial entre o Brasil e os países do Mercosul. Por ela, milhares de toneladas de soja produzidas anualmente em Goiás estão sendo transportadas de São Simão, cidade goiana, até Pederneiras, em São Paulo, numa extensão de 640 quilômetros pelos rios Paranaíba, Paraná e Tietê.

Transporte de mercadorias feito por chatas nas margens do rio Paranaíba, em São Simão, GO (2010). As chatas não possuem motor e são puxadas por um rebocador.

Próximo a Barra Bonita, em São Paulo, essa hidrovia recebe a denominação de Hidrovia do Álcool, por onde trafegam embarcações transportando cana-de-açúcar, álcool, gado e fertilizantes.

Irrigação

No extremo sul da região estão as mais significativas lagoas do país: Patos, a mais extensa, Mirim e Mangueira.

As águas da lagoa Mirim são aproveitadas por meio de um sistema de irrigação (charqueiro), que permite o cultivo de arroz em terras próximas à fronteira com o Uruguai.

Lazer

Um dos afluentes do rio Paraná é o rio Iguaçu. Próximo à confluência desses rios localiza-se um dos pontos turísticos mais importantes do Brasil, as cataratas do Iguaçu.

Cataratas do Iguaçu, em Foz do Iguaçu, PR (2010).

PARA COMPREENDER Mapa

Geração de energia: usinas hidrelétricas e nucleares (2003)

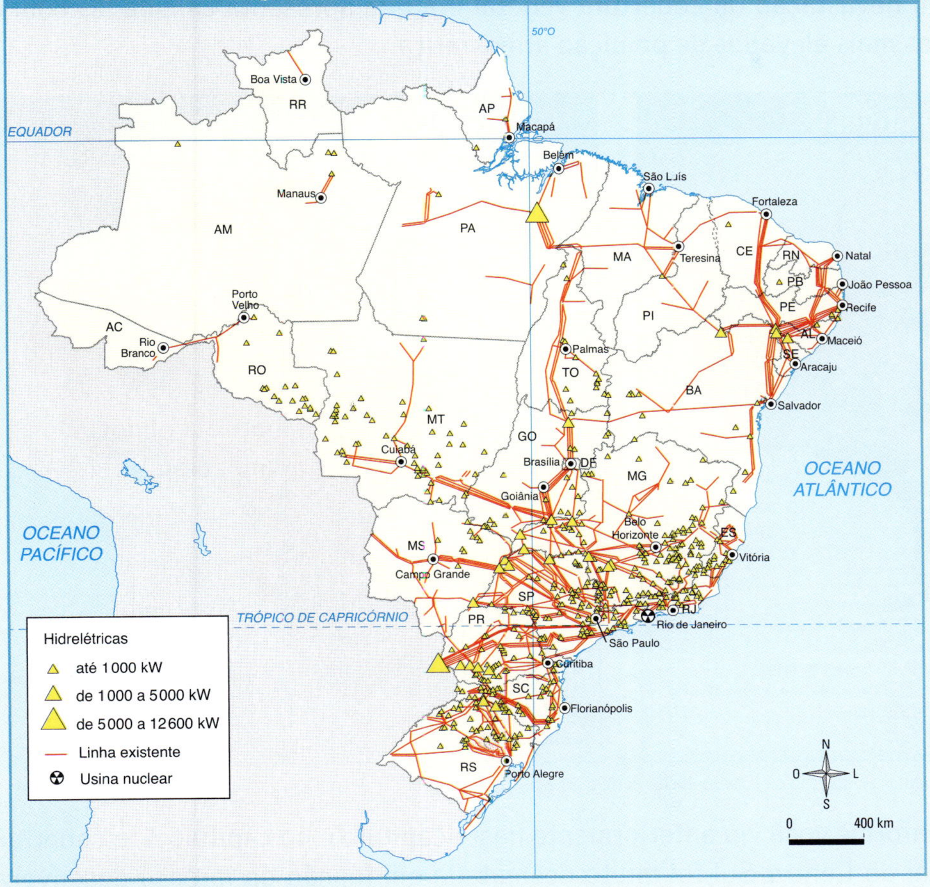

Fonte: *Atlas geográfico escolar*. Rio de Janeiro: IBGE, 2009. p. 142 (adaptado).

■ Com base no mapa, responda: para onde converge parte significativa das redes de transmissão que partem da usina de Itaipu, do interior de São Paulo e do sul-sudoeste de Minas Gerais? Por quê?

Clima

O clima predominante no Centro-Sul é o tropical, que ocorre na maior parte dos estados de São Paulo, Minas Gerais, Mato Grosso do Sul, Mato Grosso e Goiás. Esse tipo de clima apresenta uma estação seca, também chamada inverno, que de fato se estende aproximadamente de abril a agosto, e outra chuvosa, denominada verão, que dura efetivamente de setembro/outubro a março. As temperaturas são relativamente elevadas o ano todo (20 °C a 25 °C de média anual). Nas áreas com altitudes mais elevadas, a temperatura, em geral, é de aproximadamente 18 °C (média anual), enquanto nas áreas mais baixas, como na Planície do Pantanal, ela chega a atingir, em média, 27 °C no verão.

Centro-Sul – Clima

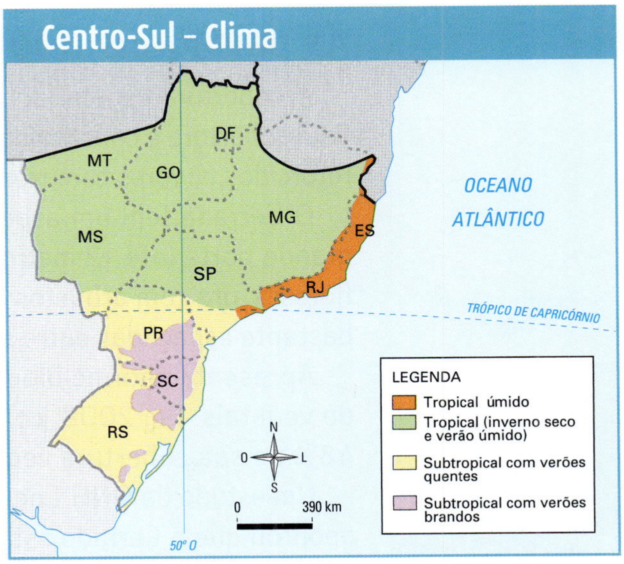

Fonte: *Atlas nacional do Brasil*. Rio de Janeiro: IBGE, 2000. p. 58 (adaptado).

Vegetação

Observe as características de alguns tipos de cobertura vegetal do Centro-Sul, na seção **Para contextualizar**. O Centro-Sul é a região brasileira que mais sofreu devastação da cobertura vegetal e a que apresenta as cidades com os índices mais elevados de poluição atmosférica.

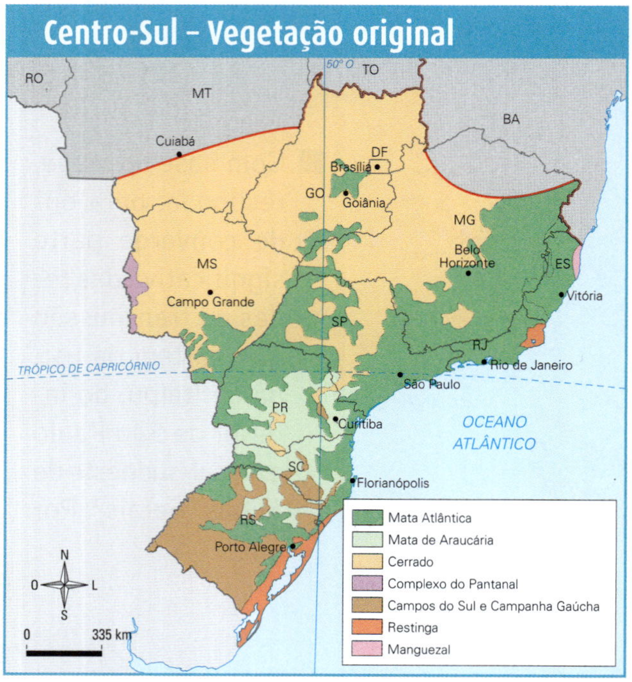

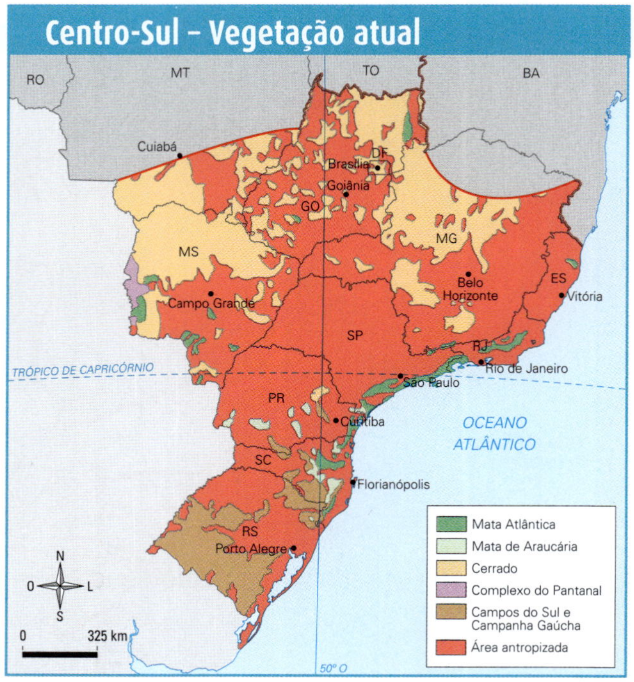

Fonte dos mapas: *Atlas nacional do Brasil Milton Santos*. Rio de Janeiro: IBGE, 2010. p. 87 e p. 88 (adaptado).

Conforme você viu anteriormente neste capítulo e no capítulo 4, a cobertura vegetal do Centro-Sul foi muito desmatada em função do intenso desenvolvimento industrial e urbano.

- Observe os dois mapas acima e indique os dois tipos de cobertura vegetal mais destruídos.

As paisagens tropicais

A cobertura vegetal do Cerrado ocupa grande extensão das áreas tropicais. Esta cobertura é constituída por arbustos e pequenas árvores de troncos e galhos retorcidos, árvores com troncos de casca bem grossas e vegetação de gramíneas.

O Cerrado tem um aspecto muito variável, aparecendo ora com árvores de grande porte (até 12 metros), bem próximas umas das outras, com aspecto de floresta, ora com arbustos e árvores de pequeno porte (2 a 3 metros de altura), bastante espaçadas entre si.

Apresenta enorme biodiversidade, contando com cerca de 10 mil espécies de vegetais. Em 2008, constatou-se que o Cerrado já havia perdido mais de 48% de sua cobertura vegetal original.

Um estudo da ONG Conservation International, "*Hotspots* da biodiversidade", apontou que o Cerrado está entre as 34 regiões do planeta com maior biodiversidade.

Hotspot
É uma reserva de biodiversidade que está ameaçada de extinção.

Segundo o Ibama, durante as décadas de 1970 e 1980, houve um rápido deslocamento da fronteira agrícola, com base em desmatamentos, queimadas, uso de fertilizantes químicos e agrotóxicos, que resultou no cenário atual. No entanto, a parte restante ainda conservada está fragmentada. Os trechos que apresentam mais de 2 mil hectares contínuos são poucos e perfazem menos de 5% do Cerrado.

Veados-campeiros no Cerrado, em Miranda, MS (2010).

O Pantanal

O Pantanal Mato-Grossense, outra cobertura da área de clima tropical, é caracterizado por um tipo de vegetação constituído de uma mistura de espécies vegetais de diversas coberturas (cerrado, floresta, caatinga e campo). Denominado complexo vegetal do Pantanal, seu relevo é plano e tem presença de vasta extensão de campos.

A pecuária é a atividade mais tradicional nessa região, onde se desenvolveu uma linhagem de bovinos tipicamente brasileira, adaptada às condições rústicas do Pantanal: o gado pantaneiro. Recentemente, o turismo tem atraído muitos investimentos a essa região.

Nos últimos anos, o complexo do Pantanal vem sendo afetado pela ação do ser humano, por meio da poluição de alguns rios com o mercúrio (utilizado na mineração) e da caça a animais como o jacaré e a onça. Os rios do Pantanal são afetados pelo assoreamento, por causa da destruição da vegetação de suas margens (mata ciliar), que acelera o acúmulo de sedimentos. O desmatamento ocorre principalmente nos trechos em que esses rios percorrem a vegetação do Cerrado.

MAIS INFORMAÇÃO

A hidrovia Paraná-Paraguai e o Pantanal

"Um dos projetos de infraestrutura do Pantanal 'mais famosos' — e polêmicos — foi a Hidrovia Paraná-Paraguai, que previa transformar esses dois rios numa espécie de estrada de água ligando Cáceres, no Mato Grosso, a Palmira, no Uruguai. Para tornar o percurso de 3.400 km navegável por barcaças que fariam o transporte de produtos, os rios teriam de ser dragados (aprofundados) e algumas de suas curvas refeitas.

Uma das consequências previstas — e temidas — da eliminação dessas barreiras à navegação era o aumento da vazão do rio Paraguai, ou seja, ele se tornaria capaz de escoar sua água mais rapidamente. Com isso, diminuiria a água disponível para encher lagoas, pondo sob ameaça esses locais de reprodução de inúmeras espécies. Diante das reações e protestos, o governo federal brasileiro abandonou em 2004 o plano de fazer a hidrovia, mas empresários e governos do Mato Grosso e Mato Grosso do Sul ainda manifestam interesse na construção.

No caso do Pantanal, uma alteração muito drástica nos rios, por exemplo, pode perturbar os ciclos sucessivos de cheias e secas que enche e esvazia as lagoas, o que por sua vez perturbaria os ciclos de reprodução de uma série de espécies vegetais e animais. Uma diminuição dessas populações, por outro lado, afetaria o desempenho de atividades econômicas com grande potencial para preencher, na planície pantaneira, as condições do desenvolvimento sustentável: o ecoturismo e a pesca esportiva".

LEITE, Marcelo. *Pantanal*: mosaico das águas. São Paulo: Ática, 2006. p. 59.

O ciclo de vida no Pantanal

Como você viu neste capítulo, a Planície do Pantanal é a maior planície inundável do mundo. Todos os habitantes do Pantanal têm suas vidas marcadas pelo ciclo das águas. As chuvas ocorrem com maior frequência nas cabeceiras dos rios que deságuam nela. Com o início do período chuvoso nas regiões altas (de novembro a abril) e a dificuldade de escoamento da água das chuvas, o nível de água dos rios sobe, causando as enchentes. As cheias chegam a cobrir até dois terços da área pantaneira.

A cheia

Durante a estação das chuvas, os rios transbordam e alagam os campos, onde se formam banhados, lagoas e canais naturais temporários. O gado é levado em comitivas para as partes altas, que se encontram a salvo das águas. Com a inundação, os peixes saem dos rios e espalham-se por toda a área inundada do Pantanal, atraindo grande número de pescadores, incrementando, assim, o turismo regional.

A vazante

Quando as chuvas param e os rios voltam a seus leitos, milhões de peixes ficam aprisionados nas lagoas. É um banquete para aves, jacarés e ariranhas. Os pastos, renovados pela matéria orgânica trazida pela água, crescem verdes, atraindo cervos, capivaras e outros animais que convivem com o gado.

• Com base nas informações e nas fotografias, explique as características essenciais do Pantanal em relação:

a) ao relevo; **b)** à diversidade biológica; **c)** ao ciclo das águas.

Mata Atlântica e vegetação litorânea

Na faixa próxima do litoral, que se estende do norte do Espírito Santo até o estado de São Paulo, na altura do trópico de Capricórnio, ocorre o clima tropical úmido, em razão da entrada dos ventos úmidos do oceano Atlântico (ver mapa Centro-Sul – Clima, na página 189).

A floresta ou mata Atlântica, que se estendia do litoral até a borda dos planaltos e serras do Atlântico-Leste-Sudeste, ou seja, no sentido leste-oeste e com variação azonal, do Rio Grande do Norte ao Rio Grande do Sul, no sentido norte-sul, com grande variação de latitude, o que lhe proporcionava maior biodiversidade, subdividia-se em dois tipos: floresta tropical de encosta ou úmida, bastante densa e com grande número de espécies vegetais (sapucaia, jatobá, jacarandá etc.), e floresta tropical de planalto ou semiúmida, menos densa e com menor número de espécies vegetais (cedro, peroba etc.). Hoje, a maior parte dessa floresta deixou de existir, restando apenas alguns trechos esparsos em encostas, como a serra do Mar, que correspondem a menos de 7% da vegetação original.

Na cobertura vegetal litorânea predomina o ecossistema de mangue associado à mata Atlântica (Baixada Fluminense, Baixada Santista e Cananeia-Iguape) (ver mapa Centro-Sul – Vegetação original, na página 190).

Mata Atlântica, Vale do Ribeira, SP (2010).

Vegetação de mangue em Guaraqueçaba, litoral do Paraná (2010).

As paisagens subtropicais

Na maior parte do Paraná e nos estados de Santa Catarina e Rio Grande do Sul ocorre o clima subtropical, que apresenta temperaturas médias anuais inferiores às da zona tropical e sofre maior influência das massas de ar frias originárias da região do polo Sul.

O inverno é mais rigoroso que na zona tropical e, nessa estação, as geadas são frequentes, prejudicando a agricultura. Em alguns lugares chega a nevar, por causa da influência da altitude. É o caso dos municípios de São Joaquim e de Urubici (SC), com 1.470 e 1.420 metros de altitude, respectivamente.

As temperaturas desses estados são as mais baixas do país, atingindo níveis um pouco mais elevados no litoral, por causa da influência do oceano e da baixa altitude.

O clima subtropical é o que apresenta no Brasil a maior variação de temperatura entre o verão e o inverno, delimitando bem as duas estações.

As chuvas são bem distribuídas no decorrer do ano, variando entre 1.200 e 1.500 milímetros na média, o que favorece o cultivo de certos produtos agrícolas, como o arroz, a soja e o milho. O predomínio desse clima na região favoreceu também o desenvolvimento de culturas não tropicais, como o centeio, a cevada e o trigo.

A cobertura vegetal primitiva da maior parte dos estados do Paraná, de Santa Catarina e do Rio Grande do Sul era constituída por campos e florestas. A floresta que ocupava a maior parte da região era a mata dos Pinhais ou mata de Araucária, que atualmente está bastante devastada. A devastação da mata dos Pinhais, cuja espécie predominante é o pinheiro-do-paraná, deveu-se à intensa utilização de sua madeira pelas indústrias de celulose e de móveis.

Floresta de Araucária na região serrana de Taquara Verde, SC (2009).

Em meio à mata dos Pinhais encontram-se extensos ervatais, de onde se extrai a erva-mate, muito utilizada pela população e também exportada.

Os campos limpos aparecem tanto nos planaltos como nas depressões do sul do país. No extremo sul, esses campos recebem a denominação de Campanha Gaúcha, tradicional área de criação de gado bovino do Brasil.

Atividades

RETOME SEUS CONHECIMENTOS

1. Dois tipos de clima se destacam na região Centro-Sul.
   a) Quais são esses climas?
   b) Diferencie esses dois climas, descrevendo suas características e áreas de ocorrência.
   c) Quais coberturas vegetais principais estão associadas a cada um desses climas?

2. Cite a bacia hidrográfica de maior geração de energia do Centro-Sul e o nome da usina hidrelétrica de maior destaque.

EXERCITE SEUS CONHECIMENTOS

3. Em comparação com outros complexos regionais brasileiros, o Centro-Sul foi o que sofreu maior impacto ambiental.

4. Que fatores naturais favoreceram a expansão das atividades agrícolas nos trechos sul e norte dos planaltos e chapadas da bacia do Paraná?

5. O mapa abaixo destaca uma importante hidrovia.

Hidrovia Tietê-Paraná

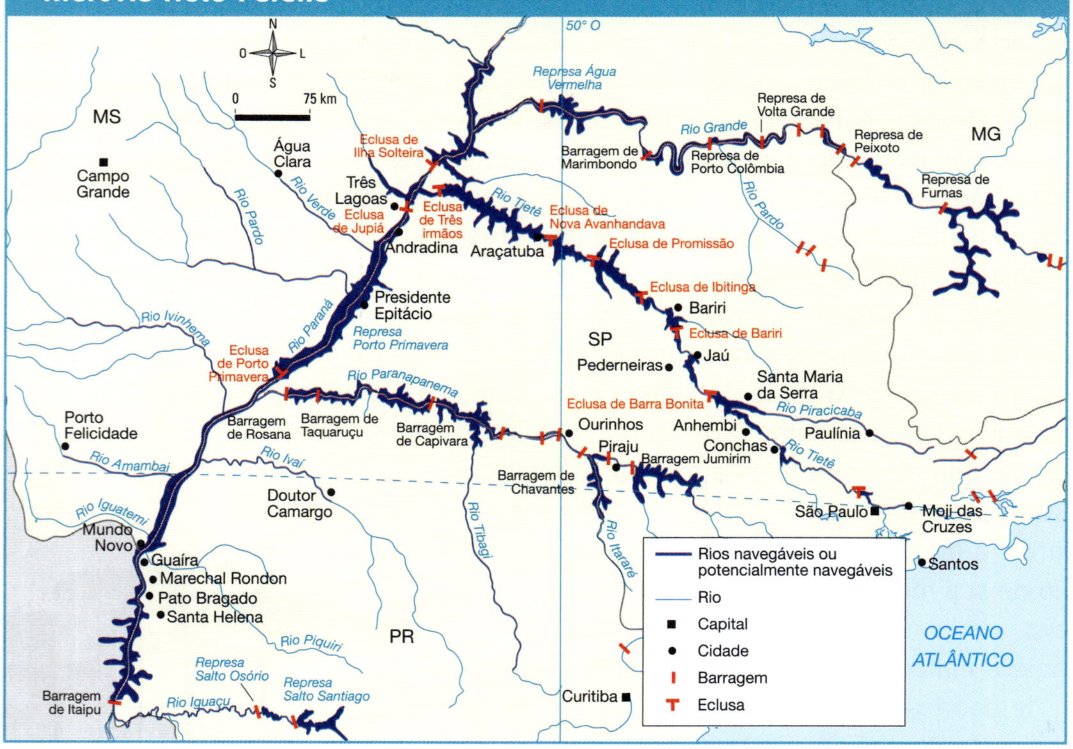

Fonte: Ministério dos Transportes, 2011.

   a) Qual o nome dessa hidrovia?
   b) Explique a importância de sua implantação.

14 O espaço socioeconômico do Centro-Sul

8 O espaço socioeconômico do Centro-Sul

Para o assunto ***Características socioeconômicas do Centro--Sul***, acesse e explore este OED.

PARA CONTEXTUALIZAR

Observe as fotografias.

Iguape, SP (2011).

Goiânia, GO (2010).

Comércio popular no centro do Rio de Janeiro, RJ (2011).

Shopping center em Curitiba, PR (2009).

Trabalhador rural em Campo Largo, PR (2010).

Agricultura mecanizada em Capão Bonito do Sul, RS (2011).

ATIVIDADES

Converse com seus colegas e com seu professor.

1. De acordo com o que você estudou nesta unidade, a região Centro-Sul é a mais desenvolvida do país, mas constrastes sociais e espaciais ainda existem. Descreva as imagens acima, destacando esses contrastes.

Atividades econômicas

Colheita de milho em Capão Bonito do Sul, RS (2011).

O Centro-Sul é o espaço mais dinâmico do território brasileiro. É onde se encontram as principais áreas de agricultura moderna. As atividades industriais produzem a maior variedade e quantidade de mercadorias do país. É também nessa região que estão instalados os maiores e mais desenvolvidos setores de comércio e serviços. O Centro-Sul lidera a produção nacional em todos os setores de atividade econômica.

A região também é marcada por fortes contrastes espaciais, conforme você pôde observar na seção **Para contextualizar**. O dinamismo econômico da região contrasta com a pobreza e a miséria nas áreas urbanas e rurais, com índices elevados de violência nas metrópoles e grandes cidades, com a grande quantidade de subempregados, entre outros aspectos.

A partir da década de 1970 ocorreu um profundo processo de modernização da agricultura brasileira e, consequentemente, uma série de transformações econômicas, ambientais e sociais no meio rural do país. Essas transformações se manifestaram mais intensamente no Centro-Sul.

A introdução e o uso intensivo de fertilizantes, adubos químicos e agrotóxicos, de máquinas (tratores, colheitadeiras, semeadeiras) e de outros equipamentos fizeram a produtividade no campo crescer. Essas tecnologias elevaram as exportações brasileiras de vários produtos, como a soja, a laranja, o fumo, o açúcar e o álcool (esses dois últimos obtidos a partir da cana-de-açúcar).

Observe o gráfico.

Brasil – Comparativo: área cultivada e produção de cereais, leguminosas e oleaginosas (1980-2011)

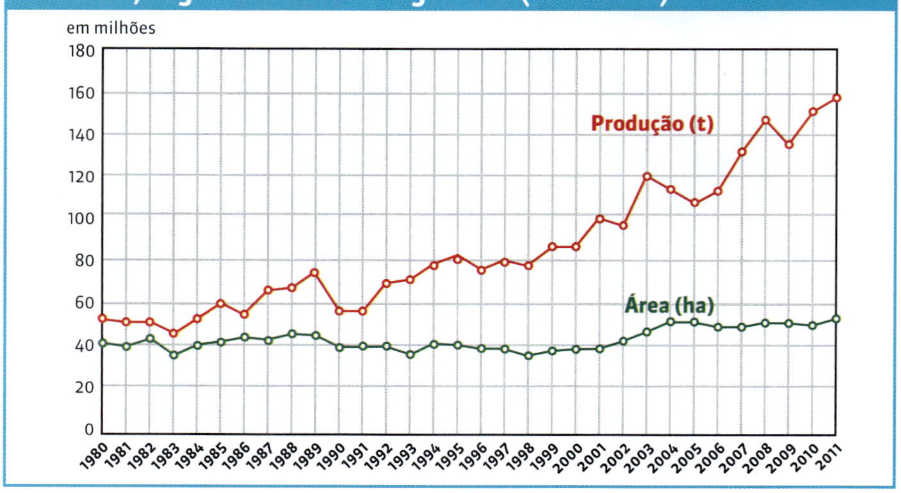

Fonte: IBGE. Levantamento Sistemático da Produção Agrícola, 2011.

- O que aconteceu no período indicado no gráfico com a área cultivada e a quantidade de cereais, leguminosas e oleaginosas produzida? Justifique a sua resposta.

Os resultados econômicos da modernização das atividades agrícolas não trouxeram necessariamente benefícios ao trabalhador rural. Em algumas usinas de açúcar e álcool, por exemplo, mais de 70% da área de cana é cortada por máquinas, com redução muito grande no número de empregados.

A agricultura moderna produz em grandes extensões de terras e com menor número de trabalhadores. Além disso, acentuou ainda mais um dos grandes problemas brasileiros: a concentração da propriedade rural.

Muitos agricultores tiveram que vender suas propriedades, principalmente os pequenos proprietários, cuja renda era obtida graças ao trabalho de diversos membros da família (agricultura familiar).

Agricultor familiar em plantação de alface, em São José dos Pinhais, PR (2009).

Geralmente as famílias de agricultores não possuem recursos para manter sua atividade, pelas dificuldades em conseguir capital suficiente para modernizar a produção e aumentar a produtividade. Com isso, não conseguem vender seus produtos a preços competitivos.

MAIS INFORMAÇÃO

Agricultura familiar e reforma agrária

A agricultura familiar pode se tornar mais competitiva por meio da reunião das famílias ou dos pequenos proprietários rurais em cooperativas agrícolas. Desse modo, os agricultores têm maiores possibilidades de conseguir financiamento bancário. Podem comprar equipamentos e máquinas agrícolas e utilizá-los em conjunto, contar com técnicos especializados, construir silos para armazenar a produção, comprar máquinas para o beneficiamento agrícola. Assim podem comercializar suas mercadorias com valores melhores, em vez de vender apenas matéria-prima agrícola.

Silo:
Grande depósito feito de metal ou cimento, utilizado para armazenar cereais ou outros produtos agrícolas.

Parte dos pequenos agricultores que recebe terras do governo, por meio da reforma agrária, forma cooperativas que lhes possibilitam a compra de equipamentos e máquinas. Nessas terras são construídas escolas, centros de recreação, creches, enfim, uma estrutura social para melhorar a qualidade de vida dos agricultores e seus familiares.

Embora tenha crescido o número de assentamentos rurais na última década, o número de famílias de trabalhadores rurais sem-terra no início do século XXI ainda era de aproximadamente 3 milhões.

Para muitos grandes proprietários rurais, um elevado número de trabalhadores rurais sem-terra significa grande disponibilidade de mão de obra e baixos salários. Para os sem-terra não resta alternativa senão aceitar as péssimas condições de trabalho que lhes são oferecidas.

Aqueles que defendem uma reforma agrária efetiva no país acreditam que ela contribuiria para aumentar os rendimentos dos trabalhadores rurais e diminuir as desigualdades sociais. Porém, as terras destinadas à reforma agrária necessitam de estradas próximas para o escoamento da produção, de disponibilidade de energia elétrica, de acesso a crédito bancário facilitado, de auxílio técnico permanente ao agricultor, entre outros serviços e infraestrutura.

Nos locais onde há maior número de assentamentos bem-sucedidos, ocorre uma diminuição da migração do campo para a cidade.

A agricultura comercial

A maior parte da área ocupada pela agricultura comercial do Centro-Sul tem sua produção reservada para o atendimento do mercado externo, principalmente nos casos da soja, do café e da laranja.

O **café**, que já foi o principal produto de exportação do Brasil, é cultivado principalmente em Minas Gerais e Espírito Santo, responsáveis por cerca de 70% do valor da produção brasileira.

A expansão da agricultura de **cana-de-açúcar** no Centro-Sul ocorreu inicialmente com a criação do Programa Nacional do Álcool (Proálcool), na década de 1970. São Paulo responde por mais da metade da produção nacional de açúcar e álcool e tem inúmeras usinas espalhadas pelo interior do estado. Além de São Paulo, mais recentemente, o seu cultivo vem ocupando grandes extensões em outros estados do Centro-Sul, como Minas Gerais, Paraná e Goiás, e em menores quantidades nos demais estados da região.

A **laranja** é cultivada mais intensamente no estado de São Paulo, nas regiões de Ribeirão Preto, São José do Rio Preto, Campinas, Itapetininga, Limeira, Araraquara e Bebedouro, onde existem grandes grupos empresariais produtores de suco que exportam sua produção principalmente para os Estados Unidos e a Europa.

A **soja** é produto de destaque da agricultura brasileira e um dos principais produtos de exportação do país. O Brasil é o segundo maior produtor e exportador mundial de soja, e o Centro-Sul é responsável por cerca de 80% da produção nacional.

Plantação de soja em Primavera do Leste, MT (2011).

Grandes produtores agropecuários

Vários estados do Centro-Sul destacam-se na produção agropecuária brasileira: São Paulo, Mato Grosso, Mato Grosso do Sul, Goiás, Paraná, Santa Catarina e Rio Grande do Sul. No caso de Mato Grosso, uma parte da produção agrícola, particularmente da soja, é obtida na porção centro-norte do estado, que pertence ao complexo regional Amazônia, que estudaremos na próxima unidade.

Em virtude do clima subtropical, alguns produtos são cultivados somente no Paraná, em Santa Catarina e no Rio Grande do Sul, como o centeio e a cevada. No caso do trigo e da maçã, produtos que também se adaptam melhor ao clima subtropical e temperado, esses três estados respondem por quase a totalidade da produção nacional.

Quanto ao arroz, o Rio Grande do Sul é o responsável por aproximadamente metade da produção brasileira.

Os estados do Sul são responsáveis por boa parte da produção de uva, feijão e cebola do país.

O cultivo de fumo e uva é realizado predominantemente em pequenas propriedades no Rio Grande do Sul. Há uma forte relação de dependência entre os pequenos produtores de fumo e de uva e as grandes empresas, que compram toda a produção para a fabricação de cigarros (empresas multinacionais) e vinho (empresas nacionais e multinacionais).

Arrozal em Restinga Seca, RS (2011).

A grande expansão do setor agrícola a partir da década de 1970, com o plantio de produtos destinados à exportação, contribuiu para a formação, nesses estados, de grandes complexos agroindustriais, responsáveis pelo beneficiamento, pela industrialização e pela exportação de diversos produtos, como a soja, o arroz e o fumo.

Nas áreas que circundam grandes cidades, como São Paulo, Campinas, Rio de Janeiro e Belo Horizonte, são praticadas culturas de frutas, verduras e legumes e a criação (em granjas) de aves, como frango e galinha. Essas áreas são chamadas cinturões verdes ou hortifrutigranjeiros e atendem principalmente ao mercado dessas grandes cidades.

Muitas dessas plantações e granjas estão em pequenas e médias propriedades. A expansão urbana aos poucos tem afastado os cinturões verdes das grandes cidades. Com isso, o preço dos produtos sobe, em razão da elevação do custo do transporte e do número de atravessadores, que compram gêneros alimentícios do pequeno agricultor por preços baixos para depois revendê-los a distribuidores e redes de supermercados. Os produtos chegam ao consumidor com preços bem mais altos.

A expansão agrícola para o Cerrado

Até a década de 1960, as terras do Cerrado eram consideradas improdutivas e apresentavam um valor extremamente baixo.

Contudo, o solo, de baixa fertilidade, pode ser corrigido com a aplicação de nutrientes. Tem também elevada acidez, mas que pode ser ajustada com a aplicação de calcário. O relevo plano ou suavemente ondulado facilita a mecanização.

As condições climáticas também são favoráveis, pois, apesar da ocorrência de um longo período seco, os períodos de chuva são constantes todos os anos. Durante a seca as terras podem ser irrigadas.

A partir da década de 1970, as terras abundantes e planas dos estados de Goiás e Mato Grosso do Sul e do sul de Mato Grosso, conforme você observou na fotografia da agricultura modernizada na seção **Para contextualizar**, atraíram agricultores de diversas regiões brasileiras. Ao lado da pecuária, atividade tradicional nesses estados, o Cerrado foi ocupado por grandes fazendas comerciais.

A expansão agropecuária no Cerrado já devastou cerca de dois terços dessa paisagem natural. Além disso, a intensa aplicação de agrotóxicos tem comprometido a qualidade das águas e a vida aquática.

A pecuária

Aproximadamente 70% do rebanho bovino brasileiro concentra-se no Centro-Sul. O maior número de animais está no estado do Mato Grosso. A criação de bovinos destaca-se também no Triângulo Mineiro, no Oeste Paulista, no sul de Mato Grosso do Sul, no Pantanal Mato-grossense e na Campanha Gaúcha (sul do Rio Grande do Sul).

No Centro-Sul, há diversos centros de pesquisa estatais e privados que desenvolvem projetos para a melhoria genética dos rebanhos. As áreas mais importantes de criação de gado leiteiro do Centro-Sul e do país são o sul de Minas Gerais, maior produtor brasileiro de leite e seus derivados, Goiás e São Paulo, no Vale do Paraíba. Recentemente, outras áreas também vêm se destacando, como o sul de Goiás e o oeste paranaense.

MAIS INFORMAÇÃO

Melhoramento genético animal

"O melhoramento animal, apesar de ter a fundamentação teórica desenvolvida há muitos anos, tem, recentemente, recebido grandes contribuições que são, com a necessidade de melhoria genética imposta pelo mercado, as principais responsáveis tanto pela expansão quanto pelos progressos genéticos que têm sido observados nas mais diferentes espécies de animais domésticos explorados comercialmente.

Fundamentalmente, a melhoria genética se processa com base na escolha correta daqueles que participam, ou melhor, daqueles aos quais é dada a possibilidade de participar, do processo de constituição da geração seguinte. Isso vale para a escolha dos indivíduos que produzirão filhos, ou mesmo para a escolha de raças.

A primeira situação refere-se ao processo chamado seleção e é importante para melhoria de raças puras ou para cruzamentos. A segunda orienta e sinaliza o sucesso dos cruzamentos".

EUCLIDES FILHO, Kepler. Disponível em: <http://www.cnpgc.embrapa.br/publicacoes/doc/doc75/01introducao.html>. Acesso em: 30 abr. 2014.

Criação de suínos em Mauá da Serra, PR (2011).

Os estados do Centro-Sul concentram cerca de 60% do rebanho de suínos. No oeste de Santa Catarina, estado que detém o maior rebanho, localizam-se grandes frigoríficos que industrializam a carne suína.

A Campanha Gaúcha, além da importante criação bovina, desenvolve a criação de ovinos para a produção de carne e lã. Metade do rebanho de ovinos do Brasil encontra-se no Rio Grande do Sul.

PARA COMPREENDER Mapa

Observe o mapa que mostra as principais atividades agropecuárias do Brasil.

Produção agropecuária no Brasil entre 2008 e 2010

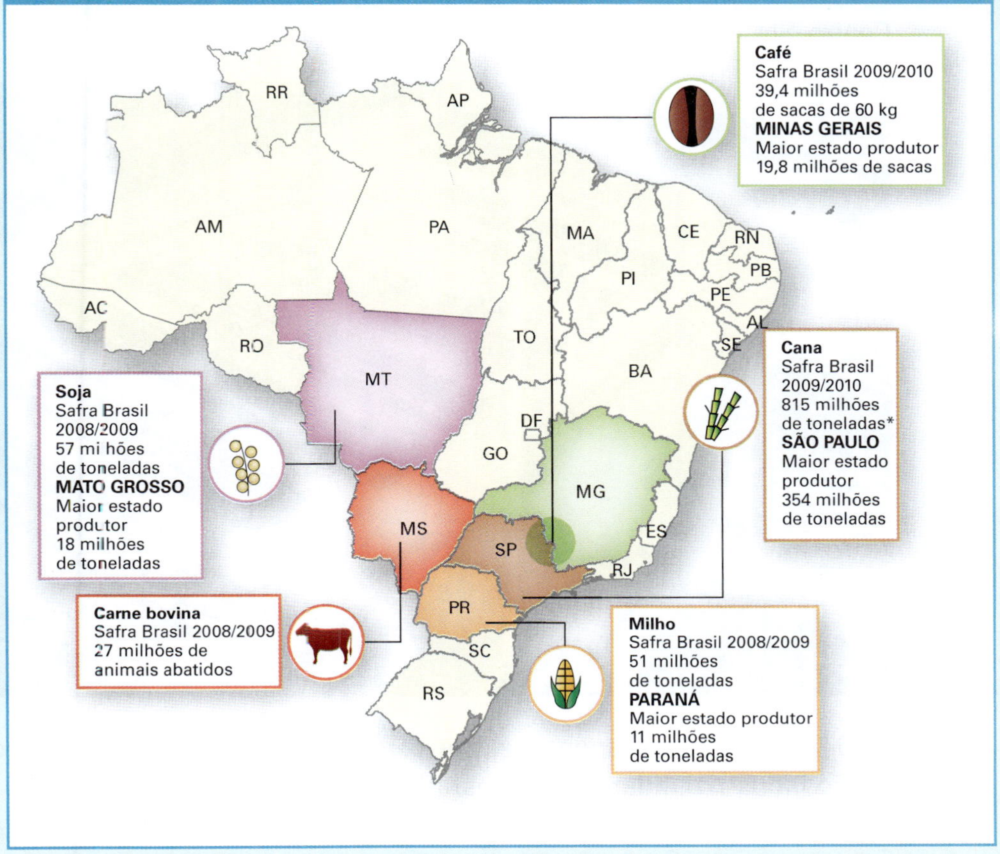

*Desse total, 612 milhões de toneladas são destinadas ao setor sucroalcooleiro.

Fonte: Ministério da Agricultura. Notícias Agrícolas. Susep. Disponível em: <http://www.brasil.gov.br/sobre/economia/setores-da-economia>. Acesso em: 4 jan. 2011.

■ Resolva no caderno.

1. Quais são as atividades agropecuárias representadas no mapa?

2. Copie o quadro abaixo no caderno e complete-o com o nome da atividade agropecuária que você relacionou na questão anterior e os produtos industriais associados a ela. Siga o modelo.

Atividade agropecuária	Produtos associados
Cultivo de soja	Óleo

3. O mapa acima mostra alguns dos principais produtos agropecuários produzidos no Brasil, destacando alguns estados da região Centro-Sul.

Desenhe em seu caderno o mapa do seu estado. Faça uma pesquisa sobre os três mais importantes produtos da economia estadual e represente-os conforme o mapa anterior. Crie uma legenda indicando os principais produtos representados.

A indústria

A partir da década de 1990, diversos estados e municípios atraíram investimentos industriais, por meio de isenção de impostos, doação de terrenos pelo Estado e outras vantagens econômicas. Essas medidas fizeram com que a indústria se espalhasse um pouco mais pelo território. No entanto, boa parte dessa dispersão ocorreu no Centro-Sul, embora também tenha tido impacto importante no Nordeste.

Indústria automobilística em São Bernardo do Campo, SP (2009).

O Centro-Sul é responsável por cerca de 85% do valor obtido com a produção industrial, liderada pelo estado de São Paulo. Outros estados da região com produção industrial relevante são Minas Gerais, Rio de Janeiro, Paraná, Rio Grande do Sul e Santa Catarina.

Para dar conta da produção e da concentração industrial, além do grande crescimento urbano, o Centro-Sul centraliza boa parte da energia produzida no país. Detém a maior parte da produção e do refino de petróleo e de geração de energia elétrica.

Uma das tentativas de elevar o fornecimento de energia e diversificar as fontes foi o estabelecimento de contrato de fornecimento de gás natural com a Bolívia e a construção de gasoduto (tubulação para transporte de gás natural) que se estende da área de produção boliviana a diversos pontos de consumo no Brasil.

A distribuição pelo território

São Paulo responde sozinho por cerca da metade da produção industrial do Centro-Sul.

A região metropolitana de São Paulo (Santo André, São Bernardo do Campo, São Caetano do Sul, Diadema, Mauá e outros) e os centros próximos, como Campinas, São José dos Campos, Sorocaba, Cubatão e Santos, apresentam grande concentração industrial, amplamente diversificada. Estão presentes quase todos os ramos industriais, desde a indústria de alimentos até a de aviões, satélites e computadores, passando pelos setores automobilísticos, de máquinas e equipamentos industriais, eletroeletrônicos e químicos, entre outros.

A localização do polo petroquímico de Cubatão, no sopé da serra do Mar, levou em consideração apenas critérios econômicos — proximidade do porto de Santos e da região mais industrializada do país (Grande São Paulo), grande consumidora das matérias-primas químicas ali produzidas. Não foram considerados critérios ambientais e sociais (qualidade de vida da população).

A massa de poluentes é carregada diariamente para a vertente da serra do Mar pelos ventos constantes que sopram do Atlântico, causando danos à mata e às pessoas que em número cada vez maior habitam as suas encostas. Além disso, a presença da serra impede a dispersão dos poluentes presentes na atmosfera que circulam por muito tempo sobre a cidade, em prejuízo da população local e das áreas vizinhas.

Em Campinas e São José dos Campos, as atividades industriais são acompanhadas por importantes centros de pesquisa tecnológica, desenvolvida, entre outras, pela Universidade Estadual de Campinas (Unicamp) e pelo Instituto Tecnológico de Aeronáutica (ITA).

Instituto Tecnológico de Aeronáutica (ITA) em São José dos Campos, SP (2010).

Outras cidades mais afastadas da região metropolitana tiveram crescimento expressivo. Muitas fábricas foram instaladas em locais mais distantes da capital e algumas delas deixaram a Grande São Paulo e se espalharam pelo interior do estado ou até para os estados vizinhos.

Nesse processo, diversas cidades tiveram crescimento industrial significativo. São os casos de Ribeirão Preto e São Carlos. Esta, devido à presença de centros universitários importantes (Universidade Federal de São Carlos e Universidade de São Paulo), transformou-se em outro importante polo de desenvolvimento tecnológico do estado.

O estado de Minas Gerais também apresenta um parque industrial moderno e bastante diversificado. Na região metropolitana de Belo Horizonte, na cidade de Betim, localiza-se a Fiat.

A ocorrência de minerais metálicos como ferro, bauxita e manganês foi determinante para a instalação de grandes empresas metalúrgicas e siderúrgicas que atuam no país. Minas Gerais responde por mais que a terça parte da extração mineral brasileira, e cerca de 40% das siderúrgicas em operação estão situadas nesse estado. Esses setores localizam-se no quadrilátero ferrífero e no Vale do Aço, onde se destaca a cidade de Ipatinga.

O Triângulo Mineiro abriga um importante setor frigorífico; o sul de Minas, a indústria de laticínios. Como já sabemos, essas regiões são importantes áreas de criação bovina.

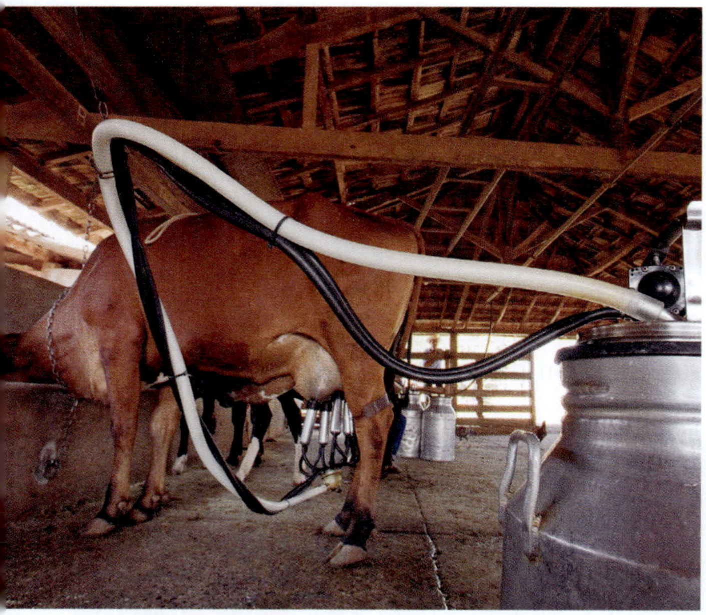

Ordenha mecanizada em Bambuí, MG (2010).

No sul de Minas Gerais a pecuária leiteira dá importante suporte à indústria de laticínios. Ainda no sul do estado, a cidade de Juiz de Fora, além de acolher um parque industrial têxtil e alimentício, foi escolhida para a instalação de uma linha de produção automotiva da Daimler-Chrysler no Brasil.

Nessa região mineira, a cidade de Santa Rita do Sapucaí, conhecida como "Vale da Eletrônica", devido à concentração de empresas eletrônicas e de telecomunicações, é hoje um dos mais importantes polos de desenvolvimento de tecnologia de ponta do país. A inovação tecnológica das empresas instaladas nesse município conta com o apoio do Instituto Nacional de Telecomunicações (Inatel).

O estado do Rio de Janeiro abriga quatro áreas industriais importantes.

A cidade de Duque de Caxias, situada na região metropolitana, abriga importante refinaria da Petrobras; a região serrana sustenta sua produção industrial em setores tradicionais como o têxtil e o alimentício.

No entanto, as áreas de destaque são o Vale do Paraíba e o extremo do litoral norte do estado. O Vale do Paraíba, além da importância da Companhia Siderúrgica Nacional (Volta Redonda), conta hoje com um parque industrial automobilístico relativamente recente e com a presença da fábrica de caminhões da Volkswagen (Resende), da Peugeot e da Citroën (Porto Real). No extremo norte do litoral carioca encontra-se a bacia de Campos, que possui cerca de 550 poços em exploração em pleno mar e é responsável por mais de 80% da produção de petróleo do Brasil.

O Rio de Janeiro é o único estado que possui usinas termonucleares para a geração de energia elétrica. São as usinas de Angra I e Angra II, situadas no município de Angra dos Reis.

Outras regiões industriais do Centro-Sul

Outras áreas industriais também merecem destaque, apesar de não apresentarem a mesma diversificação produtiva que as anteriores.

Nos estados do extremo sul têm importância industrial relevante os setores alimentício, têxtil, de bebidas, madeireiro, calçadista e frigorífico.

No Rio Grande do Sul, no Vale do rio dos Sinos, antigo polo calçadista, um setor vem ganhando projeção nacional. É o porto digital que inaugurou 85 novos polos em 2011 e pode fazer o setor de tecnologia representar 6% do PIB nacional até 2020 com atividades nos setores de eletrônica, de telecomunicações e de automação industrial.

Outro setor é a indústria vinícola, típica da região das Serras Gaúchas, nas cidades de Caxias do Sul, Bento Gonçalves e cidades vizinhas.

Além desses setores mais tradicionais, o estado gaúcho conta com importante indústria mecânica e com o Polo Petroquímico do Sul, localizado no município de Triunfo e próximo à cidade de Canoas. É nessa cidade que está instalada a refinaria de petróleo Alberto Pasqualini.

Fábrica de veículos em São José dos Pinhais, PR (2009).

O Rio Grande do Sul possui grandes reservas de carvão mineral, sendo atualmente o maior produtor do país.

O Paraná apresenta excelente infraestrutura energética para as atividades industriais. Esse estado conta com diversas usinas hidrelétricas, entre elas a de Itaipu, onde são gerados 20% da energia consumida no Brasil. Conta, também, com a refinaria Getulio Vargas para o fornecimento de combustíveis líquidos. Essa é uma das razões para a expansão da indústria mecânica e a instalação de outros setores mais modernos. Entre esses setores, destaca-se a presença da indústria automobilística em São José dos Pinhais, na região da Grande Curitiba.

Em Santa Catarina, a maior concentração industrial está na região metropolitana do Vale do Itajaí, principalmente em Blumenau, e na cidade de Joinville, a principal cidade industrial do estado. Apesar da relativa diversificação industrial dessas áreas, há o domínio do setor têxtil.

No oeste catarinense, nas cidades de Chapecó, Concórdia, Videira e outras, é tradicional a industrialização de carne suína e de aves.

Na região do vale do rio Tubarão, desenvolveu-se a indústria de cerâmica para revestimento de construção. Além disso, nessa região se encontra uma importante área de extração de carvão mineral do Brasil. Parte desse carvão é enviada para as indústrias siderúrgicas dos estados de São Paulo, Minas Gerais e Rio de Janeiro.

Santa Catarina e Rio Grande do Sul são responsáveis por quase toda a produção de carvão mineral do Brasil.

O estado de Goiás foi contemplado com grandes investimentos industriais. O setor frigorífico e outras atividades de beneficiamento agropecuário transformaram o município de Rio Verde num grande polo do agronegócio do Brasil. Goiás recebeu nos últimos 15 anos muitas usinas de açúcar e álcool e indústrias do setor automobilístico em Anápolis (Hyundai) e Catalão (Mitsubishi).

O Espírito Santo, além de abrigar a indústria alimentícia, é o maior produtor nacional de placas de aço e possui uma das maiores indústrias siderúrgicas do país, a Companhia Siderúrgica de Tubarão (CST). O estado tornou-se em 2010 o segundo maior produtor de petróleo do Brasil.

MAIS INFORMAÇÃO

Itaipu

"A Usina de Itaipu, uma das maiores do mundo, na primeira semana de janeiro de 2014, bateu o recorde mundial de geração de energia com mais de 98 milhões quilowatts-horas. É energia suficiente para abastecer o Planeta Terra durante dois dias. O resultado foi conseguido mesmo durante o período de seca que afeta o nível do reservatório de todas as hidrelétricas do país e, com isso, confirma ser a maior produtora de energia do mundo. Itaipu abastece dois de cada dez imóveis brasileiros."

Elaborado com base em: *Usina de Itaipu bate recorde em geração de energia*. Disponível em: <http://globotv.globo.com/rede-globo/bom-dia-brasil/v/usina-de-itaipu-bate-recorde-em-geracao-de-energia/3055259>. Acesso em: 6 jan. 2014.

Usina de Itaipu Binacional, localizada no Centro-Sul do país, é a maior do Brasil e uma das maiores do mundo. Foz do Iguaçu, PR (2012).

Novos fatores que irão dinamizar o Centro-Sul

Pré-sal

A Petrobras anunciou em 2007 a descoberta do campo petrolífero de Tupi, hoje denominado Lula, que está localizado na bacia sedimentar de Santos, na camada de pré-sal, a 250 quilômetros da costa, do estado do Rio de Janeiro.

A camada de pré-sal engloba outras duas bacias sedimentares (Espírito Santo e Campos) e se estende por uma faixa de 800 quilômetros do litoral de Santa Catarina ao Espírito Santo, com 200 quilômetros de largura máxima.

Após a descoberta de Tupi, outras reservas foram encontradas, como Guará, Bem-Te-Vi, Carioca, Libra, Franco, Iara e Júpiter. Os estudiosos preveem que Libra e Franco tenham reservas maiores do que Tupi – que até então era a maior reserva, estimada em 8 bilhões de barris de petróleo de alta qualidade.

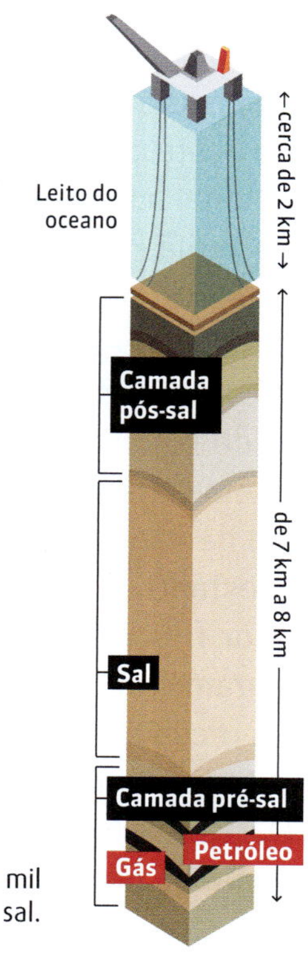

Pré-sal: camada em área ultraprofunda, que fica entre 7 mil e 8 mil metros abaixo do leito do mar, depois de uma camada de sal.

Fonte: *Folha de S.Paulo*, 31 ago. 2009.

Até o final de 2013, acreditava-se que a reserva de Libra era a maior reserva já descoberta em solo brasileiro, com estimativa de produção entre 8 e 12 bilhões de barris de petróleo nos próximos 35 anos. Porém, outros estudos divulgados em novembro de 2013 indicam que as reservas petrolíferas de Franco superam as de Libra.

Espera-se que essas descobertas gerem muita riqueza para o Centro-Sul em um futuro próximo, assim que a produção for efetivada em larga escala, pois haverá maior arrecadação de impostos que deverão ser revertidos em infraestrutura, educação, saúde e segurança, além de atrair novas indústrias que irão aquecer a economia brasileira e gerar novos empregos.

Blocos do pré-sal da Bacia de Santos

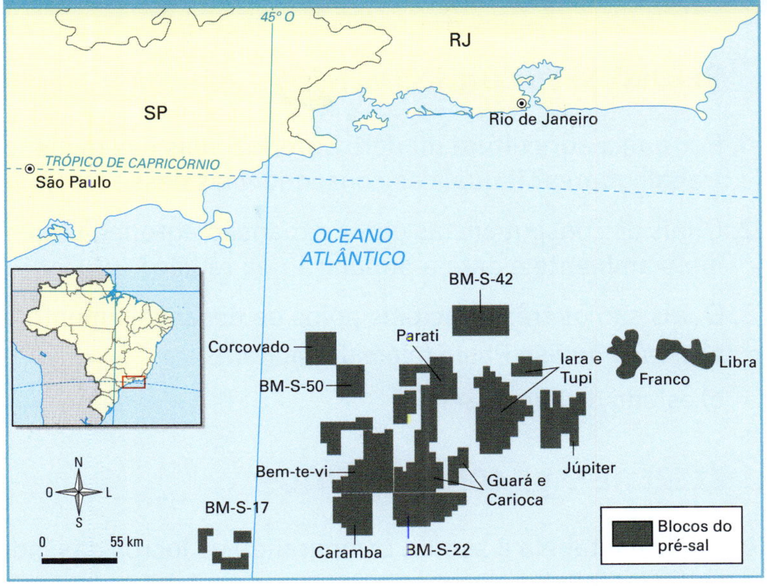

Fonte: *Folha de S.Paulo*, 31 ago. 2009 (com atualizações).

MAIS INFORMAÇÃO

O pré-sal e as placas tectônicas

"A história da formação do pré-sal está relacionada à separação dos continentes sul-americano e africano, ocorrida há mais de 100 milhões de anos. Quando os continentes começaram a se separar, formou-se uma grande rachadura, chamada de rift, cuja direção era praticamente paralela ao litoral brasileiro atual.

O rift na área do pré-sal foi inicialmente preenchido por rochas sedimentares arenosas, argilosas e rochas ígneas vulcânicas. Com o passar do tempo, essa rachadura aumentou em largura e, com isso, formaram-se imensos lagos, nos quais as rochas arenosas e argilosas foram sendo substituídas por rochas carbonáticas.

Rocha carbonática

É um tipo de rocha sedimentar.

O fim da deposição das rochas carbonáticas está associado ao início da deposição do sal, proveniente da água que preenchia o espaço formado com a separação."

Revista *Petrobras*. Rio de Janeiro: Petrobras, maio 2009. p. 30.

Energia eólica

No Rio Grande do Sul aerogeradores instalados no solo transformam a força dos ventos em energia, a energia eólica. A força dos ventos é uma das mais promissoras fontes renováveis de energia. Trata-se de uma tecnologia moderna que já é adotada em números países. No Brasil, os investimentos começaram a partir de 2000 e vêm crescendo intensamente.

Na região Centro-Sul, encontra-se o maior parque eólico da América Latina, situado na cidade de Osório, no Rio Grande do Sul, onde foram construídos três parques: Osório, Sangradouro e Índios.

Parque eólico de Osório, RS (2011).

Atividades

RETOME SEUS CONHECIMENTOS

1. Por que a agricultura moderna produz mais e com menor número de trabalhadores? E quais as consequências desse fato?
2. Quais as consequências que a expansão agropecuária no Cerrado trouxe para o meio ambiente e para a população na região?
3. Quais são os três principais polos de desenvolvimento tecnológico industrial no:
   a) estado de São Paulo (além da capital)?
   b) estado de Minas Gerais?

EXERCITE SEUS CONHECIMENTOS

4. Analise a tabela a seguir, comparando os lucros das indústrias e as cidades onde estão instaladas.

Os maiores lucros* das empresas brasileiras em 2010 (em bilhões de reais)

1	Petrobras (Rio de Janeiro-RJ)	35,0	6	Ambev (São Paulo-SP)	7,56
2	Cia. Vale do Rio Doce (Rio de Janeiro-RJ)	30,07	7	Santander Brasil (São Paulo-SP)	7,38
3	Itaú (Unibanco) (São Paulo-SP)	13,3	8	Itausa (São Paulo-SP)	4,95
4	Banco do Brasil (Brasília-DF)	11,7	9	CSN (Rio de Janeiro-RJ)	2,5
5	Bradesco (Osasco-SP)	10,0	10	Gerdau (Rio de Janeiro-RJ)	2,4

*lucro líquido

Fonte: Revista *Exame*. Disponível em: <http://exame.abril.com.br/negocios/empresas/noticias/os-10-maiores-lucros-de-empresas-brasileiras-em-2010?p=8#link>. Acesso em: 30 abr. 2014.

A que conclusão você chegou?

5. Faça em seu caderno um desenho que represente o pré-sal. Em seguida, explique o que é o pré-sal e qual a sua contribuição para dinamizar a economia do Centro--Sul e brasileira.
6. Observe as fotografias abaixo e faça uma breve redação sobre a modernização da agricultura.

Trator com computador de bordo em Pelotina, PR (2011).

Feira Internacional de Tecnologia Agrícola em Ação, em Ribeirão Preto, SP (2010).

LIVROS

Jovens brasileiros

Vera Vilhena de Toledo, Ivan Jaf e Maria O. Simão Brancatelli.
São Paulo: Ática, 2001.

Perspectivas de dez jovens brasileiros em dez épocas diferentes, do pré-descobrimento à fundação de Brasília.

Pantanal: mosaico das águas

Marcelo Leite.
São Paulo: Ática, 2006.

O livro conta as férias de Juliana e seu irmão Tiago em uma fazenda no Pantanal.

Vivendo no Cerrado e aprendendo com ele

Marcelo Bizerril.
São Paulo: Saraiva, 2004.

O livro aborda o potencial alimentício, medicinal e madeireiro dos vegetais do Cerrado, além de revelar que sua fauna pode ser criada e manejada para fins econômicos. O livro aborda também os grupos indígenas da região e traz informações arqueológicas sobre a presença humana ali há cerca de 11 mil anos.

FILMES

São Paulo, memória em pedaços

Direção: Neide Duarte.
Brasil, 1998.

Programas de 30 minutos cada, que tratam de lugares da cidade de São Paulo, como a avenida Paulista e os bairros da Mooca e do Bixiga.

O caminho das nuvens

Direção: Vicente Amorim, 2003.
Brasil, 2003.

Inspirado em fatos reais, o filme narra a história de um casal e seus cinco filhos, que deixam a Paraíba e percorrem 3.200 km de bicicleta em busca de um emprego para Romão no Rio de Janeiro.

SITES

BNDES

<http://www.bndes.gov.br/SiteBNDES/bndes/bndes_pt>.

O *site* do Banco Nacional de Desenvolvimento Econômico e Social (BNDES) apresenta dados sobre investimentos em diferentes segmentos econômicos.

A última arca de Noé

<http://www.aultimaarcadenoe.com.br>.

Este *site* apresenta sugestões de viagens ecológicas, estudos da fauna e da flora e matérias especiais sobre meio ambiente.

PROJETO ESPECIAL

Cana-de-açúcar no Brasil

O cultivo da cana-de-açúcar no Brasil foi introduzido pelos portugueses no século XVI, com o objetivo de fixar colonos à terra, garantir a posse do território e afastar invasores estrangeiros. Para isso, o governo português optou pela produção de açúcar, um produto muito valorizado na Europa nessa época.

Enquanto Portugal investia no plantio e na instalação dos engenhos, a Holanda realizava a distribuição do açúcar no mercado europeu. Para obter o lucro máximo, Portugal implantou *plantations*, grandes extensões de terras ligadas ao cultivo de um único produto, no caso a cana-de-açúcar, voltado à exportação, e que exploravam o trabalho escravo.

Na segunda metade do século XVII, os holandeses foram expulsos do Nordeste (principal polo produtor do Brasil na época) e partiram para o Caribe, onde passaram a produzir açúcar também. Com isso, Portugal não conseguiu fazer frente ao preço e à qualidade do açúcar caribenho e o açúcar brasileiro entrou em crise. Com o fim das companhias de comércio holandesas, que faziam o comércio do açúcar do Caribe, o Brasil, a partir dos séculos XVIII e XIX, aos poucos foi retomando o seu predomínio na produção e na comercialização do açúcar, tendo Cuba como único concorrente na América Latina.

Na década de 1970, o governo brasileiro lançou o Proálcool (Programa Nacional do Álcool), que foi criado devido à crise mundial do petróleo e que visava à substituição, em larga escala, dos combustíveis derivados de petróleo por álcool. A cana-de-açúcar voltou a ser largamente produzida, então, no território nacional, pois o governo ofereceu incentivos fiscais aos usineiros e às indústrias automobilísticas, como a redução do IPVA e veículos mais baratos, por exemplo.

Entretanto, no início da década de 1990, a falta de álcool e o preço do petróleo estabilizado novamente fizeram com que a população desacreditasse no êxito do Proálcool.

O engenho (1668), quadro de Frans Post.

A partir de 2003, com a criação de veículos bicombustíveis, o consumo de álcool tornou-se mais intenso e a previsão é de que a produção continue crescendo para atender a uma demanda que é cada vez maior.

O álcool da cana-de-açúcar sempre teve a seu favor o fato de ser menos poluente do que os combustíveis derivados do petróleo e ser um combustível de fonte renovável.

Atualmente, vemos o Brasil produzindo cada vez mais e aplicando cada vez mais tecnologia no plantio e na colheita do produto, e isso fez de nosso país um dos principais produtores de açúcar e álcool do mundo.

Fonte: IBGE. *Atlas geográfico escolar – ensino fundamental — do 6º ao 9º ano*. Rio de Janeiro, 2010, p. 32.

ATIVIDADES

1. Entreviste familiares mais velhos e indague-os sobre o que eles ouviam a respeito da produção da cana-de-açúcar no Brasil quando eles eram crianças.
2. Além do açúcar e do álcool combustível, há muitos outros produtos no mercado que são originados da cana. Procure informações sobre eles e relacione-os em seu caderno. Comente a que tipo de uso eles se destinam.
3. Conforme você viu no capítulo, o cultivo da cana-de-açúcar vem crescendo gradativamente no território nacional. Em grupos, façam uma lista de prós e contras do fato, discutindo cada item apresentado.
4. Faça uma pesquisa em jornais, revistas e internet de como é atualmente a transformação da cana-de-açúcar em açúcar e álcool e monte um painel que deverá ser exposto e explicado em sala de aula. Siga o roteiro abaixo:
   a) Como é efetuado o plantio da cana-de-açúcar?
   b) Até a época da colheita, quais insumos, máquinas e tipo de mão de obra são empregados?
   c) A colheita é feita de que forma?
   d) Como é o transporte do produto até as usinas?
   e) Como é realizado o beneficiamento da cana até a transformação em açúcar e álcool?

A Amazônia

Parque Estadual do Cristalino em Alta Floresta, MT (2011).

A

Indígenas yanomami em Barcelos, AM (2010).

C

UNIDADE

VI

Corte ilegal de madeira para formação de pasto no Pará (2008).

Vista aérea de trecho desmatado da Floresta Nacional do Jamanxim, Pará, para extração ilegal da madeira (2009).

Discussões a respeito da região amazônica envolvem interesses muitas vezes contraditórios, com visões amplamente preservacionistas e também objetivos marcadamente exploratórios. Vários são os fatores que contribuem para a valorização do espaço amazônico, entre eles o quadro de mudanças climáticas provocadas pela ação humana e as providências necessárias para minimizar seus efeitos, como a redução do desmatamento; a valorização da natureza ainda relativamente conservada num mundo em que os espaços pouco antropizados são raros; a importância da biodiversidade da floresta para diversos fins; a escassez da água; a demanda por recursos minerais importantes; a preocupação com a preservação da grande diversidade de povos indígenas e o avanço da fronteira agrícola.

- Quais das fotografias você relacionaria com uso indevido dos recursos da natureza?

15 A organização do espaço da Amazônia

PARA CONTEXTUALIZAR

Observe a imagem.

Muitas pessoas estão sendo capazes, hoje, de tirar proveito das riquezas da Amazônia.
Com o aplauso e o incentivo da SUDAM.
Com o aplauso e o incentivo do Banco Amazônia.
O Brasil está investindo na Amazônia e oferecendo lucros para quem quiser participar desse empreendimento.
A Transamazônica está aí: a pista da mina de ouro.
Comece agora. Faça sua opção pela SUDAM. Aplique a dedução do seu imposto de renda num dos 464 projetos econômicos já aprovados pela SUDAM. Ou então apresente seu próprio projeto (seja ele industrial, agropecuário, ou de serviços).
Você terá todo o apoio do Governo Federal e dos governos dos estados que compõem a Amazônia. Há um tesouro à sua espera. Aproveite. Fature. Enriqueça junto com o Brasil.
Informe-se nos escritórios da SUDAM e nas agências do Banco da Amazônia.

O cartaz é uma propaganda do governo federal divulgada nos primeiros anos da década de 1970.

ATIVIDADES

Converse com seus colegas e com seu professor.

1. Como podemos interpretar a expressão "Chega de lendas" na frase em destaque no cartaz?
2. Qual mensagem sobre a Amazônia os criadores do cartaz quiseram transmitir? Quais os objetivos do governo federal em relação a essa região?
3. Se você fosse elaborar um cartaz para atrair pessoas que desejassem investir na Amazônia, quais aspectos destacaria? Explique.

Amazônia

O complexo regional amazônico ou Amazônia abrange uma área de aproximadamente 4,8 milhões de quilômetros quadrados — pouco mais da metade do território brasileiro.

Nesse complexo regional vivem aproximadamente 10% da população do Brasil.

A Amazônia Legal é uma porção territorial definida a partir da criação da Superintendência do Desenvolvimento da Amazônia (Sudam), em 1966, que foi extinta em 2001 e recriada em 2007. Essa parte do território brasileiro corresponde aproximadamente à área do complexo regional da Amazônia, conforme você pode comparar nos mapas Complexo Regional da Amazônia e Brasil – Amazônia Legal.

A Amazônia Legal abrange 4,1 milhões de quilômetros quadrados, que correspondem a 59% do território brasileiro, e foi criada como região política para execução de planos de desenvolvimento e ações de assistência e fiscalização do norte do país, conforme você pode observar no mapa ao lado.

A Grande Amazônia é um trecho da América do Sul com cerca de 7,8 milhões de quilômetros quadrados. Essa área é também chamada Amazônia Internacional, porque ocupa parte de territórios de vários países: Brasil (maior parte), Bolívia, Peru, Equador, Colômbia, Venezuela, Guiana, Suriname e Guiana Francesa (pertencente à França).

A Amazônia Internacional corresponde ao predomínio da densa floresta equatorial, clima quente e úmido e elevada densidade de rios, muitos dos quais com grande volume de água e cuja maioria faz parte da bacia Amazônica, a maior do mundo.

Essa região compreende cerca de um terço das florestas tropicais e um quinto da água doce disponível no globo. Apresenta grande variedade e diversidade de espécies vegetais (mais de 60 mil) e animais (mais de 2 mil espécies de peixes e cerca de 300 espécies de mamíferos). Por isso se afirma que a Amazônia apresenta uma grande biodiversidade.

Complexo Regional da Amazônia

Fonte: GEIGER, Pedro Pinchas. Organização regional do Brasil. *Revista Geográfica*. Rio de Janeiro, n. 61, jul./dez. 1964. p. 51. In: MAGNANO, Angélica Alves. *Revista Brasileira de Geografia*. Rio de Janeiro, v. 57, n. 4, out./dez. 1995. p. 77; *Atlas geográfico escolar*. Rio de Janeiro: IBGE, 2009. p. 152 (adaptado).

Brasil – Amazônia Legal

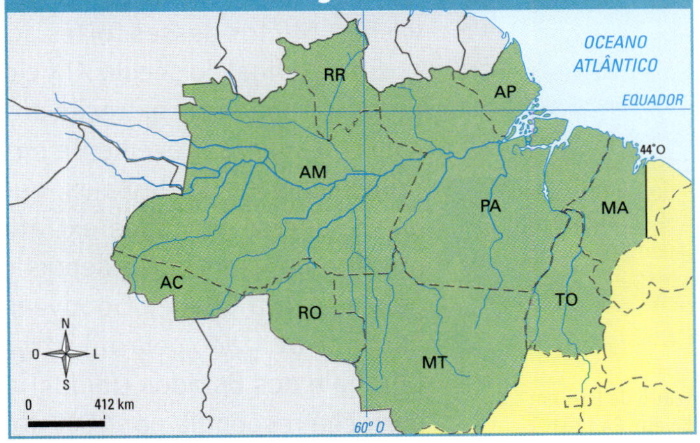

Fonte: Sudam, 2007.

Amazônia Internacional

Fonte: Agência de Desenvolvimento da Amazônia (ADA), 2002.

Como mais da metade da Amazônia faz parte do território brasileiro, boa parte dessa biodiversidade encontra-se em nosso país. Trata-se de uma enorme quantidade de plantas medicinais, aromáticas, alimentícias, oleaginosas e fibrosas; fungos e bactérias; insetos, serpentes e diversos outros animais. Muitos desses recursos naturais são utilizados pela indústria farmacêutica de perfumaria e cosméticos, de alimentos e pirateados conforme veremos mais adiante. Outros são analisados pelos institutos de pesquisa de muitos países estrangeiros. A partir de substâncias encontradas nessas plantas e animais podem ser fabricados medicamentos e outros produtos e bases de novas matérias-primas podem ser descobertas.

A organização espacial da Amazônia

O espaço localizado na porção norte do território brasileiro não despertou grande interesse da metrópole portuguesa no início da colonização, pois nele, na época, não foram encontradas riquezas minerais, como o ouro e a prata, ou solos favoráveis à prática agrícola. Durante o período colonial, sua ocupação limitou-se à instalação de missões religiosas, nas quais os indígenas eram instruídos pelos jesuítas a coletar as drogas do sertão (baunilha, guaraná, urucum, castanha e cacau), utilizadas pela culinária e pela farmácia europeias da época. Também foram instalados fortes, com o objetivo de defender o território de invasões. Muitos desses fortes acabaram se tornando vilas.

Vulcanização
Modificação da borracha natural obtida pela sua combinação com enxofre, para atribuir-lhe maior força, elasticidade e resistência a temperaturas extremas.

Entre o final do século XIX e o início do XX, ocorreu um surto de povoamento, proporcionado pela extração do látex da seringueira, árvore nativa da Amazônia, conforme vimos brevemente no capítulo 2. A região atraiu milhares de pessoas, principalmente nordestinos, que se estabeleceram para trabalhar como seringueiros nessa atividade extrativista. O látex transformou-se num importante produto de exportação depois que a técnica de vulcanização foi desenvolvida pelo cientista Charles Goodyear, em 1839. Nesse período, o látex passou a ser bastante utilizado pela indústria automobilística nos países industrializados (da Europa e dos Estados Unidos) na fabricação de borrachas e pneus. Em 1912, a borracha respondia por 40% do total das exportações brasileiras.

Teatro da Paz, em Belém, PA (2010).

Fala-se de um ciclo da borracha no Brasil, que teria durado de 1827 a 1912, responsável pela expansão demográfica na Amazônia, especialmente nas cidades de Belém e Manaus.

Na década de 1920, a atividade econômica de extração do látex entrou em decadência, em virtude da concorrência com a produção inglesa na Ásia. Isso provocou uma sensível diminuição no fluxo populacional para a região.

Da época áurea da produção de borracha ficaram algumas marcas no espaço geográfico de Belém e Manaus, pontos de concentração da produção e onde se encontravam os portos de escoamento. O Teatro Amazonas, em Manaus, e o Teatro da Paz, em Belém, são duas das heranças dessa época.

A retirada de drogas do sertão e a extração do látex foram atividades desenvolvidas no espaço amazônico com o objetivo de abastecer o mercado externo.

Na etapa de ocupação recente, ao contrário do período da colonização, principalmente a partir da década de 1970, a região amazônica assumiu o papel de fornecedora de matérias-primas ao mercado internacional e também ao nacional, principalmente madeira e minérios, como o de ferro, a bauxita e o manganês, como você verá a seguir no subtítulo "O Projeto Grande Carajás" e no capítulo 17.

Um desafio amazônico: desenvolver sem destruir

Na visão da geógrafa Bertha K. Becker, entre as últimas décadas do século XX e o início do XXI, a natureza da Amazônia é "reavaliada e revalorizada a partir de duas lógicas muito diferentes": a preocupação em conservar os ecossistemas e possibilitar a sobrevivência e o desenvolvimento dos habitantes da região, particularmente os povos da floresta, e a visão da região como estoque de recursos naturais, a serem explorados sem preocupação com a sustentabilidade, e como área de expansão para a pecuária e para a agricultura. Para Bertha K. Becker, a Amazônia é um desafio para o presente.

De certo modo, esses são dois caminhos possíveis para pensar o futuro da Amazônia. Já temos a experiência da Mata Atlântica, do Cerrado e da Caatinga, conjunto de ecossistemas que foram explorados intensivamente, sobretudo o primeiro. Há elementos suficientes para refletir sobre qual caminho seguir no caso da Amazônia.

Modelos de desenvolvimento que priorizem a redução das desigualdades sociais, a eliminação da pobreza e a conservação dos ecossistemas naturais devem ser encontrados por meio de debates, que precederão a elaboração de propostas de desenvolvimento socioeconômico na Amazônia.

A Amazônia é uma reserva fundamental de biodiversidade, de água e de carbono fixado. Em relação a esse último aspecto, tem um papel expressivo no volume de gases que podem ou não intensificar o efeito estufa.

Povos da floresta
Nações indígenas e quilombolas, populações ribeirinhas e populações extrativistas, descendentes ou não dos indígenas e quilombolas, que dependem da mata e dos rios da Amazônia para sobreviver; povos da mata.

Casa típica da população ribeirinha da cidade de Portel na Ilha do Marajó, PA (2010).

Família Yanomami da Aldeia do Gasolina, em Barcelos, AM (2010).

A Amazônia e a intensificação do efeito estufa

O Brasil é considerado um dos maiores emissores mundiais de gases de efeito estufa: 75% de nossas emissões são resultado dos desmatamentos e das queimadas, e os 25% restantes são fruto da queima de combustíveis fósseis (veículos e indústrias). Outros setores responsáveis por essas emissões são o energético e a criação de animais ruminantes. Em média, estima-se que 6% de todo o alimento consumido pelo gado no mundo seja convertido em gás metano liberado por eructação (arroto e flatulência dos bois). Mesmo assim, os números não são exatos, pois cada órgão responsável por levantar esses dados apresenta resultados diferentes.

Dessa forma, considerando-se a grande diversidade sociocultural da região amazônica, sua importância para a estabilidade climática regional e continental, sua influência na intensificação do efeito estufa, o estoque de água e a biodiversidade que possui, não há como realizar projetos que não tenham como pontos de partida estudos aprofundados. As peculiaridades sociais, ambientais e econômicas da Amazônia têm de ser consideradas. Daí decorre que o governo precisa atuar mais diretamente na região, inclusive criando condições para que a pesquisa seja intensificada e a fiscalização seja mais atuante.

Além disso, é fundamental estabelecer projetos que não colaborem para a expansão das áreas desmatadas, sobretudo os grandes, como construção de usinas hidrelétricas, gasodutos, rodovias, exploração mineral, pecuária. Tais empreendimentos precisam ser analisados com todo o critério, uma vez que as consequências de sua implementação podem ser irreversíveis. Há também a preocupação com a expansão da agricultura voltada para a produção de biocombustíveis, como o etanol da cana-de-açúcar (álcool etílico). Com a necessidade de encontrar alternativas aos combustíveis derivados de petróleo, é provável que venha a ocorrer uma expansão significativa da produção de cana no Brasil, país que domina a tecnologia dos setores de produção de etanol e de motores bicombustíveis. Nos últimos anos, a safra amazônica de cana-de-açúcar vem representando quase 5% da safra brasileira.

Está claro também que não adianta somente criar unidades de conservação. É imprescindível estabelecer projetos claros de exploração sustentável para essas unidades, bem como intensificar a fiscalização e o controle nessas áreas.

A ocupação da Amazônia

Governos anteriores à década de 1970 já davam sinais de preocupação com o povoamento da Amazônia, porque a consideravam um vazio demográfico que deveria ser ocupado. Em 1953, no governo Getúlio Vargas, foi criada a Superintendência do Plano de Valorização Econômica da Amazônia (SPVEA); em 1958, no governo Juscelino Kubitschek, iniciava-se a construção da rodovia Belém-Brasília (BR-010).

Rodovia Belém-Brasília, na altura do município de Imperatriz, MA (2011).

Rodovia Transamazônica em Altamira, PA (2010).

As estratégias do Estado brasileiro

No período dos governos militares (1964-1985), o Estado brasileiro pretendia levar adiante planos, programas e projetos diversos com o objetivo de ocupar e explorar economicamente a região amazônica. Aos interesses econômicos aliavam-se os interesses estratégicos (militares). Nessa época, o governo entendia que a região desocupada poderia ser facilmente invadida e suas riquezas exploradas por estrangeiros. Além disso, nessa imensa área poderiam ser organizadas forças paramilitares (guerrilheiros) contrárias ao governo militar, no poder à época.

Assim, foram criados órgãos, como a Superintendência do Desenvolvimento da Amazônia (Sudam), em 1966, que substituiu a SPVEA, para planejar, coordenar e controlar o desenvolvimento da região. Foram também criados projetos de pesquisa, como o Radar da Amazônia (Radam), a partir de 1969, para fazer o levantamento e o mapeamento dos recursos naturais. Outras rodovias foram construídas; um polo industrial — a Zona Franca de Manaus — e diversos projetos agropecuários e minerais foram desenvolvidos.

As rodovias e as agrovilas

No início dos anos 1970, por meio do Programa de Integração Nacional (PIN), o governo brasileiro aplicou recursos para a abertura de 15 mil quilômetros de estradas. A rodovia Transamazônica se tornou então o grande símbolo da integração nacional. Era tida pelo governo como a rodovia que ligaria "uma terra com muitos homens" — o Nordeste — a "uma terra sem homens" — a Amazônia. Na verdade, foi uma tentativa de diminuir no Nordeste a pressão popular por distribuição de terras e por reforma agrária.

A Transamazônica revelou-se um exemplo de má administração de recursos e de projetos na região. O que seria uma rodovia da integração nacional resultou em uma trilha descontínua de buracos, atoleiros e pontes em ruínas. Apenas um trecho ainda funciona como estrada atualmente.

As rodovias abrem caminhos para a derrubada da mata. A construção de estradas e a pavimentação das já existentes facilitam o acesso a áreas praticamente inacessíveis para caminhões e possibilitam o escoamento da madeira retirada.

Observe o mapa a seguir.

Amazônia – Rodovias

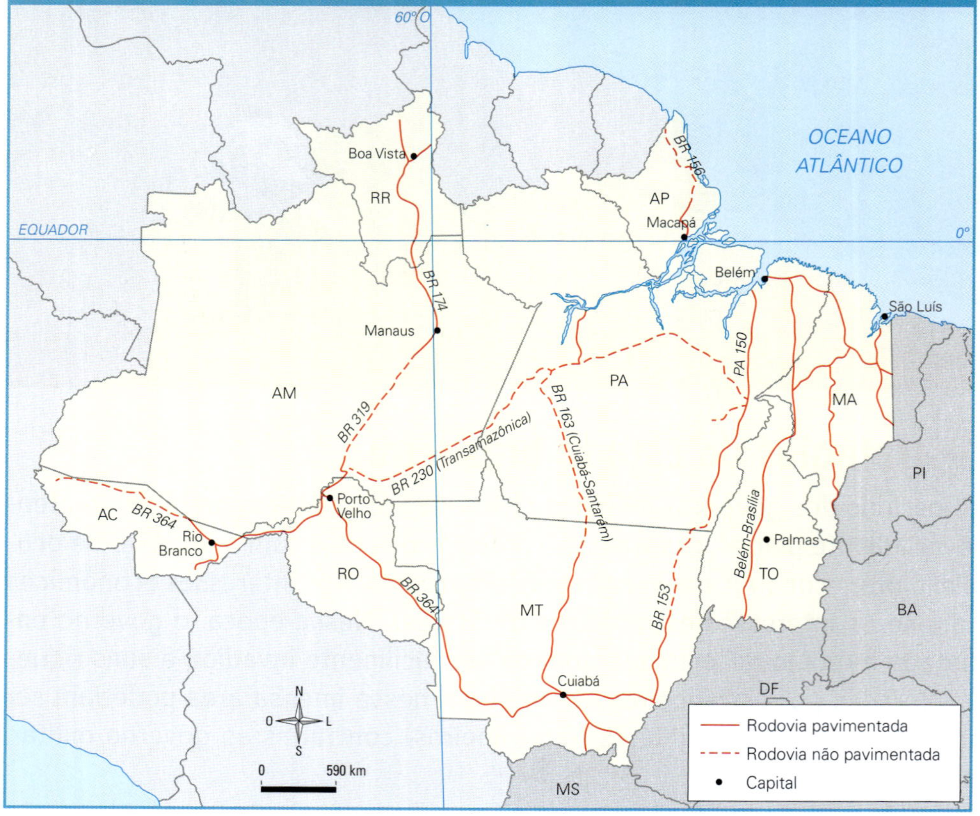

Fonte: BECKER, Bertha K.; STENNER, Claudio. *Um futuro para a Amazônia*. São Paulo: Oficina de Textos, 2008. p. 86.

Ao implantar os projetos de colonização, o governo, por meio do Instituto Nacional de Colonização e Reforma Agrária (Incra), estabeleceu uma rede de agrovilas ao longo dessas diversas rodovias construídas ou em construção. Elas eram formadas por lotes de terra doados às famílias de agricultores. Em função de uma série de fatores — a distância de centros urbanos maiores, a baixíssima fertilidade das terras, a falta de assistência escolar e de assistência médica, a grande incidência de doenças — o projeto das agrovilas fracassou.

O Polamazônia

Com o fracasso do projeto de colonização por meio de agrovilas, o governo, a partir de 1974, redirecionou a ocupação e a exploração econômica da região. Implantou o Programa de Polos Agropecuários e Agrominerais da Amazônia (Polamazônia), por meio do qual estabeleceu 15 "polos de desenvolvimento".

Esse programa caracterizou-se pela implantação de um modelo de desenvolvimento "importado" do Centro-Sul: formação de extensas áreas agrícolas, de criação de gado (pecuária extensiva) e de exploração da madeira. Essas atividades foram as grandes responsáveis pela maior parte das áreas devastadas na Amazônia. O programa estimulou também a exploração das riquezas minerais da região.

O Polamazônia revelou, assim, a ideia de que o governo e os grandes grupos empresariais tinham e, de certa forma, ainda têm em relação à Amazônia: uma área que deve ser explorada economicamente, que precisa oferecer recursos para as grandes empresas sem considerar se isso traz prejuízos sérios ao ambiente local ou se possibilita a melhoria na qualidade de vida da população que habita o espaço amazônico.

O Polamazônia foi também um programa que ofereceu terras e concedeu incentivos fiscais (isenção de impostos) aos grandes empresários do Centro-Sul, que tinham capitais para investir na região ou que podiam negociar empréstimos com os bancos. Porém, além de contribuir para o desmatamento, esse programa levou à formação de grandes propriedades rurais, estimulou os conflitos pela posse de terras e colaborou para a invasão de terras indígenas, principalmente onde se instalaram garimpos.

Em vez de criar condições para a distribuição de terras e geração de renda por meio de projetos como esses, o governo acabou contribuindo para o aumento dos problemas sociais e para a criação de permanentes focos de conflitos envolvendo latifundiários, empresas madeireiras, indígenas e posseiros. Os maiores latifúndios improdutivos do Brasil estão na região amazônica.

O Projeto Grande Carajás

Com implementação no período da ditadura militar, o Grande Carajás foi o projeto de maior destaque na história da ocupação da Amazônia: pela área abrangida (cerca de 890 mil quilômetros quadrados, ou pouco mais de 10% do território brasileiro) e pelas atividades e obras envolvidas: extração de riquezas minerais, como ferro, manganês, níquel, estanho, bauxita (minério de alumínio), cobre e ouro na serra dos Carajás; construção da hidrelétrica de Tucuruí; construção da Estrada de Ferro Carajás, ligando a região de extração mineral aos portos de Itaqui e Ponta da Madeira, em São Luís (MA), entre outras.

Projeto Grande Carajás (final do séc. XX)

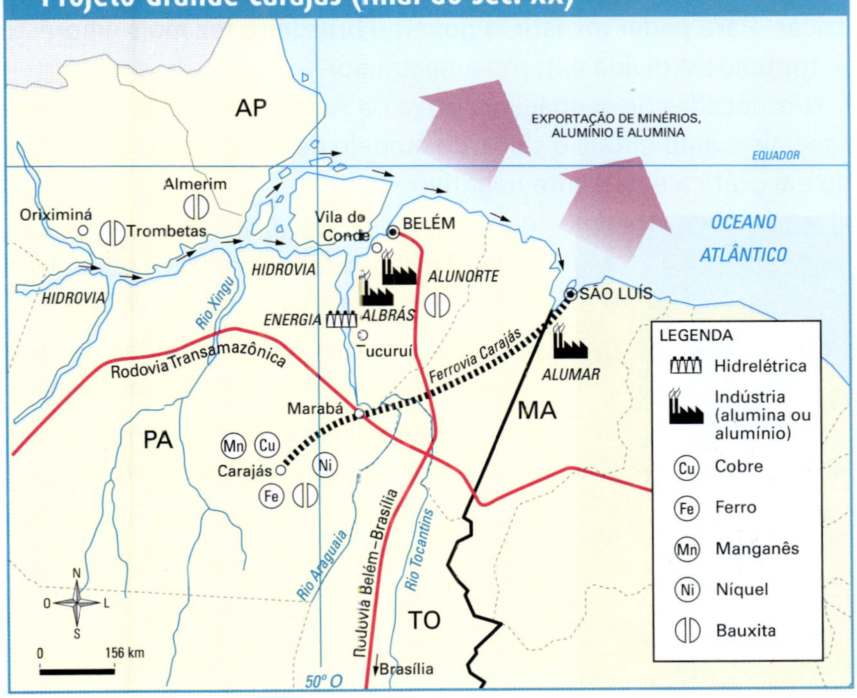

Fonte: BECKER, Bertha K. *Amazônia*. São Paulo: Ática, 1990. p. 66 (Série Princípios).

A Albrás e a Alunorte foram criadas a partir da associação entre capitais de empresas nacionais e estrangeiras, principalmente japonesas. Anualmente, milhões de toneladas de alumina e alumínio produzidos por essas empresas são vendidos principalmente para o Japão e a Alemanha e para o mercado interno. Fábrica da Alunorte em Barcarena, PA (2008).

Fazem parte também do Grande Carajás os projetos: Trombetas, em Oriximiná (PA), no vale do rio Trombetas, de onde se extrai a bauxita; Alumar, em São Luís (MA) e Alunorte, em Barcarena (PA), que transformam a bauxita em alumina, primeira etapa da industrialização do alumínio; Albrás, em Barcarena (PA), onde a alumina é transformada em alumínio.

Para viabilizar a instalação dessas empresas e fornecer energia à região, foi construída a usina hidrelétrica de Tucuruí, inaugurada em 1984. A produção de alumínio exige grande quantidade de energia elétrica. A Albrás e a Alunorte, por exemplo, consomem cerca de 60% da energia gerada por Tucuruí.

Um modelo de desenvolvimento sem futuro

O desenvolvimento desses projetos e a instalação das empresas de produção de alumínio uniram os interesses das grandes empresas estrangeiras e do governo brasileiro. As primeiras buscavam se instalar em áreas de abundância de matéria-prima (bauxita) e de energia elétrica, cujo custo havia aumentado com a elevação dos preços do petróleo (energia termelétrica). O segundo via na extração e na comercialização da bauxita uma possibilidade de gerar capital para pagar a crescente dívida externa.

O governo brasileiro esperava que esses projetos atraíssem as empresas transformadoras de alumínio e, com isso, houvesse geração de muitos empregos. Entretanto, não foi o que ocorreu.

A instalação dos grandes projetos de desenvolvimento na Amazônia não trouxe benefícios para a maioria da população amazônica e não reduziu as desigualdades sociais entre as regiões brasileiras. Na verdade, acabou favorecendo os grandes grupos empresariais estrangeiros e nacionais e exigiu muitos gastos do governo brasileiro, como a construção de ferrovias, de rodovias e de hidrelétricas. Para poder investir, o governo brasileiro fez mais empréstimos no exterior, tornando a dívida externa ainda maior.

Após três décadas de ocupação efetiva da Amazônia, o que se nota é que em termos sociais e ambientais o saldo do modelo de ocupação e desenvolvimento colocado em prática é bastante negativo:

- parte considerável da floresta foi devastada (cerca de 70 milhões de hectares ou o equivalente a quase três vezes a área do estado de São Paulo);
- muitas riquezas foram retiradas da região, com pouco benefício à população local e ao país;
- os conflitos pela posse de terras se agravaram com a concentração da propriedade rural;
- terras indígenas foram invadidas e muitos confrontos entre não indígenas e grupos indígenas continuam a ocorrer.

Madeireira ao lado de área com vegetação nativa conservada, em Santarém, PA (2009).

MAIS INFORMAÇÃO

Novas formas de ser índio

"Você também acha que em 1500 todo dia era dia de índio, mas que hoje eles só têm o dia 19 de abril? Ou que lugar de índio é [...] no mato, com cocar e caçando de arco e flecha? Nem sempre. Os povos indígenas no Brasil de hoje são muitos e diversos, e todo dia é dia de algum povo específico nas milhares de aldeias e muitas cidades por quase todo o País. Mas o Dia do Índio é uma oportunidade que o calendário oficial oferece e muitos índios aproveitam para se expressar, ter visibilidade.

Nos últimos 30 anos, vários povos indígenas considerados 'extintos' reafirmaram suas identidades e emergiram à cena pública. Nos últimos 15 anos, surgiram centenas de organizações indígenas fora das aldeias, dirigidas por jovens lideranças que administram projetos com recursos não reembolsáveis da cooperação internacional e de fontes governamentais. Há música e literatura indígena começando a ser publicadas, várias experiências de escolas indígenas diferenciadas e outras iniciativas de valorização e intercâmbio cultural, além de projetos com alternativas econômicas voltadas para a comercialização de produtos com valor cultural e ambiental agregados. Em abril de 2004, houve a primeira mostra de realizadores indígenas de vídeo num centro cultural da cidade do Rio de Janeiro. Há índios na universidade e proposta de criação de universidade indígena.

Há representantes indígenas em algumas instâncias consultivas de políticas públicas governamentais. Alguns indígenas se aventuram pelo caminho da política partidária municipal.

Os povos indígenas têm direito, como todos os demais povos e culturas do mundo, a incorporar novidades, fazer empréstimos culturais, inventar novas tradições e atualizar suas identidades."

Almanaque Brasil Socioambiental. São Paulo: ISA, 2008. p. 227.

O extrativismo sustentável e o ecoturismo

Um novo modelo de desenvolvimento precisa ser posto em prática na Amazônia. Um modelo que combine a conservação e a preservação ambiental e a melhoria nas condições de vida da maioria dos habitantes da região.

Na década de 1970, uma enorme quantia (cerca de 7,5 bilhões de dólares) foi oferecida pelo governo, por meio de subsídios, a grandes e médios empresários e produtores rurais. Essa quantia, além de favorecer quem já dispunha de muitos recursos — a burocracia para sua obtenção já restringe o grupo de favorecidos —, contribuiu para a devastação da floresta.

É bem provável que atualmente o governo não disponha de quantia semelhante para aplicar na Amazônia. Porém, uma quantia menor de recursos que fosse investida na região para desenvolver atividades geradoras de empregos e renda teria bons resultados na melhoria das condições de vida da população. Entre essas atividades, destaca-se o extrativismo sustentável, que não causa prejuízos à floresta, pois é realizado de forma que permita a recuperação da natureza.

Muitos produtos podem ser extraídos, entre eles diversas espécies de plantas, utilizadas pela indústria farmacêutica e por institutos de pesquisas para o desenvolvimento de novos medicamentos, alimentos e materiais. O conjunto de técnicas que permite a transformação dessas espécies de plantas em produtos recebe o nome de biotecnologia.

A imensa biodiversidade da região é ainda pouco conhecida, mas vem sendo contrabandeada (biopirataria) e utilizada pelos países desenvolvidos. Como dispõem de tecnologia bastante avançada, esses países patenteiam a matéria-prima e produzem medicamentos e alimentos a partir de espécies de plantas da Amazônia.

PARA COMPREENDER Biopirataria

"Os esforços empresariais para cercar e comercializar o domínio genético estão se confrontando com uma forte resistência por parte de um crescente número de países e de organizações não governamentais (ONGs) no hemisfério Sul, que começam a exigir uma parcela justa dos frutos da revolução biotecnológica. Enquanto os recursos tecnológicos necessários para manipular o novo 'ouro verde' encontram-se nos laboratórios e nas salas de diretoria do hemisfério Norte, a maior parte dos recursos genéticos essenciais para alimentar a nova revolução encontra-se nos ecossistemas tropicais do hemisfério Sul. A batalha entre empresas multinacionais do Norte e os países do Sul pelo controle sobre os domínios genéticos do planeta parece ser uma das principais disputas econômicas e políticas do século biotecnológico.

Os ataques e contra-ataques, as acusações e defesas em torno do que às vezes é denominado 'biopirataria' ou 'biocolonialismo' não são novos, em muitos e importantes aspectos. A história das lutas coloniais tem sido sempre a história da usurpação e exploração das riquezas biológicas nativas em benefício do colonizador. As grandes expedições exploradoras do Novo Mundo eram voltadas tanto à tarefa de encontrar novas fontes biológicas de alimentos, fibras, pigmentos e medicamentos quanto à de encontrar ouro, prata e outros metais preciosos."

RIFKIN, Jeremy. *O século da biotecnologia*. São Paulo: Makron Books, 1999. p. 51.

Converse com seus colegas e com seu professor.
Quais prejuízos a biopirataria traz para a região amazônica e para o Brasil?

Outra atividade que poderia ser uma boa fonte de renda para a região é o ecoturismo, conforme foi estudado no volume do 6º ano. Pode-se dizer que o potencial da Amazônia para o desenvolvimento dessa atividade é o maior do mundo, em razão da riqueza do ecossistema amazônico.

Vista de barcos de turismo no encontro do rio Solimões (de águas claras) e do rio Negro (de águas escuras) em Manaus, AM (2009).

Atividades

RETOME SEUS CONHECIMENTOS

1. Responda.
   a) O que é a Amazônia Legal e a Amazônia Internacional?
   b) A Amazônia Legal foi criada com que finalidade?
2. O que são as drogas do sertão?
3. Sobre o látex produzido na região amazônica, responda.
   a) Que herança ele deixou para a região?
   b) Por que ele entrou em declínio?
   c) O que o seu declínio provocou na ocupação do espaço amazônico?
4. Leia a frase a seguir:
   "O Brasil é considerado um dos maiores emissores mundiais de gases do efeito estufa." Por que isso ocorre?

EXERCITE SEUS CONHECIMENTOS

5. A Transamazônica passou para a história como "a rodovia que liga nada a lugar nenhum". Você concorda com essa afirmação? Por quê?
6. A geógrafa Bertha K. Becker é uma referência mundial no tema Amazônia. Becker defende uma política de consolidação do desenvolvimento da região que impeça a destruição de seu bem maior: a diversidade do patrimônio natural e cultural. Explique a seguinte afirmação da geógrafa acrescentando exemplos: "O desafio para o desenvolvimento da Amazônia é conceber e implementar um modelo que utilize o patrimônio natural sem destruí-lo, atribuindo valor econômico à floresta".
7. Pesquise em livros, revistas e jornais informações sobre os confrontos que envolvem indígenas, posseiros e garimpeiros.
   a) Estabeleça a relação entre esses conflitos e os projetos de ocupação e desenvolvimento apresentados no capítulo.
   b) Em sua opinião, como esses conflitos poderiam ser resolvidos? Converse com seus colegas e com seu professor a respeito.
8. O pesquisador e cientista Geraldo Mendes dos Santos, do Instituto Nacional de Pesquisas da Amazônia (Inpa) ao ser perguntado: "Qual a importância da Amazônia para o mundo?", respondeu: "A importância da Amazônia se confunde com a própria importância do mundo em que vivemos; assim, mais que um ecossistema, região ou bioma, mais que a porção mais verdejante do planeta, a Amazônia é um poema".

   Crie um poema sobre a Amazônia, destacando o que, em sua opinião, é mais importante nessa região brasileira.
9. Em sua opinião, qual a importância de órgãos como a Suframa e a Sudam? Cite alguns exemplos de melhorias que esses órgãos proporcionam à região amazônica.

16 Dinâmicas da natureza na Amazônia

PARA CONTEXTUALIZAR

Observe as imagens.

Floresta Amazônica e rio Negro em Manaus, AM (2010).

Charge de Marcio Costa.

ATIVIDADES

Converse com seus colegas e com seu professor.

1. O que essas imagens representam sobre os ecossistemas da Amazônia?

Natureza amazônica e a interferência da sociedade

Os aspectos naturais que marcam fortemente a paisagem geográfica da região são a floresta e os rios, que vêm sofrendo violenta destruição pela ação desorganizada e devastadora do ser humano, em consequência do aumento no número de áreas ocupadas e do maior aproveitamento dos seus recursos.

A grande interdependência entre os elementos naturais na Amazônia torna os ecossistemas que a compõem bastante frágeis. Isso significa que qualquer alteração em um desses elementos tende a causar danos a todo o sistema. O desmatamento da floresta, por exemplo, pode ocasionar alterações climáticas e contribuir para que diversas espécies de plantas de menor porte e muitas espécies de animais desapareçam.

Considerando que cerca de 75% da floresta permanece virgem, é possível que o número de espécies de animais, vegetais e microrganismos seja muito superior ao que já se pesquisou. Por exemplo, em apenas duas expedições realizadas por biólogos do Inpa (Instituto Nacional de Pesquisas da Amazônia) em uma região que representa 5% da floresta Amazônica (entre os rios Madeira e Purus), foram encontradas quatro novas espécies de aves, três de mamíferos e algumas dezenas de espécies de aracnídeos, além de espécies de vegetais.

O clima

Analise o climograma.

Climograma de Manaus (AM)

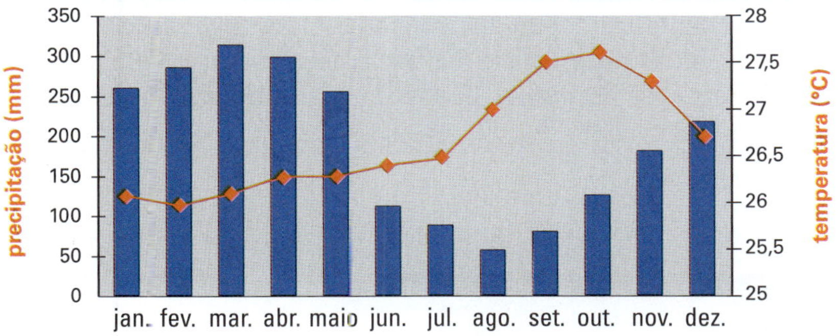

Fonte: Centro de previsão de tempo e estudos climáticos. Disponível em: <http://clima1.cptec.inpe.br/~rclima1/monitoramento_brasil.shtml>. Acesso em: 5 dez. 2011.

- Responda às questões a seguir.

1. Como são as temperaturas ao longo do ano?
2. Como é caracterizada a pluviosidade — quantidade de distribuição de chuvas — ao longo do ano?

O tipo de clima predominante na região é o equatorial, quente e muito chuvoso, conforme você observou no climograma acima. Nesse tipo de clima as temperaturas são bastante elevadas (26 °C média anual). A quantidade de chuvas é grande. Segundo dados do INMET (Instituto Nacional de Meteorologia), em 2007, enquanto a precipitação média anual do Brasil era de aproximadamente 1.761 mm, na Amazônia ela atingiu mais de 3.000 mm.

Embora na Amazônia as temperaturas sejam elevadas o ano todo, em alguns pontos de seu território — no sul do Amazonas, no Acre, em Rondônia e em trechos do Mato Grosso —, durante o inverno do hemisfério Sul, ocorre a **friagem**. Esse fenômeno provoca a queda brusca da temperatura durante alguns dias, quando um ramo da massa de ar Polar Atlântica, proveniente do polo Sul, penetra no território brasileiro através das planícies do Pampa e do Pantanal e atinge a região.

Durante seis a sete meses do ano (de maio a novembro), a pluviosidade não é muito alta, atingindo maiores volumes nos meses restantes (de dezembro a maio). A esse período de chuvas mais abundantes os moradores da região chamam inverno. Mesmo nos períodos de menor quantidade de chuvas, os índices não são inferiores a 50 milímetros por mês.

Em alguns trechos do Pará, de Rondônia, Mato Grosso e praticamente em todo o estado do Tocantins, ocorre o clima tropical, menos chuvoso que o equatorial.

MAIS INFORMAÇÃO

O clima da Amazônia

"[...] o clima da Amazônia é considerado um dos mais homogêneos e de ritmo anual habitual mais constante de todo o Brasil intertropical. Vinculado a tais condições climáticas baseadas em uma íntima associação entre calor e umidade bastante extensiva, foi possível gerar e autopreservar o grande *contínuo* de florestas biodiversas que se estende desde o nordeste do Pará aos sopés dos Andes, dos arredores da Serra dos Carajás às encostas do Pico da Neblina e serranias ocidentais de Roraima, no Parque dos Yanomamis.

O mundo das águas na Amazônia é o resultado da excepcional pluviosidade que atinge a gigantesca depressão topográfica regional. O grande rio, ele próprio, nasce em plena cordilheira dos Andes, através de três braços, onde existem precipitações nivais [de neve] e degelo de primavera, a mais de quatro mil metros de altitude. [...]

Na Bacia Amazônica, vista em sua totalidade, circulam 20% das águas doces existentes no planeta."

AB'SÁBER, Aziz. *Os domínios de natureza no Brasil*. São Paulo: Ateliê Editorial, 2008. p. 67.

Rio Amazonas, Manaus, AM (2010).

A vegetação

A Amazônia é coberta pela maior e mais exuberante floresta tropical da superfície terrestre — como você observou na fotografia da seção **Para contextualizar** —, que, ultrapassando os limites territoriais brasileiros, abrange mais de 7,8 milhões de quilômetros quadrados. No complexo regional amazônico há também áreas de cerrado e de campinaranas. É grande a diversidade de ecossistemas, mesmo nessas duas últimas áreas.

Campinarana
Ou campina; significa "falso campo". É uma cobertura florestal com árvores finas ou caracterizadas pela presença de floresta arbustiva, com folhas duras e rijas. É uma vegetação típica das bacias dos rios Negro, Orinoco e Branco, onde há solos arenosos muito pobres.

Em função da irregularidade do relevo, a floresta Amazônica apresenta-se em três subtipos:

- a floresta da parte mais baixa, permanentemente alagada, chamada **floresta de igapó**;
- a floresta inundada apenas durante as cheias do rio Amazonas e seus afluentes, que é a mata ou **floresta de várzea**;
- a floresta que se encontra a salvo das inundações, denominada **floresta de terra firme**, que corresponde a 70% da massa florestal amazônica. Nela estão as árvores mais altas, destacando-se a castanheira, que chega a atingir 50 metros de altura.

- Represente em seu caderno o esquema da floresta Amazônica, abaixo, relacionando as letras aos nomes das partes da floresta, de acordo com o texto acima.

Esquema da floresta Amazônica

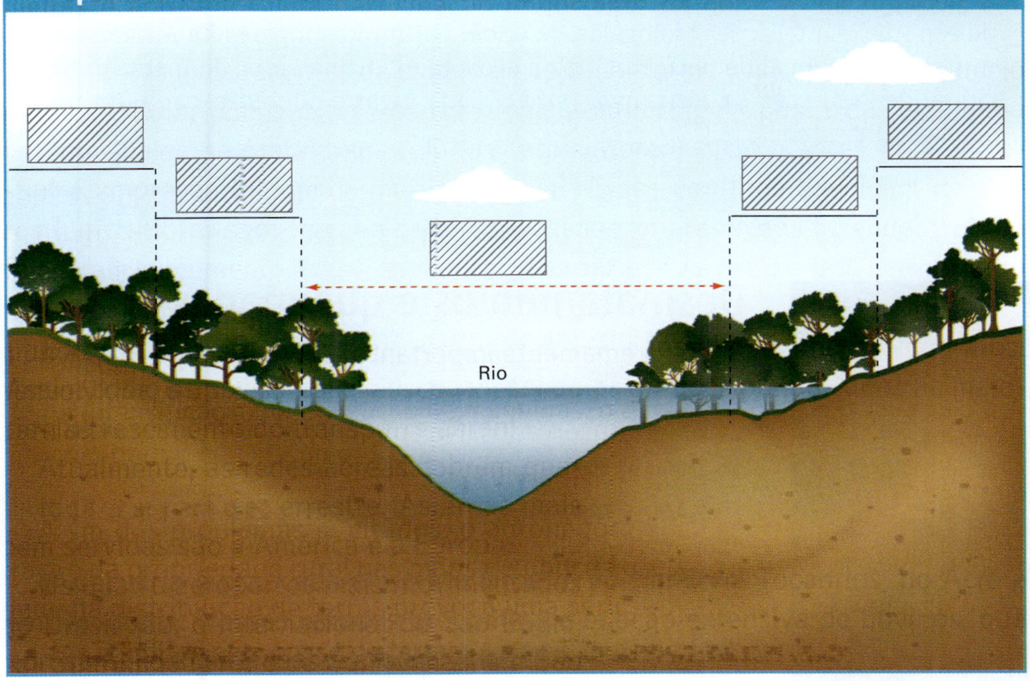

Há, ainda, na região outras coberturas vegetais, como o cerrado, em trechos dos estados do Amapá, Tocantins, Rondônia, Mato Grosso e Roraima.

Em Roraima e na ilha de Marajó podem ser encontrados trechos de campos, aproveitados para a criação de gado. Em Marajó, criam-se principalmente búfalos.

MAIS INFORMAÇÃO

A maior floresta do mundo

Beleza e destruição cobrem metade do Brasil

"A Amazônia tem escala e dimensão singulares e superlativas. É a maior floresta tropical do mundo e a maior concentração da biodiversidade do planeta. [...]

Se somadas as áreas de quase todos os países da Europa (excluindo os da antiga União Soviética), eles caberiam com folga dentro da superfície da Amazônia brasileira. [...] O Brasil é dono de quase 65% disso, com mais de 4 milhões de km² de floresta. Só o Estado do Amazonas, com 1,6 milhão de km², tem quase cinco vezes a área da Alemanha ou três vezes o território da França, e é maior do que qualquer um dos outros países amazônicos — Bolívia, Peru, Equador, Colômbia, Venezuela, Guiana e Suriname, fora a Guiana Francesa [...].

O desflorestamento já consumiu 17% da Amazônia — 700 mil km², área equivalente a Minas Gerais, Rio e Espírito Santo somados. A maior parte foi transformada em madeira, carvão, carne e soja para saciar a demanda de mercados nacionais e internacionais. Mesmo com a dolorosa destruição provocada pelo homem, a Amazônia brasileira ainda é a maior extensão contínua de floresta tropical do mundo. A selva do Congo, segunda colocada, fica muito atrás, tanto em extensão (1,7 milhão de km²) quanto em número de espécies.

Um dos erros que se cometem é tratar a Amazônia como um 'tapete verde' homogêneo. O que parece ser uma única floresta sem fim é, na verdade, um grande mosaico de paisagens e ecossistemas altamente diferenciados, compostos de planaltos, depressões, montanhas, terrenos alagados e de terra firme, rios de todos os tamanhos, águas de todas as cores, ácidas e alcalinas, florestas úmidas e secas, savanas, pântanos e maguezais, cada um com seu conjunto próprio de espécies e interações biológicas. 'Já andei por muitos lugares na Amazônia e nunca vi duas localidades iguais', diz a ecóloga Albertina Lima, do Instituto Nacional de Pesquisas da Amazônia (Inpa). 'Cada lugar é diferente, cada um tem suas peculiaridades' [...]".

ESCOBAR, Herton. A maior floresta do mundo. In: Amazônia: grandes reportagens. *O Estado de S. Paulo*, nov./dez. 2007. p. 10-11.

Área desmatada na floresta Amazônica na região do rio Madeira, em Borba, AM (2009).

Desmatamentos e queimadas

É extremamente importante que cada propriedade rural tenha uma área mínima de florestas e outros ecossistemas naturais conservados. No entanto, a maioria das propriedades brasileiras não possui essas áreas de proteção.

A legislação ambiental brasileira contempla a possibilidade de haver autorizações para desmatamento, desde que esses limites sejam respeitados e após vistoria do Ibama.

Desde os anos 1980, a floresta Amazônica vem sendo objeto de grande preocupação em todo o mundo, em razão das queimadas e das outras formas de devastação, que já resultaram no desmatamento de aproximadamente 17% de sua área total — cerca de 70 milhões de hectares.

Observe o gráfico.

O desmatamento na Amazônia (1988-2011)

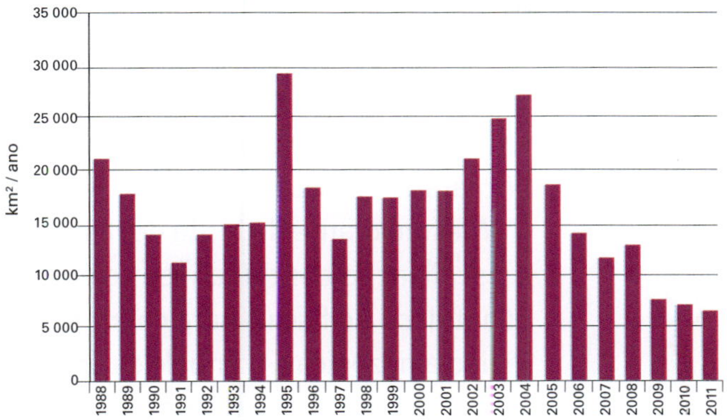

Dados oficiais mostram que a floresta original já perdeu uma área superior ao tamanho da França.

Fonte: Inpe/Instituto Socioambiental.

- Responda.

1. Qual o ano em que o desmatamento foi maior? E qual o tamanho da área desmatada?
2. O que podemos dizer sobre os últimos anos em relação ao desmatamento?

A fim de identificar as áreas onde ocorrem derrubadas da vegetação, o Ibama tem utilizado métodos bastante modernos, que unem imagens de satélite e o GPS, equipamento que fornece com precisão a latitude e a longitude das áreas desmatadas. As imagens de satélite, analisadas por modernos computadores, fornecem dados para que se identifiquem pequenas clareiras na mata decorrentes da extração ilegal de madeira.

A maior parte do desmatamento na Amazônia é ilegal, atingindo áreas de reserva e terras indígenas.

A devastação ocorre por meio da derrubada da vegetação para o aproveitamento da madeira e da prática das queimadas a fim de limpar o terreno para a agricultura e a pecuária. A expansão de áreas de cultivo em direção ao norte de Mato Grosso, em especial a cultura da soja, é atualmente um dos grandes responsáveis pelo aumento no ritmo de devastação iniciada no final dos anos 1990.

A derrubada para o aproveitamento da madeira, feita de forma descontrolada, provoca a devastação de enormes áreas da floresta.

O mogno, árvore de características nobres, cuja madeira possui elevado valor comercial, é encontrado numa vasta área, desde o centro e o sul do Pará até o Acre, passando pelo sul do Amazonas e por Rondônia. Acredita-se que, para retirar uma árvore de mogno, cerca de 1.450 metros quadrados de floresta são destruídos. O Brasil é o maior exportador de mogno do mundo.

O arraste das toras das árvores derrubadas no interior da mata prejudica a regeneração natural, pois elimina os arbustos e as árvores que estão em crescimento.

A derrubada para posterior queimada é um método empregado na região para o cultivo da terra. As áreas mais devastadas pela utilização desse método são as que pertencem a grandes empresas e a fazendeiros, que, após a queimada, plantam capim e soltam algumas cabeças de gado para pastar. O solo pobre da região, sem sua cobertura vegetal e pisoteado constantemente pelo gado, transforma-se num terreno arenoso.

Fonte: CALDINI, Vera; ISOLA; Leda. *Atlas Geográfico Saraiva*. São Paulo: Saraiva, 2009. p. 30 (adaptado).

Muitos grandes proprietários rurais da Amazônia derrubam a cobertura vegetal para implantar a criação de gado de baixíssima produtividade, a fim de dar algum uso para suas terras. Assim, evitam perdê-las com a reforma agrária, uma vez que, com a pecuária, conferem um caráter "produtivo" à terra.

Mesmo diante de tanta devastação, a fiscalização continua insuficiente. A quantidade de fiscais para cobrir toda a região amazônica e o fato de os proprietários das terras devastadas ignorarem as multas aplicadas fazem com que o ritmo de derrubada da floresta seja intenso. A destruição da floresta leva parte da biodiversidade da região.

O relevo

A maior parte do relevo da Amazônia é dominado pelas depressões. No estado do Tocantins, estendem-se as depressões do Tocantins e do Araguaia; no centro e sul do Pará e em Rondônia, a depressão Sul-amazônica; no norte do Pará e do Amazonas, no Amapá e em Roraima, a Norte-amazônica; no Acre e na maior parte do Amazonas, a da Amazônia Ocidental.

Principalmente nas faixas de terra mais próximas dos grandes rios, as depressões apresentam baixas altitudes e topografia caracterizada por colinas com cerca de 20 metros de altura.

Os planaltos ocupam áreas restritas dos estados do Pará, Amapá, Rondônia e Amazonas. A porção norte do estado de Roraima é ocupada pelos planaltos Norte-amazônicos, que configuram o divisor de águas das bacias hidrográficas dos rios Orinoco (Venezuela) e Amazonas. Esses planaltos são caracterizados pelas formas tabulares (monte Roraima, por exemplo). Nessa unidade, localizam-se alguns dos pontos culminantes do território brasileiro, entre eles o Pico da Neblina, com 2.993,78 metros.

Rio Madeira na floresta Amazônica, próximo ao município de Borba, AM (2009).

É na região amazônica que as planícies fluviais apresentam áreas mais extensas, ao longo das margens dos grandes rios. Elas estão associadas a depósitos de materiais bastante recentes na história geológica da Terra, sendo também conhecidas por planícies interioranas.

Antes dos trabalhos de campo desenvolvidos pelo projeto Radam, acreditava-se que essas faixas de terra não fossem planícies fluviais. A copa das árvores da região confundia o observador que as sobrevoava, o que impedia a identificação correta.

MAIS INFORMAÇÃO

Você sabia que a maior montanha do Brasil fica na Amazônia?

"É isso mesmo que você acaba de ler. A mais alta montanha do nosso país — o Pico da Neblina — fica na maior floresta tropical do mundo: a Amazônia. Para ser mais preciso, na Serra do Imeri, que está localizada no estado do Amazonas, na fronteira do Brasil com a Venezuela, e tem, em suas proximidades, áreas dos índios Yanomamis.

E quanto mede o ponto culminante do Brasil? Segundo o Instituto Brasileiro de Geografia e Estatística (IBGE), o Pico da Neblina tem quase 2.994 metros — para ser mais preciso: dois mil, novecentos e noventa e três metros e setenta e oito centímetros.

Talvez você esteja se perguntando como a maior montanha brasileira pode ficar na Amazônia. A maioria das pessoas imagina essa região como uma imensa planície, mas essa ideia não corresponde à verdade. A planície amazônica praticamente se restringe às regiões próximas e de influências diretas do rio Amazonas e de seus grandes afluentes. Mas existem outras regiões adjacentes, onde há a presença de serras, morros, colinas e montanhas. [...]"

BORGES, Maurício. *Ciência Hoje das Crianças*. n. 179, maio 2007. p. 17.

Pico da Neblina, AM.

A hidrografia

Principais rios da Amazônia

A Amazônia é banhada por uma das maiores bacias hidrográficas do mundo, formada pelo rio Amazonas e seus inúmeros afluentes. Essa bacia corresponde a aproximadamente 20% da água doce da Terra e tem como origem principal a grande quantidade de chuvas que cai sobre ela.

Além das chuvas, o derretimento da neve dos Andes bolivianos e peruanos contribui para a elevação do nível das águas de alguns rios da bacia Amazônica.

Alguns dos seus rios principais são de planície, o que favorece a navegação, que continua sendo um dos meios de transporte mais utilizados na região.

O rio Amazonas permite a navegação de embarcações de grande porte até o porto de Manaus, no rio Negro, bem próximo à confluência de ambos. Já os que apresentam quedas-d'água, como o Xingu, o Tapajós e o Tocantins, permitem a obtenção de energia elétrica.

A instalação de usinas hidrelétricas é uma questão polêmica na região. Em diversos trechos, o relevo não apresenta desníveis tão acentuados, sendo necessária a formação de grandes represas para viabilizar as usinas.

Movimentação de barcos no rio Amazonas, vista da cidade de Parintins, AM (2010).

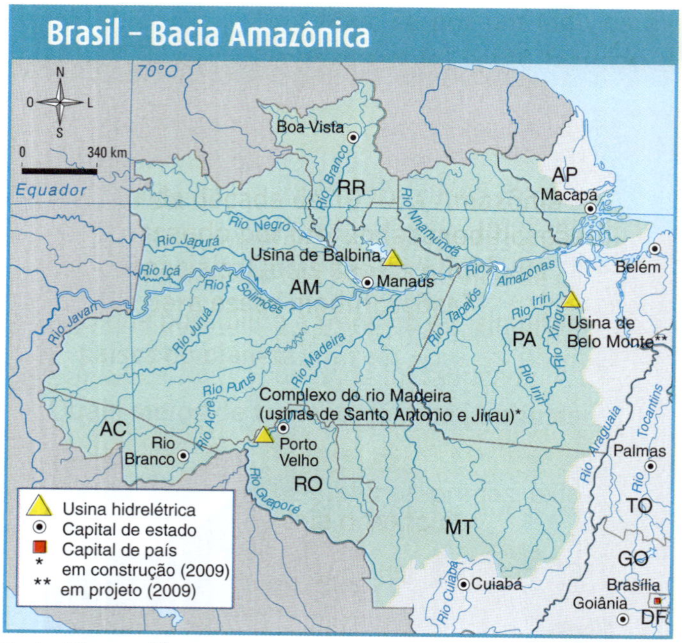

Fonte: *Atlas geográfico escolar*. Rio de Janeiro: IBGE, 2009. p. 105 e 142. (adaptado)

- Observe o mapa ao lado.

1. Compare este mapa com o mapa de relevo do complexo regional da Amazônia e responda: em quais formas de relevo foram construídas as hidrelétricas?
2. Cite em quais rios e estados as hidrelétricas de Belo Monte, Santo Antonio e Jirau se localizam.

No final da década de 1980 foi inaugurada a usina de Balbina, com o objetivo de levar energia a Manaus, situada a 180 km de distância. Construída em terreno de baixa declividade, em plena planície, a represa de Balbina inundou 2,6 mil km^2, para gerar pouca energia (205 MW/h). As árvores existentes cederam espaço à água da represa, mas não foram retiradas até a raiz: muitas renasceram submersas até apodrecer, tornando-se fonte de emissão de gases de efeito estufa.

Diversos projetos de grandes usinas na bacia Amazônica estão em andamento. Os mais avançados são os das usinas de Santo Antonio e Jirau (Complexo do Rio Madeira), no estado de Rondônia. Calcula-se que esse complexo terá capacidade geradora de 6.450 MW/h de energia elétrica: 500 MW/h para abastecer os estados do Acre e de Rondônia, outra parte destinada ao Mato Grosso e o restante para o sistema nacional de capacidade produtiva equivalente à metade da energia da usina hidrelétrica de Itaipu, a maior do Brasil e a segunda maior do mundo.

Os impactos socioambientais da construção dessas usinas na região serão irreversíveis: a destruição das corredeiras de Santo Antonio e Jirau (pontos turísticos do estado de Rondônia), o deslocamento da população, o estímulo à expansão da agricultura comercial, especialmenete a soja, a devastação da floresta e consequente desalojamento de sua fauna e comprometimento da vida aquática do rio Madeira, uma das mais ricas da bacia Amazônica.

Outro projeto de destaque é o da usina de Belo Monte, no rio Xingu, estado do Pará, que, se concretizado, mudará o curso do rio, eliminando uma de suas curvas. Com essa alteração, vasta extensão de terra ocupada por diversas comunidades — ribeirinhas, indígenas, de agricultores — não será mais servida pelas águas do rio Xingu; Belo Monte será a segunda maior usina hidrelétrica do Brasil em geração de energia.

9 Dinâmicas da natureza na Amazônia
Para o assunto ***Aspectos da natureza da Amazônia***, acesse e explore este OED.

A extração de ouro nos rios (garimpo) utiliza o mercúrio, que vem poluindo trechos da bacia Amazônica. Estima-se que 250 toneladas de mercúrio, metal altamente tóxico que afeta o sistema nervoso dos seres humanos e causa outros sérios danos ao organismo, são despejadas nos rios da Amazônia anualmente. Esse metal é absorvido por peixes, que depois serão consumidos pelas pessoas.

Considerado pelo Inpa o rio com maior número de espécies de peixes do mundo, o Amazonas garante a sobrevivência de parte da população local. Em toda a região amazônica há cerca de 3 mil espécies de peixes, e, segundo o biólogo do Inpa Adalberto Val, esse número pode chegar a 5 mil.

Atividades

RETOME SEUS CONHECIMENTOS

1. Qual o tipo de clima predominante na Amazônia?
2. Qual fenômeno provoca a queda brusca da temperatura na Amazônia? Explique.
3. Além da floresta tropical, que outras formas de vegetação ocorrem no complexo regional amazônico?
4. No capítulo vimos que a floresta Amazônica se apresenta em três subtipos: floresta de igapó, floresta de várzea e floresta de terra firme.

   Dê as características de cada um deles.

EXERCITE SEUS CONHECIMENTOS

5. Leia o texto e responda à questão a seguir.

   "A região amazônica exerce um papel importante na manutenção do clima de toda a América do Sul e ainda tem grande influência no clima global. A região é estratégica, em termos climáticos, devido ao imenso estoque de carbono representado pela floresta tropical e às emissões de gases, partículas e vapor-d'água para a atmosfera. Apesar disso, a floresta está sendo desmatada a uma taxa extremamente elevada (20 mil a 26 mil km² por ano) e as emissões de gases e partículas associadas às queimadas vêm tendo efeitos significativos sobre o ecossistema amazônico e o clima planetário."

   ARTAXO, Paulo. A Amazônia e as mudanças globais. *Ciência Hoje*. n. 224, mar. 2006.

   Por que a Amazônia é uma região estratégica para a manutenção do clima?
6. A exuberância da floresta Amazônica é resultado de uma combinação natural, muito específica e única, de clima, solo, rio e vegetação. Descreva sinteticamente como se apresentam esses elementos naturais e depois faça no caderno um esquema explicativo da dinâmica natural da Amazônia.
7. Leia o texto.

   O solo da Amazônia

   Durante muito tempo pensou-se que o solo da Amazônia era muito fértil, em vista da grande exuberância que a floresta apresenta. Cerca de 75% a 80% dos solos da Amazônia apresentam baixíssima fertilidade e só poderiam ser explorados para a agricultura com grandes investimentos de recursos em técnicas agrícolas. Na verdade, existem apenas algumas manchas de solos férteis na região. Mas como pode existir uma densa floresta de árvores enormes sobre um solo tão pobre? A resposta está no fato de a própria floresta se autossustentar, ou seja, diariamente caem sobre o solo minerais e matérias orgânicas, provenientes de folhas, galhos e animais mortos. Todo esse material se decompõe e penetra no solo junto com a água das chuvas, sendo em seguida absorvido pelas raízes dos vegetais (árvores e plantas). No caso de as árvores serem derrubadas, o solo não será mais "alimentado" por matéria orgânica e ficará pobre, sem fertilidade. Além disso, sem a proteção das árvores, o solo torna-se mais suscetível à ação das águas das chuvas e das enxurradas que causam a erosão.

   Responda às questões.

   a) O que os agricultores, vindos de outras regiões, descobriram na Amazônia?

   b) De que forma a floresta se autossustenta?

17 O espaço socioeconômico da Amazônia

PARA CONTEXTUALIZAR

Leia o texto.

As florestas e as civilizações

"Atualmente, quando nos referimos às florestas, estamos falando principalmente das florestas tropicais, pois são as que restam, em áreas ainda extensas, de todas as que já existiram sobre a Terra. As outras, já extintas ou quase, foram palco do desenvolvimento de todas as civilizações que nos antecederam. Diversos historiadores parecem concordar que a presença das florestas foi elemento essencial para o florescimento das grandes civilizações de que temos notícia. Se hoje desejamos protegê-las, é porque o processo civilizatório está se aproximando das últimas áreas florestais do planeta.

A destruição atual faz parte de um ciclo que começou há milhares de anos. Contudo, existem algumas diferenças: devido à altíssima velocidade com que os recursos naturais são hoje extraídos, muitos produtos resultantes dessa transformação não são reintegráveis aos ciclos naturais e ficam depositados na forma de lixo e de todos os tipos de poluição. [...] "

Como cuidar do seu meio ambiente. São Paulo: BEI, 2004. p. 17-18.

O manejo florestal é um dos mais importantes caminhos para a preservação das florestas. Para saber o que é manejo florestal, leia o texto a seguir.

Manejo florestal: um meio de contribuir para a conservação do meio ambiente

"Na última década, tem aumentado de modo significativo o manejo das florestas no Brasil, gerando benefícios sociais, ambientais e econômicos para toda a sociedade. [...]

O manejo florestal é um conjunto de técnicas empregadas para produzir um bem (madeira, frutos e outros) ou disponibilizar serviço (como a água, por exemplo) a partir de uma floresta, com o mínimo de impacto ambiental possível, garantindo a sua manutenção e conservação a longo prazo [...]"

FREITAS, André Giacini de. *Almanaque Socioambiental 2008*. São Paulo: ISA, 2007. p. 285

ATIVIDADES

Converse com seus colegas e com seu professor.

1. No primeiro texto, há a informação de que as únicas florestas que restam são as tropicais. O que provocou o desaparecimento total ou parcial das demais florestas?
2. Explique o que é o manejo florestal.

Modificações na estrutura produtiva

Como visto anteriormente, particularmente no capítulo 14, desde a década de 1970, a Amazônia vem passando por profundas modificações socioespaciais resultantes principalmente de uma política de estímulo do governo federal à ocupação e à exploração econômica da região. Também colaborou para o desenvolvimento da região mais recentemente a expansão da fronteira agropecuária, sobretudo em decorrência da destinação de áreas à criação de gado e ao cultivo de grãos, particularmente a soja, destinada em boa parte ao mercado externo.

Plantação de soja avançando sobre a floresta Amazônica, em Itaituba, PA (2008).

Nesse sentido, é interessante notar que uma valorização no preço da soja no mercado internacional tem como consequência aqui no Brasil uma expansão do cultivo desse grão. No caso da Amazônia, essa valorização e a consequente expansão do cultivo da soja acaba contribuindo para a ampliação das áreas desmatadas.

A partir da década de 1980, o setor extrativista vegetal, que predominava na região, perdeu parte de sua importância, apesar de ainda empregar considerável quantidade de mão de obra. A agricultura comercial, o extrativismo mineral e o setor industrial (principalmente o eletroeletrônico desenvolvido na Zona Franca de Manaus) passaram a ter maior participação no PIB da região.

No entanto, se uma política ambiental mais ampla passasse a nortear os projetos e investimentos na Amazônia, buscando o desenvolvimento sustentável, a atividade extrativista vegetal poderia ter uma participação mais significativa, trazendo benefícios tanto para o ecossistema amazônico como para as comunidades locais.

Extração de látex de seringueira em Xapuri, AC (2008).

Beneficiamento de castanha-do-pará em Xapuri, AC (2008).

Desenvolvimento sustentável

O conceito de desenvolvimento sustentável é algo novo e difundido apenas nas últimas décadas, diante de todas as alterações climáticas que o planeta vem sofrendo. Como você já estudou no livro do 6º ano, o desenvolvimento sustentável compreende a utilização dos recursos naturais de modo não predatório, ou seja, sem degradar o meio ambiente. Inclui também a reutilização, a reciclagem e o reaproveitamento de produtos, além de reflorestamento.

É extremamente necessário desenvolver projetos para o aproveitamento econômico da floresta de modo sustentável e recuperar as áreas que já estão desmatadas e degradadas, como o manejo florestal, que inclui uma série de técnicas que você já observou na seção **Para contextualizar**. A exploração sustentável da floresta pode gerar muitos empregos, aumentar a renda das pessoas que vivem na região e conservar parte expressiva dos ecossistemas amazônicos.

Beneficiamento
Etapas da preparação (descasque, limpeza, separação) de certos produtos antes de serem industrializados ou disponibilizados para consumo.

Para tanto, é necessário que os povos da floresta não sejam apenas fornecedores de matéria-prima, mas que a produção seja complementada com o beneficiamento de produtos florestais, como madeiras, frutos, fibras, óleos, resinas.

Alguns pesquisadores entendem que, além de estimular as práticas de exploração da floresta de modo sustentável, é necessário extrair as riquezas minerais da região e estimular o desenvolvimento da atividade industrial nos centros urbanos. No caso específico das riquezas minerais, é preciso pensar que, de modo geral, os benefícios da exploração mineral acabam ficando restritos a uma pequena parcela da população, enquanto todos os demais, inclusive a natureza, assumem o ônus dessa atividade. O beneficiamento da bauxita, por exemplo, consome muita energia elétrica, que fica indisponível para outros setores. Além disso, praticamente toda a produção e o beneficiamento de alguns minerais, como a própria bauxita transformada em alumina, é destinada ao mercado externo e não envolve outros setores e espaços econômicos da própria região amazônica. Em relação à não integração à economia regional, o mesmo se pode afirmar da Zona Franca de Manaus.

Desmatamento para abertura de pasto na área rural de Manacapuru, AM (2010).

Há muito por fazer e o governo tem um papel importante ao estimular o planejamento e a pesquisa para a implementação de novas estratégias de desenvolvimento. Essas estratégias precisam ser discutidas com pesquisadores, institutos e ONGs que atuam na região e com os povos da floresta. Porém, uma agilidade maior na tomada de decisões é necessária, uma vez que a falta de opções de trabalho estimula o modo mais fácil de obter renda: derrubar árvores e comercializar a madeira.

Por outro lado, é imprescindível intensificar a fiscalização, a apreensão de madeira ilegal e o monitoramento por satélite da floresta (sensoriamento remoto). As informações obtidas com esses recursos precisam ser repassadas aos diversos órgãos de governo, para que as ações de combate ao desmatamento sejam mais rápidas e eficazes.

O extrativismo vegetal

Algumas das principais atividades extrativistas vegetais desenvolvidas na Amazônia são: a extração do látex, principalmente das seringueiras, para a produção de borracha; a extração da castanha-do-pará (colhida nas castanheiras em áreas de terra firme); a extração da madeira; a extração do açaí; e o aproveitamento econômico da palmeira babaçu (TO e MA).

No Acre existem milhares de seringueiros, a maioria vivendo da extração do látex em grandes seringais demarcados como **reservas extrativistas**.

Essas reservas são áreas utilizadas por populações tradicionais, que baseiam sua sobrevivência na coleta, na agricultura de subsistência e na criação de animais. As terras dessas reservas não podem ser adquiridas por ninguém, pois pertencem ao Estado, e suas matas não podem ser derrubadas. Elas foram criadas com o objetivo de:

- aumentar a produção e a produtividade dos recursos naturais existentes;
- reduzir as perdas no processamento dos recursos naturais, como da madeira e das drogas do sertão, por exemplo;
- melhorar o sistema de comercialização do artesanato e das pequenas propriedades agrícolas que abastecem o mercado local;
- agregar valor aos produtos no local de produção e descentralizar o processo produtivo, incentivando o processamento local;
- desenvolver novos mercados para os produtos existentes;
- desenvolver mercados para novos produtos;
- diminuir os custos de implantação de sistemas agroflorestais, mediante o aproveitamento de áreas já desmatadas;
- reorganizar o sistema de abastecimento de tais populações, mediante atividades associativas que eliminem os intermediários.

Alguns recursos naturais da Amazônia: guaraná, castanha-do-pará e copaíba.

Reservas extrativistas da Amazônia						
Nome	Estado	Município(s)	Ano de criação	Área (ha)	População	Principais recursos
RESEX do Alto Juruá	AC	Thaumaturgo de Azevedo	1990	506.186	4.170	Borracha
RESEX Chico Mendes	AC	Rio Branco, Xapuri, Brasileia, Assis Brasil, Sena Madureira e Capixaba	1990	970.570	6.028	Castanha, copaíba e borracha
RESEX do Rio Cajari	PA	Laranjal do Jari, Mazagão e Vitória do Jari	1990	481.650	3.283	Castanha, copaíba, borracha e açaí
RESEX do Rio Ouro Preto	RO	Guajará-Mirim e Nova Mamoré	1990	204.583	431	Castanha, copaíba e borracha
RESEX do Lago do Cuniã	RO	Porto Velho	1999	52.065	400	Pescado
RESEX do Extremo Norte do Tocantins	TO	Carrasco Bonito	1992	9.280	800	Babaçu e pescado
RESEX da Mata Grande	MA	Senador La Rocque	1992	10.450	500	Babaçu e pescado
RESEX do Quilombo do Frexal	MA	Mirinzal	1992	9.542	900	Babaçu e pescado
RESEX do Ciriáco	MA	Cidelândia	1992	7.050	1.150	Babaçu
RESEX Tapajós--Arapiuns	PA	Santarém e Aveiro	1998	647.610	4.000	Borracha, pesca, óleos e resinas
RESEX do Médio Juruá	AM	Carauari	1997	253.226	700	Borracha e pescado

Fonte: Ibama. Disponível em: <http://www.ibama.gov.br/resex/amazonia.htm>. Acesso em: 30 abr. 2014.

Nem todos os locais de incidência de seringueiras (Acre) e de castanheiras (Pará) são mantidos sob a forma de reservas. Na região há algumas grandes propriedades, cujos donos contratam trabalhadores para realizar a extração dos produtos. Em troca, pagam-lhes um salário, do qual são descontadas, no final do mês, as mercadorias consumidas nos locais de trabalho, como alimentos, roupas e ferramentas. Essas mercadorias, por sua vez, são compradas nos armazéns dos próprios donos das terras. Chamado de aviamento, esse sistema foi típico do ciclo da borracha no final do século XIX e permanece até hoje. Muitas vezes, porém, acaba gerando trabalho escravo, uma vez que as pessoas são impedidas de deixar as fazendas enquanto não pagarem suas dívidas ao proprietário.

A totalidade da produção de castanha-do-pará no Brasil é obtida na região amazônica, sendo o Acre, o Pará e o Amazonas os maiores produtores.

Fonte: Ibama. Disponível em: <http://www.ibama.gov.br/resex/resex.htm>. Acesso em: 30 abr. 2014.

- Observe o mapa acima e converse com seus colegas e com seu professor: no estado em que você mora existem reservas extrativistas? Se sim, faça uma pesquisa para descobrir quantas elas são, onde se localizam e o que produzem. Se não, escolha um estado em que elas existam e procure informações sobre elas.

O selo verde FSC

Apesar da criação das reservas extrativistas, pouquíssimas madeireiras que atuam na Amazônia respeitam as leis ambientais e trabalhistas do país. Um número ainda menor delas recebeu a chamada certificação verde. Uma das principais esperanças para combater o corte ilegal de árvores, à custa inclusive de trabalho escravo, é a adoção de certificados verdes. O mais importante deles é o FSC, uma sigla em inglês para Forest Stewardship Council, ou Conselho de Manejo Florestal.

Quem recebe a certificação não corta árvores raras ou jovens e respeita um intervalo de 25 anos para explorar uma mesma área — medida que permite a regeneração da floresta. Seus empregados dispõem de bons alojamentos, comida e escola para os filhos.

Em regiões da Amazônia, algumas comunidades já receberam o selo verde FSC, ou seja, já foram treinadas para fazer o manejo florestal, como o Acre, por exemplo. Para os seringueiros, o manejo virou uma solução alternativa de renda. Hoje, muitos deles intercalam a atividade madeireira com a extração da borracha, da castanha e de óleos. Alguns também trabalham com gado e cultivam pequenos roçados.

Serraria de madeira certificada, em Alta Floresta, MT (2011). O selo verde se originou da preocupação ambiental dos consumidores mundiais. Governos e ONGs de vários países formularam um conjunto de normas para regular o comércio de produtos provenientes das florestas tropicais por meio de acordos internacionais.

MAIS INFORMAÇÃO

Forest Stewardship Council (FSC)

"Como surgiu o FSC?

Este conselho foi criado como o resultado de uma iniciativa para a conservação ambiental e desenvolvimento sustentável das florestas do mundo inteiro. Seu objetivo é difundir o uso racional da floresta, garantindo sua existência no longo prazo. Para atingir este objetivo, o FSC criou um conjunto de regras reconhecidas internacionalmente, chamadas Princípios e Critérios, que conciliam as salvaguardas ecológicas com os benefícios sociais e a viabilidade econômica, e são os mesmos para o mundo inteiro.

Como atua o FSC?

O FSC atua de três maneiras: desenvolve os princípios e critérios (universais) para certificação; credencia organizações certificadoras especializadas e independentes; e apoia o desenvolvimento de padrões nacionais e regionais de manejo florestal, que servem para detalhar a aplicação dos princípios e critérios, adaptando-os à realidade de um determinado tipo de floresta."

WWF. Disponível em: <http://www.wwf.org.br/natureza_brasileira/questoes_ambientais/certificacao_florestal/>. Acesso em: 30 abr. 2014.

PARA COMPREENDER

Texto

Leia o texto.

Desmatamento perpetua a pobreza na Amazônia, diz estudo

"O desmatamento não compensa. O que já era considerado um mau negócio para o meio ambiente está se revelando também um péssimo negócio do ponto de vista socioeconômico para a Amazônia. Um levantamento do Instituto do Homem e Meio Ambiente da Amazônia (Imazon) mostra que os indicadores de qualidade de vida nas regiões desmatadas não são melhores do que nas áreas em que a floresta foi preservada — em muitos casos, chegam a ser piores. Ou seja: sai a floresta, fica a pobreza.

'Esse discurso de que o desmatamento gera emprego e renda é furado', diz a engenheira florestal Danielle Celentano, do Imazon. O estudo confirma um modelo de desenvolvimento batizado como '*boom*-colapso'. Num primeiro momento, o desmatamento produz, de fato, um enriquecimento localizado, com forte influxo de capital e recursos humanos, centrado na exploração predatória da madeira. Árvores viram toras e carvão, enquanto florestas dão lugar a pastos e plantações. A longo prazo, porém, o cenário se inverte. A madeira acaba, os trabalhadores vão embora, o solo perde a fertilidade e a economia local despenca, sem nenhuma árvore para se apoiar ou se proteger do sol.

Moradias sobre palafitas em Manaus, AM (2009).

[...] A riqueza produzida por esse modelo, segundo os pesquisadores, é imediatista e mal distribuída. Enquanto alguns poucos enriquecem, a maioria é deixada para trás, tão pobre quanto ou pior do que começou. A solução é seguir para onde há mais madeira, empurrando a fronteira cada vez mais floresta adentro."

ESCOBAR, Herton. Desmatamento perpetua a pobreza na Amazônia, diz estudo. *O Estado de S. Paulo*, 8 dez. 2007.

■ Responda às questões a seguir.

1. Como funciona, segundo o estudo citado, o modelo de desenvolvimento "*boom*-colapso" na Amazônia?
2. Como é a distribuição de renda nesse modelo?

O extrativismo mineral

A partir de meados da década de 1960, graças principalmente ao Projeto Radam, que você conheceu no capítulo 4, foi possível conhecer melhor os recursos minerais amazônicos. Isso favoreceu a instalação de um grande número de empresas nacionais e multinacionais, isoladamente ou associadas. A cada ano tem crescido a participação do capital estrangeiro na exploração mineral da Amazônia.

Um dos principais recursos minerais da região, que há muito tempo vem sendo explorado, é o manganês. Suas principais jazidas localizam-se no estado do Pará. Na serra do Navio, no estado do Amapá, havia grande quantidade de manganês, mas suas reservas, intensamente exploradas para abastecer, sobretudo, o mercado externo se esgotaram.

Em Rondônia e no Amazonas, são muito importantes as jazidas de cassiterita (minério de estanho), que ainda carecem de melhor aproveitamento e cujo preço no mercado internacional é altamente compensador. Esses dois estados são responsáveis por 80% da produção nacional desse minério.

No vale do rio Trombetas, no Pará, localiza-se uma importante jazida de bauxita (minério de alumínio). Além dessa jazida, existem outras na região, como as de Paragominas (Pará) e as situadas na serra dos Carajás (Pará).

Na serra dos Carajás, que você estudará a seguir, desenvolve-se intensamente a extração do minério de ferro, com o incentivo de um vultoso projeto industrial (Grande Carajás), sob a responsabilidade da Vale, associada a outros grupos industriais estrangeiros. Nesse local existem também depósitos de outros minérios, como cobre, manganês, ouro e alumínio (bauxita).

Vale
Empresa de mineração (extração, transporte e comercialização de minérios) que pertencia ao governo federal (o maior acionista) até 1997, quando foi privatizada. É uma das maiores empresas de mineração do mundo. Ligadas a ela, há empresas de produção de alumínio, de reflorestamento e de produção de celulose, de industrialização de fertilizantes, fosfato, titânio e outros metais.

Complexo de minas da Vale, em Eldorado dos Carajás, PA (2010).

Minérios para cinco séculos

Carajás é uma das maiores "províncias minerais" do mundo, abrangendo uma área de mais de 50 quilômetros de raio que pode ser explorada por cerca de 500 anos. Ela apresenta reservas estimadas em 18 bilhões de toneladas de ferro, 1 bilhão de toneladas de cobre, 60 bilhões de toneladas de manganês, 124 milhões de toneladas de níquel e 40 milhões de toneladas de bauxita. Também o ouro é explorado.

Minas na Serra dos Carajás, próximo a Eldorado dos Carajás, PA (2010).

As principais áreas de mineração de ouro na Amazônia são:

- rio Tapajós, no Pará, a área de exploração mais antiga da região, considerada o "coração dourado" da Amazônia;
- serra dos Carajás, no Pará, de onde se extrai anualmente grande quantidade de ouro;
- vários trechos dos estados de Roraima, Amapá e Amazonas;
- norte de Mato Grosso;
- rio Tocantins, no estado de Tocantins;
- rio Madeira, no estado de Rondônia.

Principalmente nas décadas de 1970 e 1980, milhares de pessoas partiram para a Amazônia em busca do enriquecimento por meio da extração do ouro, mas poucas conseguiram realizar esse objetivo.

A produção de ouro na região tem provocado problemas de ordem ambiental, como a poluição dos rios com mercúrio e a derrubada da vegetação, além dos de ordem social, representados pelos conflitos com os posseiros e com os indígenas.

Estima-se que a exploração de minérios em terras indígenas poderia dobrar a produção no Brasil, mas, segundo a Constituição Federal de 1988, "a pesquisa e a lavra das riquezas minerais em terras indígenas só podem ser efetivadas com autorização do Congresso Nacional, ouvidas as comunidades afetadas, ficando-lhes assegurada participação nos resultados da lavra, na forma da lei". Projetos de Lei tramitam pelo Congresso Nacional para regulamentar essa atividade, o que traz preocupação aos povos indígenas e outras entidades da sociedade civil, já que as consequências socioambientais podem ser bastante negativas.

A descoberta de jazidas de petróleo e gás natural nas proximidades do rio Urucu (margem esquerda do Solimões), no estado do Amazonas, e a inauguração de um gasoduto, em 2009, de mais de 400 quilômetros entre Coari (rio Urucu) e Manaus para escoar a produção abriram a possibilidade de geração de energia elétrica. Essa energia é obtida por meio de termelétricas que usam o gás natural como combustível, menos poluente que o óleo produzido nas refinarias de petróleo.

O Complexo de Araras concentra a produção de gás e óleo das reservas de Urucu, da Petrobras, na Amazônia, AM.

A agricultura

Uma parcela considerável da população rural amazônica pratica a agricultura de subsistência, principalmente a que vive nas margens dos rios, as chamadas várzeas. Nesses locais, o solo é fértil, consequência da matéria orgânica transportada pelas águas e depositada ao longo das margens.

A prática da agricultura comercial tem enfrentado alguns problemas para alcançar melhor desempenho: alto custo dos transportes, por causa da distância dos grandes centros consumidores do país, e, de modo geral, a baixa fertilidade dos solos, que requerem grande aplicação de técnicas agrícolas, o que também eleva os custos.

Na Amazônia, algumas das principais áreas de cultivo agrícola que produzem em escala comercial são:

- o Maranhão, grande produtor de arroz, que a partir da década de 1990 teve sua área de cultivo de soja ampliada, na região limítrofe entre a Amazônia e o Nordeste;
- a Zona Bragantina, onde se praticam as culturas da pimenta-do-reino, da malva, de alguns cereais e de frutas tropicais;
- o vale médio do rio Amazonas, onde é praticada a cultura da juta;
- as áreas de cultivo mais recentes, como as dos estados de Rondônia, Roraima, Tocantins e Acre e do sul do Pará e Amazonas, onde se cultivam o milho, o feijão, o arroz, o cacau, entre outros. Rondônia vem apresentando nos últimos anos um crescimento no cultivo da soja;
- o centro-norte do estado de Mato Grosso, um dos principais produtores de soja do Brasil.

Nas áreas mais recentes de cultivo de soja, conforme você observou no início deste capítulo, têm ocorrido os principais conflitos pela posse da terra, uma vez que nelas se instalaram colonos (agricultores) provenientes do Centro-Sul e empresas (algumas, multinacionais). Esses conflitos envolvem posseiros (agricultores sem-terra) e grileiros, pessoas, muitas vezes fazendeiros, que falsificam documentos para assegurar a propriedade das terras, contratando jagunços para expulsar e mesmo matar os posseiros.

É considerável o número de indígenas envolvidos também nesses conflitos. Assim como os posseiros, eles acabam sendo os grandes prejudicados na maioria das vezes.

A pecuária

A pecuária é praticada em Mato Grosso, no Pará, em Tocantins, no Acre e em Rondônia. Nesses estados predomina a criação extensiva de bovinos, que apresenta, em geral, baixa produtividade.

Na ilha de Marajó (Pará) é desenvolvida a criação de búfalos, mais resistentes às condições naturais do local do que o gado bovino. O Pará concentra cerca de metade do rebanho de búfalos do país.

A derrubada da floresta para a formação de pastagens para o gado foi um dos principais fatores responsáveis pela ampliação do desmatamento nessas áreas.

Dos 70 milhões de hectares de floresta que foram devastados, cerca de 20% poderiam ser aproveitados para a criação de gado.

A criação de bovinos poderia ser incrementada na região sem necessidade de derrubar a mata.

Gado pastando em área da floresta Amazônica desmatada, em São Félix do Xingu, PA (2008).

MAIS INFORMAÇÃO

Pasto ocupa 60% da área desmatada da região amazônica

"A pecuária é a maior responsável pelo desmatamento da região amazônica — pouco mais de 60% da área que perdeu a cobertura natural foi substituída por pasto.

O dado faz parte de estudo do INPE (Instituto Nacional de Pesquisas Espaciais) em parceria com a Embrapa, e considera o total desmatado até 2008 (720 mil km²) nos nove estados amazônicos.

'O uso que nós fizemos da floresta não foi nobre. A agropecuária precisa de políticas públicas para usar melhor a terra', afirmou Gilberto Câmara, diretor do Instituto."

FOREQUE, Flávia. Pasto ocupa 60% da área desmatada da região amazônica. *Folha de S.Paulo*, 3 set. 2011, p. C13.

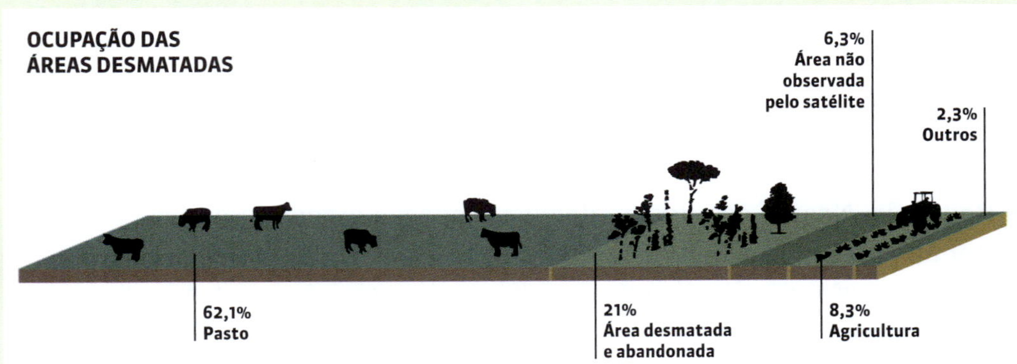

Fonte: *Folha de S.Paulo*, 3 set. 2011, p. C13.

A indústria de eletroeletrônicos e de bens de consumo em geral

10 O espaço socioeconômico da Amazônia
Para o assunto ***Características socioeconômicas da Amazônia***, acesse e explore este OED.

Vista aérea do distrito industrial de Manaus, AM (2010).

Os dois principais centros onde se localizam as indústrias de bens de consumo são Belém e Manaus. A partir da década de 1970, a cidade de Manaus começou a apresentar crescimento industrial e teve sua área de influência ampliada, como resultado da criação da Zona Franca.

Atualmente, as indústrias de transformação (serrarias) e de bens de consumo (tecelagem, óleos), que utilizam as matérias-primas regionais, vêm perdendo importância. Em seu lugar, destacam-se as que fabricam produtos eletroeletrônicos.

Na Zona Franca de Manaus, um grande número de indústrias eletroeletrônicas internacionais faz a montagem de seus aparelhos. Elas se beneficiam da utilização de peças e componentes importados sem pagamento de taxas alfandegárias, sendo quase toda a produção consumida no Centro-Sul.

Com a redução de impostos cobrados na importação de produtos eletrônicos em todo o país, a partir da década de 1990, a competitividade das empresas comerciais e das indústrias da Zona Franca de Manaus diminuiu, levando à queda na produção e à diminuição de empregos. Este último fator também foi provocado pela modernização do sistema produtivo das fábricas.

As indústrias de computadores, de telefonia celular, de monitores de TV e de motocicletas são as que predominam na Zona Franca e contribuem para a criação de milhares de empregos. Ela faz com que o estado do Amazonas tenha uma base econômica fundamentalmente industrial.

Recentemente, um setor industrial que vem crescendo bastante é o de concentrado para refrigerantes. Juntamente com os telefones celulares, os televisores em cores, os cinescópios de TV em cores e as motocicletas de 100 e 125 cilindradas, o concentrado para refrigerantes está entre os principais produtos exportados pela Zona Franca.

Concentrado
Composto rico em um elemento particular ou essencial; o que é forte, não diluído. No texto, refere-se ao produto que está sendo utilizado na fabricação de refrigerantes.

Belém, PA (2010).

Centro da cidade de Manaus, AM (2010).

Moradia construída sobre palafitas, também chamadas estivas, na cidade de Breves, PA (2010).

A urbanização

Com o recente processo de ocupação, que trouxe enormes contingentes de migrantes para a região, e em virtude do crescimento vegetativo, a população amazônica cresceu bastante nas últimas três décadas.

Além dos lugares tradicionalmente mais povoados, situados às margens dos principais rios, a região passou a apresentar áreas com uma densidade demográfica um pouco maior nas imediações das rodovias, onde surgiu a maioria das cidades após 1970.

A urbanização da região amazônica, caracterizada também por um aumento do número de cidades, contou com um acelerado crescimento da população de cidades já existentes, notadamente em algumas capitais, como Belém (PA), Manaus (AM), Porto Velho (RO) e Rio Branco (AC).

Belém e Manaus são exemplos de cidades com problemas sociais em boa parte provocados pelo modelo de desenvolvimento implantado na Amazônia. Em função da falta de perspectivas nas áreas rurais, muitas pessoas acabam migrando para as grandes cidades. Como as oportunidades de emprego nessas cidades, principalmente em Belém e Manaus, não atendem à demanda, os migrantes acabam engrossando o número de favelas.

A rede viária amazônica

Ao observar um mapa rodoviário brasileiro, você vai notar a presença de poucas rodovias na porção norte de nosso território. No estado do Amazonas, comparando com outros estados, elas praticamente não aparecem, conforme você pôde constatar no capítulo 15 no mapa "Amazônia — Rodovias".

As principais estradas aí encontradas são rodovias federais, nomeadas de BR.

Em virtude da presença de grande quantidade de rios, que são utilizados para a navegação, e da extensa floresta, as ferrovias nessa região do país também possuem pequena expressão.

Pode-se dizer que os rios da Amazônia funcionam como verdadeiras "estradas" de água. Comparando-se o tipo de estrutura de transporte da região Centro-Sul com a da Amazônia, podemos dizer que o navio cargueiro que viaja pelos rios é como o caminhão. Os carros seriam as lanchas, e as voadeiras, as motocicletas.

Nos últimos cinco anos, porém, vem sendo ampliado e incrementado o transporte rodoviário, sobretudo com a finalidade de dar suporte ao turismo que cresce cada vez mais na Amazônia e também para promover a integração da região com os países vizinhos e através deles chegar ao Pacífico e ao Caribe.

Desde 2010, o Ministério do Turismo vem divulgando Roraima como ligação entre o Brasil e a Venezuela através da Rota 174, um roteiro turístico de quase mil quilômetros, que leva o número da rodovia federal que vai de Manaus, no Amazonas, a Pacaraima, em Roraima. Esse roteiro percorre uma área significativa da Floresta Amazônica, cruza a reserva indígena dos Waimiri-Atroari, no sul de Roraima e norte do Amazonas, e chega até a região montanhosa do Monte Roraima, na fronteira com a Venezuela.

Outra grande obra viária, já parcialmente construída, é a Rodovia Interoceânica, um corredor rodoviário que facilita ao Brasil escoar sua produção agrícola e industrial para a Ásia. A rodovia liga a capital do Acre, Rio Branco, às cidades portuárias de San Juan de Marcona, Matarani e Illo, no Peru. Possui 2,6 mil quilômetros de extensão, passando pela Amazônia peruana e pelos Andes.

Planeja-se que outra parte do corredor rodoviário ligue essa região do Brasil até o porto de Santos, justificando o nome da rodovia que ficaria, então, entre os oceanos Pacífico e Atlântico.

Os piores meses para se atravessar a Rodovia Interoceânica são janeiro, fevereiro e março, devido às constantes fortes chuvas. Ao longo dessa rodovia é possível conhecer importantes e variadas espécies de flora e fauna, apreciar belas paisagens amazônicas e andinas e conviver com diferentes tipos de costumes e culturas.

O porto de Belém é considerado a entrada da Amazônia e o porto de Manaus, na confluência dos rios Negro e Amazonas, tem também importância regional.

Traçado da Rodovia Interoceânica

Fonte: CARVALHO, Pedro. Na nova estrada Brasil-Pacífico, o progresso é via de mão dupla. Texto publicado em 12 jul. 2011. Disponível em: <http://economia.ig.com.br/na+nova+estrada+brasilpacifico+o+progresso+e+via+de+mao+dupla/n1597074945819.html>. Acesso em: 30 abr. 2014.

Atividades

RETOME SEUS CONHECIMENTOS

1. A partir da década de 1970, a Amazônia vem passando por profundas modificações socioespaciais. Quais são os principais fatores para essas modificações?

2. Dê exemplos de extrativismo vegetal e de extrativismo mineral que são mais intensamente praticados na Amazônia.

3. Onde se localiza o maior número de indústrias da região Amazônica? Quais são os principais produtos fabricados?

EXERCITE SEUS CONHECIMENTOS

4. Observe o gráfico, leia o texto e responda.
   a) Segundo o gráfico, como as empresas que possuem selo verde operam?
   b) Na sua opinião, medidas como a certificação de selos verdes são importantes para a preservação das florestas? Explique sua resposta.

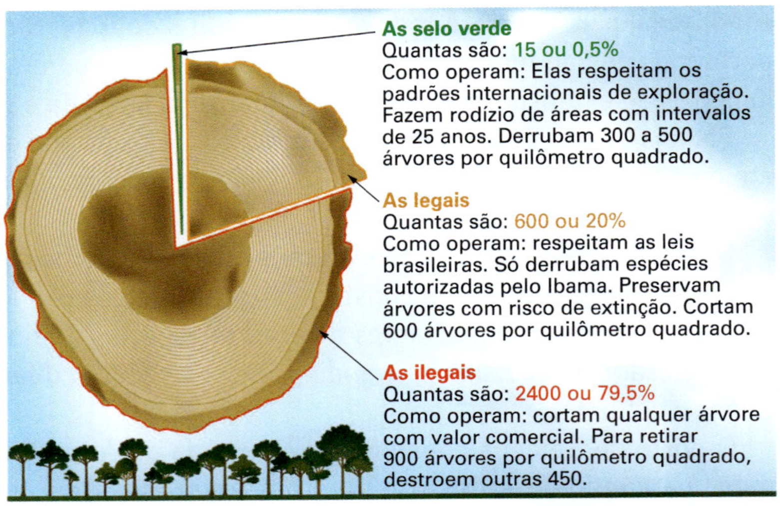

Fonte: Conselho Brasileiro de Manejo Florestal FSC Brasil. Disponível em: <http://www.fsc.org.br/index.cfm?fuseaction=noticiaImprimir&IDnoticia=18>. Acesso em: 7 dez. 2011.

5. A expansão da rede rodoviária no complexo regional da Amazônia vem crescendo desde 2010. As rodovias são consideradas um meio para promover a integração nacional e internacional e o desenvolvimento da região amazônica.

   Leia o texto a seguir.

   > "A Amazônia pode perder até 21% de sua cobertura florestal até o fim de 2030, revela estudo de cientistas da Universidade Federal de Minas Gerais e do Instituto de Pesquisas Ambientais da Amazônia. Pela projeção, o desmatamento no ritmo atual riscaria do mapa, em 23 anos, 670 mil quilômetros quadrados de floresta, área 15 vezes maior que o Estado do Rio.
   >
   > [...] Além do *boom* do agronegócio e da exploração madeireira, o estudo lista como vilões do desmatamento os projetos de expansão da malha viária amazônica, que inclui obras do Programa de Aceleração do Crescimento (PAC) e pode resultar em 14 mil quilômetros de estradas pavimentadas até 2027. [...]"

   FRANCO, Bernardo Mello. Amazônia em perigo. *O Globo*, 3 fev. 2008.

   Com base nas informações acima e no texto, descreva os benefícios e os prejuízos causados pela expansão da rede rodoviária na região amazônica.

6. Reúnam-se em grupos e pesquisem em jornais, revistas e livros as seguintes atividades econômicas: extrativismo vegetal (borracha, castanha-do-pará, guaraná e madeira), agricultura e pecuária, mineração na serra dos Carajás e o garimpo em rios.
   a) Descrevam como é realizada a produção e em que condições de trabalho.
   b) Tragam figuras ou façam esquemas explicativos sobre as etapas de produção dessas atividades.

DIVERSIFICANDO

LIVROS

Florestania: a cidadania dos povos da floresta

Maria Tereza Maldonado.
São Paulo: Saraiva, 2002
(Coleção Jabuti).

Uma jornalista que trabalha no Caderno de Turismo de um importante jornal vai fazer uma matéria sobre um hotel na selva. Ao fazer amizade com uma turista estrangeira e uma menina de 12 anos, trocam ideias sobre como vivem os povos da floresta.

A conservação das florestas tropicais

Sueli Ângelo Furlan e João Carlos Nucci.
São Paulo: Atual, 1999.

Uma abordagem sobre a importância das florestas tropicais e suas possibilidades de recuperação e exploração econômica a partir do manejo sustentável.

Amazônia: geopolítica na virada do III milênio.

Bertha K. Becker.
Rio de Janeiro: Garamond, 2009.

O livro aborda o novo papel da Amazônia no cenário internacional, pois ela não pode mais ser pensada como uma região de fronteira, dentro da perspectiva do desenvolvimento regional, mas precisa ser pensada também em nível global. Essa nova concepção estaria sendo desenvolvida pela vertente tecnoecológica, que atribui um significado à região.

SITES

Instituto Socioambiental
<http://www.socioambiental.org/home_html>.

No *site* do Instituto Socioambiental há notícias, informações e leis sobre as populações ribeirinhas e indígenas.

Amazônia
<http://www.amazonia.org.br>.

A maior base de dados sobre a Amazônia atualizada diariamente com notícias, artigos, documentos, fotografias e vídeos.

Instituto do Homem e Meio Ambiente da Amazônia
<http://www.imazon.org.br>.

Site do Instituto do Homem e Meio Ambiente da Amazônia. O Imazon é um instituto de pesquisa cuja missão é promover o desenvolvimento sustentável na Amazônia por meio de estudos, apoio à formulação de políticas públicas, disseminação ampla de informações e formação profissional.

Instituto de Pesquisa Ambiental da Amazônia
<http://www.ipam.org.br>.

O *site* do Instituto de Pesquisa Ambiental da Amazônia aborda diversos itens ligados à Geografia e ao meio ambiente da Amazônia. Entre esses itens disponibilizados destacam-se cartilhas, o papel das mudanças climáticas na região assim como outros temas relevantes ligados aos recursos amazônicos.

Instituto Brasileiro do Meio Ambiente e dos Recursos Naturais Renováveis (Ibama)
<http://www.ibama.gov.br>.

O *site* do Ibama oferece dados estatísticos, informações de ações governamentais para o meio ambiente e notícias relacionadas ao assunto.

Instituto Nacional de Pesquisas da Amazônia (Inpa)
<http://www.inpa.gov.br>.

Informações sobre estudos científicos e consulta a documentos sobre a Amazônia.

GEOGRAFIA & ARTE

Cultura amazônica

"Entende-se por cultura amazônica aquela que tem sua origem ou está influenciada em primeira instância, pela cultura do caboclo. A cultura amazônica recebe importante influência dos povos indígenas. Os povos indígenas são habitantes originais do Pará. Formam, ainda hoje, sociedades que ajudam a entender o universo amazônico, já que se trata de povos específicos, com um rico e diversificado patrimônio étnico e cultural. Os registros atuais mostram a presença de 32 povos no território paraense, com aproximadamente 16.000 índios.

A maioria desses grupos fala línguas de três troncos distintos: Macro-jê, Tupi e Karib. São 39 terras indígenas oficialmente reconhecidas, que representam 24,52% da área total do Estado. O calendário de eventos das cidades da região explora elementos como a música, as artes plásticas, o artesanato, e folclores regionais. [...]

Como bom exemplo de demonstração da cultura amazônica pode ser citado: o Boi-Bumbá de Parintins, que já conquistou o prestígio internacional e todo ano atrai milhares de visitantes para a pequena cidade do Baixo Amazonas, para assistir ao grande espetáculo que conta as lendas da Amazônia, retrabalhando os aspectos indígenas.

Arte marajoara. Belém, PA (2010).

Em Manaus, uma grande programação pode ser conferida o ano inteiro, desde o carnaval no sambódromo, em fevereiro, até o Carnaboi, em outubro, passando pelo Festival Folclórico do Amazonas, em junho.

No interior, diversos municípios também realizam suas festas próprias como Manacapuru, com seu Festival de Cirandas, ou o Festival da Canção em Itacoatiara, com artistas e compositores locais. Para os admiradores de óperas e shows eruditos, durante todo o ano, o Teatro Amazonas reserva diversas montagens no belo palco do período da Borracha. O Festival Amazonas de Ópera é referência no gênero na América Latina, acontecendo nos meses de abril e maio. Há ainda diversos museus e centros culturais com exposições permanentes que contam a rica história da região.

Festival de Folclore de Parintins, AM (2010).

Vitória-régia na Floresta Amazônica, PA (2008).

Mas cada região possui cultura e lendas próprias. Em outros estados da região também existem essas demonstrações culturais.

O folclore é uma das manifestações da cultura popular. E a Amazônia tem um folclore rico que já faz parte do imaginário dos turistas e habitantes de toda a Região As lendas amazônicas fazem parte da vida de cada morador nos mais distantes recantos verdes.

Desde criança, é comum ouvir histórias como a do boto que se transforma no homem bonito e encanta as mulheres. O mito da Vitória-régia que conta a história da índia que se imortaliza em uma flor. A história da cobra-grande assusta, e para muitos é a explicação para a origem de alguns dos grandes rios. Algumas lendas contam que a floresta é habitada por seres mitológicos que a protegem da fúria de caçadores e madeireiros. A crença em entes como o curupira, a Iara, o Mapinguari, a Matinta Perera dão a ideia da magia amazônica e das raízes culturais do homem da região. O folclore reserva ainda a formação de grupos folclóricos com músicas próprias, roupas típicas, dançarinos, e ritmos contagiantes, como carimbó.

E como não poderia deixar de ser, a culinária também faz parte da cultura da região e é muito bem servida pela variedade de pratos típicos e riquíssimos em sabores de influência indígena. A culinária regional destaca-se pela enorme oferta de pratos à base de peixes ou frutos existentes apenas nesta porção do planeta. Cada ingrediente quando combinado com elementos regionais ou o tempero caboclo resulta num paladar impossível de não encantar pelo exotismo do preparo. Temperos como a pimenta malagueta, pimenta de cheiro e o tucupi são ingredientes essenciais. Os peixes podem ser cozidos, fritos ou assados. Só é preciso escolher entre o tucunaré, o tambaqui, o jaraqui ou o bacalhau da Amazônia, o delicioso pirarucu, entre tantos outros apreciados com o complemento específico: a farinha de mandioca."

Isto é Amazônia. Disponível em: <http://www.istoeamazonia.com.br>. Acesso em: 7 dez. 2011.

ATIVIDADES

Dividam-se em grupos e escolham um dos elementos da cultura amazônica citados no texto. Façam uma pesquisa sobre ele e organizem uma exposição sobre a cultura amazônica. Vocês podem fazer cartazes mostrando as receitas das comidas típicas e os temperos da região, o artesanato e a música indígenas, as festas, danças, as lendas do folclore, entre outros, ou até mesmo levar objetos dessa cultura. No dia combinado com o professor, montem a exposição e convidem os demais alunos da escola para visitá-la.

Bibliografia

AB'SABER, Aziz Nacib. *Amazônia*: do discurso a práxis. São Paulo: Edusp, 2004.

AB'SABER, Aziz Nacib. Os *domínios de natureza no Brasil*. São Paulo: Ateliê Editorial, 2010.

AFONSO, Maria Cíntia. *Sustentabilidade*: caminho ou utopia? São Paulo: AnnaBlume, 2006.

ALMANAQUE *Brasil Socioambiental*, São Paulo: Instituto Socioambiental, 2008.

ALVA, Eduardo Neira. *Metrópolis (in)sustentáveis*. Rio de Janeiro: Relume-Dumará, 1997.

ALVES, Júlia Falivene. *Metrópoles:* cidadania e qualidade de vida. 11. ed. São Paulo: Moderna, 1992 (Coleção Polêmica).

ALVES, Luiz Roberto; CARVALHO, Marcelo. *Cidades, identidade e gestão*. São Paulo: Saraiva, 2009.

ARBEX JR., José; SENISE, Maria Helena Valente. *Cinco séculos de Brasil*: imagens e visões. São Paulo: Moderna, 1998.

AYOADE, J.O. *Introdução à Climatologia para os Trópicos*. 9. ed. Rio de Janeiro: Bertrand Brasil, 2003.

AZEVEDO, Aroldo de (Dir.). *Brasil*: a terra e o homem. São Paulo: Nacional, 1972.

BEAUD, Michel. *História do capitalismo*. 5. ed. São Paulo: Brasiliense, 2005.

BECKER, Bertha K. *Amazônia*. 3. ed. São Paulo: Ática, 1998.

BECKER, Bertha K. et al. *Geografia e meio ambiente no Brasil*. 3. ed. São Paulo: Hucitec, 2002.

BECKER, Bertha K.; EGLER, Claudio A. G. *Brasil*: uma nova potência regional na economia-mundo. Rio de Janeiro: Bertrand Brasil, 1994.

BECKER, Bertha K.; STENNER, Claudio. *Um futuro para a Amazônia*. São Paulo: Oficina dos Textos, 2008.

BECKOUCHE, Pierre. *Indústria*: um só mundo. São Paulo: Ática, 1997.

BENSUSAN, Nurit. *Meio ambiente e eu com isso?* São Paulo: Peirópolis, 2009.

BIGARELLA, João José. *Matinho:* Homem e terra Reminiscências... 3. ed. Curitiba: Fundação Cultural de Curitiba, 2009.

BORGES, Edson et al. *Racismo, preconceito e intolerância*. São Paulo: Atual, 2002.

BRANCO, Samuel Murgel. *Caatinga*: a paisagem e o homem sertanejo. São Paulo: Moderna, 1994.

____________. *O desafio amazônico*. 3. ed. São Paulo: Moderna, 2004.

BRIGAGÃO, Clóvis; RODRIGUES, Gilberto. *Globalização a olho nu*. 2. ed. São Paulo: Moderna, 2004.

CARLOS, Ana Fani Alessandri (Org.). *Novos caminhos da geografia*. São Paulo: Contexto, 1999.

CARLOS, Ana Fani Alessandri. *A geografia na sala de aula*. São Paulo: Contexto, 1999.

CARVALHO, José Murilo de. *Cidadania no Brasil*: o longo caminho. Rio de Janeiro: Civilização Brasileira, 2001.

CASTRO, Iná Elias de et al. (Org.). *Geografia*: conceitos e temas. 10. ed. Rio de Janeiro: Bertrand Brasil, 2007.

CAVALCANTI, Lane de Souza. *Geografia, escola e construção de conhecimentos*. Campinas: Papirus, 1998.

COELHO, Maria C. Nunes. *A ocupação da Amazônia e presença militar*. São Paulo: Atual, 1998.

CORRÊA, Roberto Lobato. *Região e organização espacial*. São Paulo: Ática, 2007.

COSTA, Wanderley Messias da. *O Estado e as políticas territoriais no Brasil*. 7. ed. São Paulo: Contexto, 2007.

DALLARI, Dalmo de Abreu. *Direitos humanos e cidadania*. São Paulo: Moderna, 2004.

DIMENSTEIN, Gilberto. *O cidadão de papel*. 21. ed. São Paulo: Ática, 2005.

DOWBOR, Ladislau; KILTSZTAJN, Samuel. *Economia social no Brasil*. São Paulo: Senac, 2011.

FAISSOL, Speridião. *O espaço, território, sociedade e desenvolvimento brasileiro*. Rio de Janeiro: IBGE, 1994.

FERNANDEZ, Laetitia. *Terceiros mundos*. São Paulo: Ática, 1996.

GARCIA, Carlos. *O que é o Nordeste brasileiro*. 9. ed. São Paulo: Brasiliense, 1999.

GERAB, William Jorge; ROSSI, Waldemar. *Indústria e trabalho no Brasil*. São Paulo: Atual, 1997 (Coleção Espaço e Debate).

GIANSANTI, Roberto. *O desafio do desenvolvimento sustentável*. São Paulo: Atual, 1998.

GONÇALVEZ, Carlos W. P. Formação socioespacial e questão ambiental no Brasil. In: BECKER, Bertha K. et al. *Geografia e meio ambiente no Brasil*. 3. ed. São Paulo: Hucitec, 2002.

GUERRA, Antonio José Teixeira. *Novo dicionário geológico-geomorfológico*. Rio de Janeiro: Bertrand Brasil, 1997.

GUERRA, Antonio José Teixeira; MARÇAL, Mônica dos Santos. *Geomorfologia ambiental*. Rio de Janeiro: Bertrand Brasil, 2006.

HECK, Egon; PREZIA, Benedito. *Povos indígenas*: Terra é vida. 6. ed. São Paulo: Atual, 1999.

HELENE, Maria Elisa Marcondes; BICUDO, Marcelo Briza. *Sociedades sustentáveis*. São Paulo: Scipione, 1994.

HOBSBAWN, Eric. *A era dos impérios*. 11. ed. Rio de Janeiro: Paz e Terra, 2007.

IBGE. *Anuário estatístico do Brasil*. Rio de Janeiro: IBGE, 2010.

___________. *Atlas geográfico escolar*. Rio de Janeiro: IBGE, 2010.

___________. Índice de nomes geográficos. Rio de Janeiro: IBGE, 2012.

___________. *Manual técnico da vegetação brasileira*. Rio de Janeiro: IBGE, 1992 (Série Manuais Técnicos em Geociências).

MACHADO, Nílson José. *Cidadania e educação*. São Paulo: Escrituras, 1997.

MARCOVITCH, Jacques. *A gestão da Amazônia*. São Paulo: Edusp, 2011.

MARICATO, Ermínia. *Metrópole na periferia do capitalismo*. São Paulo: Hucitec, 1996.

MARTIN, André Roberto. *Fronteiras e nações*. São Paulo: Contexto, 1994.

MARTINEZ, Paulo. *Política:* vivência, ciência e trapaça. São Paulo: Moderna, 1991 (Coleção Polêmica).

MARTINS, Dora e VANALLI, Sônia. *Migrantes*. 4. ed. São Paulo: Contexto, 2001.

MELO NETO, João Cabral de. *Morte e vida severina e outros poemas para vozes*. Rio de Janeiro: Nova Fronteira, 2006 (Coleção 40 anos, 40 livros).

MENDONÇA, Francisco. *Geografia e meio ambiente*. São Paulo: Contexto, 1998.

MINC, Carlos. *Ecologia e cidadania*. 2. ed. São Paulo: Moderna, 2005.

MUMFORD, Lewis. *A cidade na história*. 5. ed. São Paulo: Martins Fontes, 2001.

PENNAFORTE, Charles. *Amazônia* – Contrastes e perspectivas. São Paulo: Atual, 2006 (Coleção Geografia sem fronteiras).

___________. *Globalização:* a nova dinâmica mundial. Rio de Janeiro: Ao Livro Técnico, 1998.

PORTELA, Fernando e ANDRADE, Joaquim Correia de. *Secas no Nordeste*. 19. ed. São Paulo: Ática, 2005.

___________ e OLIVEIRA, Ariovaldo U. de. *A Amazônia*. 15. ed. São Paulo: Ática: 1999 (Coleção Viagem pela Geografia).

___________ e SANT'ANNA NETO, João Lima. *O Pantanal*. 7. ed. São Paulo: Ática, 1997.

PRADO JR., Caio. *História econômica do Brasil*. São Paulo: Brasiliense, 2006.

PRAXEDES, Walter e PILETTI, Nelson. *O Mercosul e a sociedade global*. São Paulo: Ática, 1998.

PRIORE, Mary del (Org.). *500 anos de Brasil:* histórias e reflexões. São Paulo: Scipione, 1999.

QUINO. *Toda Mafalda*. São Paulo: Martins Fontes, 1995.

REGO, José Lins do. *Menino de engenho*. 84. ed. Rio de Janeiro: José Olympio, 2006.

RIFKIN, Jeremy. *O século da biotecnologia*. São Paulo: Makron Books, 1998.

RODRIGUES, Adyr A. B. (Org.). *Turismo e geografia*. 3. ed. São Paulo: Hucitec, 2001.

ROSA, Antonio Vitor. *Agricultura e meio ambiente*. São Paulo: Atual, 1999.

ROSA FILHO, Artur. *A geografia das favelas*. São José dos Campos: Cabral Editora/Livraria Universitária, 2007.

ROSS, Jurandyr (Org.). *Geografia do Brasil*. São Paulo: Edusp, 2005.

SANTILLI, Márcio. *Os brasileiros e os índios*. São Paulo: Senac, 2000.

SANTOS, José Luiz dos. *O que é cultura*. São Paulo: Brasiliense, 1994.

SANTOS, Milton. *Metamorfoses do espaço habitado*. 6. ed. São Paulo: Edusp, 2008.

___________. *A natureza do espaço*. 4. ed. São Paulo: Edusp, 2008.

___________. *A urbanização brasileira*. São Paulo: Edusp, 2005.

SANTOS, Milton e SILVEIRA, Maria Laura. *O Brasil*: território e sociedade no início do século XXI. Rio de Janeiro: Record, 2001.

SCHWARCZ, Lilia Moritz (Org.). *História da vida privada no Brasil*. São Paulo: Companhia das Letras, 1998. v. 4.

SOBRAL, Helena Ribeiro. *O meio ambiente e a cidade de São Paulo*. São Paulo: Makron Books, 1996.

STÉDILE, João Pedro (Coord.). *A questão agrária hoje*. Porto Alegre: UFRGS, 2003.

___________. *Questão agrária no Brasil*. São Paulo: Atual, 1997.

THÉRY, Hervé e MELLO Neli Aparecida de. *Atlas do Brasil* — Disparidades e dinâmicas do território. São Paulo: Edusp/Imprensa Oficial, 2005.

VALENTE, Ana Lúcia E. F. *Ser negro no Brasil hoje*. 15. ed. São Paulo: Moderna, 1996 (Coleção Polêmica).

VESENTINI, José Wiliam. *A capital da geopolítica*. São Paulo: Ática, 1992.

VIANA, Gilney; SILVA, Mariana; DINIZ, Nilo (Org.). *O desafio da sustentabilidade*. São Paulo: Fundação Perseu Abramo, 2001.

Créditos das fotos

(da esquerda para a direita, de cima para baixo)

Pg.10 Ricardo Azoury/Pulsar Imagens; Juan Villa/Opção Brasil Imagens; Geraldo Melo/Tyba.

Pg.11 Artur Keunecke/Pulsar Imagens; Eduardo Zappia/Pulsar Imagens.

Pg.12 Hans Von Manteuffel/Opção Brasil Imagens; Rodolpho Machado/Opção Brasil Imagens; J. L. Bulcão/Pulsar Imagens; Prof. Inácio Marinheiro.

Pg.13 Edson Sato/Pulsar Imagens.

Pg.14 Leo Caldas/Pulsar Imagens.

Pg.15 imagebroker/Alamy/Other Images.

Pg.16 Joshua Dalsimer/Corbis/Latinstock; Alexandre Tokitaka/Pulsar Imagens; Ronaldo Bernardi/Agência RBS; Angeli, Publicado originalmente no jornal Folha de S.Paulo em 01/02/2004.

Pg.18 Paulo Fridman/Pulsar Imagens; Palê Zuppani/Pulsar Imagens.

Pg.19 Luciana Whitaker/Pulsar Imagens; Fabio Colombini.

Pg.21 Fabio Colombini (biomas); Thomaz Vita Neto/Pulsar Imagens.

Pg.25 Christian Rizzi/Folhapress.

Pg.42 Fabio Colombini (Amazônia e Mangue); Palê Zuppani/Pulsar Imagens (Caatinga e Mata Atlântica); Delfim Martins/Pulsar Imagens.

Pg.43 Zig Koch/Olhar Imagem; Stefan Kolumban/Pulsar Imagens; Andre Seale/Pulsar Imagens; Rubens Chaves/Pulsar Imagens (Praia, Caatinga e rio São Francisco); Anselmo Nascimento/Mural/Futura Press.

Pg.45 Fabio Colombini.

Pg.46 Ricardo Azoury/Tyba; Luiz Claudio Marigo/Tyba.

Pg.48 Fernando Bueno/Pulsar Imagens.

Pg.49 Mauricio Simonetti/Pulsar Imagens.

Pg.51 Cesar Diniz/Pulsar Imagens; Jorge Araújo/Folhapress.

Pg.52 Jean; Casso.

Pg.53 Israel Antunes/Futura Press.

Pg.54 Stéphanie Saramago/News Free/AE; Marlene Bergamo/Folhapress.

Pg.57 Editora Peirópolis; BEĨ Editora; Buena Vista Home Entertainment; Editora Harbra (Cerrado, Caatinga e Mata Atlântica e Manguezais).

Pg.58 João Prudente/Pulsar Imagens.

Pg.59 Patrick Grosner/Folhapress.

Pg.60 Mauricio Simonetti/Tyba; Candido Portinari. Café, 1935; Lawrence Lowry. Paisagem industrial, 1957.

Pg.62 Acervo Jamil Abib, Rio Claro; Mauricio Simonetti/Tyba.

Pg.63 Cesar Diniz/Pulsar Imagens; Delfim Martins/Pulsar Imagens; João Prudente/Pulsar Imagens.

Pg.65 Acervo Iconographia.

Pg.68 Nilton Fukuda/Estadão Conteúdo; Nilton Cardin/Futura Press.

Pg.71 Palê Zuppani/Pulsar Imagens; Fabio Colombini.

Pg.75 Ricardo Teles/Pulsar Imagens.

Pg.76 Fabio Colombini.

Pg.77 Ricardo Teles/Pulsar Imagens.

Pg.79 Luis Salvatore/Pulsar Imagens; Edu Lyra /Pulsar Imagens; Tiago Queiroz/Estadão Conteúdo; Mauricio Simonetti/Pulsar Imagens.

Pg.80 André Seale/Pulsar Imagens.

Pg.81 Ismar Ingber/Pulsar Imagens; Angeli.

Pg.83 Ken James/Bloomberg/Getty Images; Reuters/Henry Romero/Latinstock.

Pg.84 Destinations/Corbis/Latinstock.

Pg.85 Bertrand Rieger/Hemis/Corbis/Latinstock.

Pg.86 Rogério Reis/Pulsar Imagens.

Pg.90 Angeli.

Pg.91 Editora Atual; Dorrit Harazim, Arthur Fontes/VideoFilmes; Editora Moderna;

Pg.92 Humberto.

Pg.94 Tarsila do Amaral. Operários, 1933; Delfim Martins/Pulsar Imagens.

Pg.97 João Prudente/Pulsar Imagens.

Pg.98 Mauricio Simonetti/Pulsar Imagens.

Pg.99 João Prudente/Pulsar Imagens.

Pg.105 Theodore de Bry. Americae Tertia Pars..., 1592/Giraudon/The Bridgeman Art Library/Grupo Keystone

Pg.110 Renato Soares/Pulsar Imagens.

Pg.112 Arquivo Pessoal.

Pg.113 Evelson de Freitas/Estadão Conteúdo.

Pg.114 Marc Ferrez; Antônio Parreiras. Zumbi, s/d.

Pg.116 Gerson Gerloff/Pulsar Imagens.

Pg.118 Carlos Luvizari.

Pg.119 Josenildo/Agência JB.

Pg.122 Claudia Guimarães/Folhapress.

Pg.123 Editora Atual; Editora Moderna; Editora Contexto; Europa Filmes; Editora Contexto.

Pg.124 Edson Silva/Folhapress; Filipe Araújo/Estadão Conteúdo.

Pg.125 Candido Portinari. Retirantes, 1944.

Pg.126 Hans Von Manteuffel/Opção Brasil Imagens; Fabio Colombini; Rubens Chaves/Futura Press.

Pg.128 Marco Antônio Sá/Pulsar Imagens.

Pg.129 Erich Lessing/Latinstock.

Pg.130 Johann Moritz Rugendas. Engenho de Açúcar, s/d.

Pg.133 Mauricio Simonetti/Pulsar Imagens.

Pg.135 Delfim Martins/Pulsar Imagens; Hans Von Manteuffel/Opção Brasil Imagens.

Pg.137 João Prudente/Pulsar Imagens.

Pg.138 Palê Zuppani/Pulsar Imagens; Luis Salvatore/Pulsar Imagens (Lençóis Maranhenses e Fernando de Noronha); Mauricio Simonetti/Tyba.

Pg.139 Palê Zuppani/Pulsar Imagens.

Pg.140 Palê Zuppani/Pulsar Imagens.

Pg.141 Fabio Colombini.

Pg.143 Marcos Michael/ JC Imagem

Pg.145 Palê Zuppani/Pulsar Imagens.

Pg.147 Palê Zuppani/Pulsar Imagens.

Pg.148 João Prudente/Pulsar Imagens.

Pg.149 Palê Zuppani/Pulsar Imagens.

Pg.150 Exame/ Abril Imagens.

Pg.152 Arestides Baptista/Ag. A Tarde/Folhapress; Rubens Chaves/Pulsar Imagens.

Pg.153 Joá Souza/Futura Press; Reginaldo Pereira/ A Tarde/Futura Press.

Pg.154 João Prudente/Pulsar Imagens.

Pg.155 Tiago Queiroz/Estadão Conteúdo (Plantação e colheita de uvas); Revista Bimestral do Ministério do Interior Ano X n° 57.

Pg.156 Rosiane Donato/A Tarde/Futura Press.

Pg.157 Ricardo Teles/Pulsar Imagens; Palê Zuppani/Pulsar Imagens; Wilson Pedrosa/Estadão Conteúdo.

Pg.158 João Prudente/Pulsar Imagens; Geraldo Falcão/Banco de Imagens Petrobras.

Pg.159 Palê Zuppani/Pulsar Imagens.

Pg.160 Marco Aurélio Martins/Ag. A Tarde /AE; Daniel Marenco/Folhapress.

Pg.161 Luis Salvatore/Pulsar Imagens.

Pg.162 Ricardo Kuehn/Folhapress; Luis Salvatore/Pulsar Imagens; Palê Zuppani/Pulsar Imagens.

Pg.164 Thomaz Vita Neto/Pulsar Imagens.

Pg.165 Editora Atual; Columbia Tristar Home Entertainment; Editora Escala Educacional; Editora Cosac Naify.

Pg.166 João Prudente/Pulsar Imagens.

Pg.167 Marco Antônio Sá/Pulsar Imagens; Christian Knepper/Opção Brasil Imagens; João Prudente/Pulsar Imagens.

Pg.168 Adriano Lima/Futura Press; Banco de Imagens Mercedes-Benz; Delfim Martins/Pulsar Imagens.

Pg.173 Ale Ruaro/Pulsar Imagens.

Pg.174 Ernesto Reghran/Pulsar Imagens.

Pg.175 Lucas Lacaz Ruiz/Futura Press; Silvestre Machado/Opção Brasil Imagens; Stefan Kolumban/Pulsar Imagens.

Pg.176 Paulo Caruso.

Pg.177 Alexandro Auler/LatinContent/Getty Images; Mark Thompson/Getty Images.

Pg.179 Delfim Martins/Pulsar Imagens.

Pg.180 Thomaz Vita Neto/Pulsar Imagens; Ricardo Teles/Pulsar Imagens.

Pg.182 Fabio Colombini (Acácia e restinga); Rogério Reis/Tyba; Du Zuppani/Pulsar Imagens.

Pg.184 João Prudente/Pulsar Imagens; Leo Drumond/Nitro.

Pg.185 Rogério Reis/Pulsar Imagens; José Patrício/Estadão Conteúdo; Zig Koch/Natureza Brasileira.

Pg.187 João Marcos Rosa/Nitro.

Pg.188 Mauricio Simonetti/Pulsar Imagens; Gerson Gerloff/Pulsar Imagens.

Pg.191 Palê Zuppani/Pulsar Imagens.

Pg.192 Mauricio Simonetti/Pulsar Imagens; Stefan Kolumban/Pulsar Imagens.

Pg.193 Fabio Colombini; Ernesto Reghran/Pulsar Imagens; Edu Lyra/Pulsar Imagens.

Pg.195 Rita Barreto; Luis Salvatore/Pulsar Imagens; Murilo Rezende/Futura Press; Zig Koch/Natureza Brasileira (Shopping e trabalhador rural); Delfim Martins/Pulsar Imagens.

Pg.196 Delfim Martins/Pulsar Imagens.

Pg.197 Franklin de Freitas/Folhapress.

Pg.198 Ricardo Teles/Pulsar Imagens.

Pg.199 Gerson Gerloff/Pulsar Imagens.

Pg.200 Ernesto Reghran/Pulsar Imagens.

Pg.202 Rubens Chaves/Pulsar Imagens.

Pg.203 Ricardo Azoury/Pulsar Imagens.

Pg.204 João Marcos Rosa/Nitro.

Pg.205 Luis Costa/AFP.

Pg.206 Dado Galdieri/Bloomberg via Getty Images.

Pg.207 Fernando Bueno/Pulsar Imagens.

Pg.208 Ernesto Reghran/Pulsar Imagens; Silva Junior/Folhapress.

Pg.209 Editora Ática; Rede Cultura; Editora Ática; Buena Vista Home Entertainment; Editora Saraiva.

Pg.210 Frans Post. O engenho, 1668. Museu do Louvre, Paris.

Pg.212 Fabio Colombini; Paulo Fridman/Pulsar Imagens; Edson Sato/Pulsar Imagens; Antonio Scorza/AFP.

Pg.214 SUDAM/Ministério do Interior (Brasil).

Pg.216 Luis Salvatore/Pulsar Imagens.

Pg.217 Ricardo Teles/Pulsar Imagens; Edson Sato/Pulsar Imagens.

Pg.218 Ale Ruaro/Pulsar Imagens.

Pg.219 Hélvio Romero/Estadão Conteúdo.

Pg.222 Adriano Machado/Bloomberg/Getty Images; Alberto César Araújo/Estadão Conteúdo.

Pg.224 Alberto César Araújo/Estadão Conteúdo.

Pg.226 Fabio Colombini; Marcio Costa.

Pg.228 Fabio Colombini.

Pg.230 Ernesto Reghran/Pulsar Imagens.

Pg.232 Ernesto Reghran/Pulsar Imagens.

Pg.233 Luiz Cláudio Marigo/Opção Brasil Imagens; Palê Zuppani/Pulsar Imagens.

Pg.237 Rodrigo Baleia/Folhapress; Delfim Martins/Pulsar Imagens; J. L. Bulcão/Pulsar Imagens.

Pg.238 Ricardo Azoury/Pulsar Imagens.

Pg.239 J. L. Bulcão /Pulsar Imagens; Edson Grandisoli/Pulsar Imagens; Fabio Colombini.

Pg.241 Edson Grandisoli/Pulsar Imagens.

Pg.242 Alberto César Araújo/Estadão Conteúdo.

Pg.243 Rogério Reis/Pulsar Imagens.

Pg.244 Rogerio Reis/Tyba; André Motta de Souza/Banco de Imagens Petrobras.

Pg.246 Rogério Cassimiro/Folhapress.

Pg.247 Ricardo Azoury/Pulsar Imagens.

Pg.248 Luis Salvatore/Pulsar Imagens; Ricardo Azoury/Pulsar Imagens; Ricardo Teles/Pulsar Imagens.

Pg.251 Editora Saraiva; Editora Atual; Editora Garamond.

Pg.252 Ricardo Teles/Pulsar Imagens; Delfim Martins/Pulsar Imagens.

Pg.253 João Luiz Bulcão/Tyba.

Ilustrações e mapas

Alex Argozino - pg. 184.

Benoît Martins - pg. 119.

Carlos Tadeu de Carvalho Gamba - pgs. 29, 33, 67.

ConceitoGraf - pgs. 140, 141.

Mario Yoshida - pgs. 13, 22, 24, 28, 29, 30, 31, 34, 35, 36, 37, 40, 41, 44, 47, 48, 50, 55, 56, 59, 70, 100, 101, 103, 111, 115, 136, 139, 142, 144, 146, 156, 163, 172, 174, 178, 181, 183, 189, 190, 194, 201, 211, 215, 220, 232, 241.

Mauro Takeshi Kawasaki - pgs. 73, 74, 196, 206, 227, 246, 249.

Portal de Mapa - pgs. 20, 186, 234.

Selma Caparroz - pg. 26.

SIC Comunicação - pgs. 88, 229, 250.

Sidnei Moura - pg. 120.

Sonia Vaz - pg. 133.